普通高等教育 通识类课程教材

大学计算机基础
WPS版

主　编✿谢江宜　蔡　勇
副主编✿黄　艳　朱利红　谢藜蔓
主　审✿曾安平

U0176488

中国水利水电出版社
www.waterpub.com.cn
·北京·

内 容 提 要

本书根据教育部高等学校非计算机专业计算机基础课程教学指导分委员会制定的《高等学校非计算机专业计算机基础课程教学基本要求》而编写，在编写过程中既注重基础知识的系统性，又突出应用，强化技能，同时涵盖了全国计算机等级考试内容。本书共 7 章：计算机概论、计算机信息技术基础、操作系统及 Windows 应用、WPS 文字应用、WPS 表格应用、WPS 演示文稿应用和计算机网络与信息安全。本书在内容组织上，将"课程思政"元素融入计算机相关知识中，深入浅出，思想和思路清晰，引导学生在完成专业学习的同时塑造价值观、人生观，培养科学思维。

本书内容丰富、层次清晰、图文并茂、通俗易懂，既有丰富的理论知识，又有大量难易适中、新颖独特的示例，具有很强的实用性和可操作性，适合作为各类高等学校非计算机专业计算机基础课程的教学用书，也可作为全国计算机等级考试的复习用书，还可作为各类计算机培训班用书或初学者的自学用书。

图书在版编目（CIP）数据

大学计算机基础：WPS版 / 谢江宜，蔡勇主编. --
北京 ：中国水利水电出版社，2022.8
普通高等教育通识类课程教材
ISBN 978-7-5226-0883-9

Ⅰ．①大… Ⅱ．①谢… ②蔡… Ⅲ．①电子计算机－
高等学校－教材 Ⅳ．①TP3

中国版本图书馆CIP数据核字(2022)第137248号

策划编辑：寇文杰　责任编辑：高　辉　加工编辑：王玉梅　封面设计：梁　燕

书　　名	普通高等教育通识类课程教材 大学计算机基础（WPS 版） DAXUE JISUANJI JICHU（WPS BAN）
作　　者	主　编　谢江宜　蔡　勇 副主编　黄　艳　朱利红　谢蘂蔓 主　审　曾安平
出版发行	中国水利水电出版社 （北京市海淀区玉渊潭南路 1 号 D 座　100038） 网址：www.waterpub.com.cn E-mail：mchannel@263.net（万水） 　　　　sales@mwr.gov.cn 电话：（010）68545888（营销中心）、82562819（万水）
经　　售	北京科水图书销售有限公司 电话：（010）68545874、63202643 全国各地新华书店和相关出版物销售网点
排　　版	北京万水电子信息有限公司
印　　刷	三河市德贤弘印务有限公司
规　　格	184mm×260mm　16 开本　20 印张　486 千字
版　　次	2022 年 8 月第 1 版　2022 年 8 第 1 次印刷
印　　数	0001—7000 册
定　　价	56.00 元

前　　言

习近平总书记在全国高校思想政治工作会议上强调，要坚持把立德树人作为中心环节，把思想政治工作贯穿教育教学全过程，实现全程育人、全方位育人，同时为了适应大学计算机基础教学新形势的需要，本书根据教育部高等学校非计算机专业计算机基础课程教学指导分委员会制定的《高等学校非计算机专业计算机基础课程教学基本要求》，结合当前教育教学改革和最新计算机技术，充分融入"课程思政"元素而编写，力争实现知识传授与价值引领同向同行，立德树人。本书针对当今计算机新技术、应用新需求的发展变化，充分考虑当今大学生已具备的信息技术基础素养，后继课程学习、科学研究、工作生活等对计算思维、应用技能的需求，结合近几年我校计算机基础课程思政、教学实践和混合式教学所取得的成果，以及高等院校非计算机专业计算机基础教学的特点，对教学内容进行全新审视，以更适合计算机基础教学，满足社会发展对高素质人才的需求。

本书在编写过程中，精选案例，由浅入深、循序渐进地介绍计算机基础知识，培养学生的理论素养和计算机应用操作技能。通过本书的学习，学生能够全面系统地理解计算机系统、信息技术基础、操作系统的基本概念、计算机网络基础、信息安全基础、多媒体基础等知识，并掌握 WPS 文字、WPS 表格、WPS 演示等应用软件的基本操作和应用。本书紧跟时代发展潮流，深入理解课程思政内涵，不断自我完善，不断创新，深挖课程教学中蕴含的思政点，并将它们放在合适的地方，以适当的方式呈现给学生，对学生进行润物无声的思政教育，达到价值塑造、能力培养和知识传授三位一体的教学目标。

本书由宜宾学院人工智能与大数据部公共教研室谢江宜、蔡勇、黄艳、朱利红、谢蘩蔓等共同编写。其中，谢江宜编写第 1、2 章，蔡勇编写第 3、7 章，朱利红编写第 4 章，黄艳编写第 5 章，谢蘩蔓编写第 6 章。全书由谢江宜、蔡勇审核并统稿、定稿，由曾安平主审。

编写组在编写时参阅了相关文献资料，在内容的甄选、全书组织形式等方面借鉴了同类书的成功经验，在此对这些资料提供者表示由衷的感谢！同时本书在出版过程中得到宜宾学院教务处、宜宾学院人工智能与大数据部及中国水利水电出版社的大力支持，在此表示诚挚的谢意！

由于编者水平有限，书中难免有不妥和疏漏之处，恳请各位读者不吝赐教，并与笔者交流，联系邮箱：171418358@qq.com、jkx_cy@163.com。

编者
2022 年 5 月

目　　录

第1章　计算机概论

本章导读

20世纪人类最伟大的科技发明之一的电子计算机，对人类的生产活动和社会活动产生了极其重要的影响，并以强大的生命力飞速发展。它的应用领域从最初的军事科研扩展到目前社会的各个领域，已形成规模巨大的计算机产业，带动了全球范围的技术进步，由此引发了深刻的社会变革。本章主要介绍计算机的发展简史、应用领域，计算机的硬件系统、软件系统，计算机的工作原理以及微型计算机系统的相关基础知识，掌握这些知识是当代大学生立足于现代信息社会的最基本要求。

本章要点

- 计算机的概念及计算机的发展阶段
- 计算机的特点、分类及计算机应用领域
- 计算机系统的组成
- 计算机的工作原理

随着现代科技的发展，计算机技术与信息技术已经渗透到人类社会的各个领域，计算机已成为人们学习、工作、生活中不可或缺的工具之一，给人们的学习、工作和生活带来了全新的理念。同时计算机的发展促进了人类文明的进步，加速了知识经济的发展，把人类社会带入了以数字化为主的信息时代。

1.1　计算机概述

计算机是电子数字计算机的简称，是一种科学计算及信息处理的工具。计算机与人类创造的其他劳动工具本质的区别是它能够在相当短的时间内准确完成人类需要耗费大量脑力劳动和花费大量时间去完成的复杂工作。

1.1.1　计算机的概念与特点

1. 计算机的概念

计算机是一种电子设备，其主要任务是进行科学计算和数据处理。在科学计算方面主要是对数值进行加工处理和计算，而数据处理则是对字符（包括文字）、图形、图像、声音等数据信息进行采集、组织、存储、加工、检索及发布。

现代计算机能存储信息，人们把事先写好的程序输入到计算机的存储器中，电子元器件能在程序指令的控制下，完成相应的动作，直到完成程序所要求的任务。因此，计算机是能存储程序和数据并且能在程序的控制下自动完成相应任务的一种电子设备。

2. 计算机的特点

计算机之所以是现代信息社会的主要科学设备，是因为它具备以下几个重要特点：

（1）运算速度快。运算速度是衡量计算机性能的一项重要指标，通常计算机的运算速度是用每秒执行定点加法的次数或平均每秒执行指令的条数来衡量的。运算速度快是计算机的一个突出特点。计算机的运算速度已由早期的每秒几千次，发展到现在的最高可达每秒几千亿次乃至万亿次。

人类设计发明计算机的初衷就是进行高效的科学计算，把人类从繁重的计算中解脱出来。第一台计算机 ENIAC（Electronic Numerical Integrator and Computer，电子数字积分计算机）只能达到每秒 5000 次加法运算。2022 年 5 月 31 日，全球超级计算机 500 强榜单上，位列榜首的美国超级计算机"前沿"（由美国橡树岭国家实验室开发），其运算峰值速度超过每秒 100 亿亿次浮点运算。

（2）计算精度高。在科学研究和工程设计中，对计算的结果有很高的精度要求。一般的计算工具只能达到几位有效数字，而计算机对数据的计算精度可达到十几位、几十位，甚至可达到任意的精度。超级计算机更是具有天文数字的超高计算精度，如在圆周率 π 的计算过程中能精确到 200 万位以上有效数字。

（3）存储容量大。计算机的存储器可以存储大量的数据和程序，并将计算结果保存起来，这使得计算机具有"记忆"功能。"记忆"功能是计算机与传统计算工具的一个重要区别。借助外部辅助存储器及"云"存储技术扩展的存储容量几乎达到无限存储的可能。

（4）逻辑判断能力强。逻辑判断是计算机的一个基本能力，在程序执行过程中，计算机能够进行各种基本的逻辑判断，并根据判断结果来决定下一步执行哪条指令。这种能力保证了计算机信息处理的高度自动化。随着人工智能的发展，未来的计算机甚至可以模拟人脑思维，从而达到和人的大脑一样具有分析问题和解决问题的能力。

（5）自动化程度高。计算机的操作、控制是根据人们事先编制的程序自动控制进行的，不需要人工干预，极大地提高了工作效率。由计算机控制的机械设备可以完成人工无法完成的工作，如精密仪器制造、危险地域的生产建设等。

1.1.2　计算机的发展

1. 计算机的诞生

计算机的诞生源自人类对计算工具的需求，从人类开始计数起，就在不断探索让计算变得更容易的工具，这些计算工具经历了从简单到复杂、从低级到高级的发展过程，如绳结、算筹、算盘、计算尺、手摇机械计算机、电动机械计算机等。它们在不同的历史时期发挥了各自的作用，也孕育了电子计算机的设计思想和雏形。

在计算机历史中，英国科学家艾伦·麦席森·图灵（Alan Mathison Turing），如图 1-1 所示，在 1936 年提出了现代计算机的理论模型，这个模型对现代数字计算机的一般结构、可实现性和局限性产生了深远的影响，被称为计算机科学的奠基人。

　　另一个现代计算机科学的奠基人是美籍匈牙利科学家约翰·冯·诺依曼（John Von Neumann），如图 1-2 所示，他被公认为现代电子计算机之父。由他姓名所命名的冯·诺依曼原理（又称为存储程序原理）确立了现代计算机的基本结构。该原理的基本思想就是将需要由计算机处理的问题，按确定的解决方法和步骤，编成程序，将计算机指令和数据用二进制形式存放在存储器中，由处理部件完成计算、存储、通信工作，并对所有计算进行集中的顺序控制，重复寻找地址→取出指令→翻译指令→执行指令这一过程。冯·诺依曼体系结构的计算机由运算器、存储器、控制器、输入设备和输出设备五大部分组成。

　　　　图 1-1　艾伦·麦席林·图灵　　　　　　　　　图 1-2　约翰·冯·诺依曼

　　在第二次世界大战中，美国政府力图开发计算机的潜在战略价值，这促进了计算机的研究与发展。1943 年，宾夕法尼亚大学电子工程系的教授约翰·莫克利（John Mauchley）和他的研究生约翰·普雷斯伯·埃克特（John Presper Eckert）（图 1-3）计划采用真空管建造一台通用电子计算机，帮助军方计算弹道轨迹，这个计划军方采纳了。于 1946 年 2 月 14 日世界上第一台计算机 ENIAC 在费城公之于世[①]，如图 1-4 所示。ENIAC（埃尼阿克）主要元件是电子管，最初用于炮弹的弹道计算，经多次改进后成为可以进行各种科学计算的通用计算机。这台机器可以存储程序，并能在程序的控制下完成相应的计算工作，基本具备了现代计算机的主要特征，在计算机历史上通常把这台计算机称为第一台计算机，然而这台机器仍然采用外加式程序，并不具备现代计算机的全部特征。

　　ENIAC 使用了 18800 个真空管（真空电子管），长 50 英尺（1 英尺 ≈ 0.305 米），宽 30 英尺，占地 170 平方米，重达 30 吨，功率达 150 千瓦，内存容量约 17K 位（2KB），字长 12 位。它计算速度快，每秒可进行 5000 次加法运算。ENIAC 的诞生是计算机发展史上的里程碑，它通过不同部分之间的重新接线编程，拥有并行计算能力。

　　1955 年 10 月 2 日，ENIAC 宣告"退役"后，被陈列在华盛顿的一家博物馆里。

---

① 计算机基础教科书上普遍认为 ENIAC 是世界上第一台电子数字计算机，事实上在 1973 年根据美国最高法院的裁定，最早的电子数字计算机应该是美国爱荷华州立大学的物理系副教授约翰·阿坦那索夫和其研究生助手克利夫·E. 贝瑞（Clifford E. Berry，1918－1963）于 1939 年 10 月制造的 ABC（Atanasoff Berry Computer）。之所以会有这样的误会，是因为 ENIAC 的研究小组中的一个叫莫克利的人于 1941 年剽窃了约翰·阿坦那索夫的研究成果，并在 1946 年，申请了专利。由于种种原因直到 1973 年这个错误才被纠正过来。

图 1-3　ENIAC 的两位发明人莫奇来（左）和埃克特（右）

在 ENIAC 被研制的同时，冯·诺依曼参加了宾夕法尼亚大学的小组，于 1945 年设计出电子离散可变自动计算机（Electronic Discrete Variable Automatic Computer，EDVAC），如图 1-5 所示，将程序和数据以相同的格式一起存储在存储器中，并首次采用二进制方式。这使得计算机可以在任意点暂停或继续工作，机器结构的关键部分是中央处理器（Central Processing Unit，CPU），它使得计算机所有功能通过单一的资源统一起来。EDVAC 于 1949 年 8 月交付给弹道研究实验室。在发现和解决许多问题之后，直到 1951 年 EDVAC 才开始运行，而且局限于基本功能。EDVAC 所采用存储程序方案把程序和数据存储在内存中，此种方案一直沿用至今，所以现在的计算机都被称为以存储程序原理为基础的冯·诺依曼机。

图 1-4　ENIAC 计算机（1946）

图 1-5　安装在弹道研究实验室的 EDVAC

2. 计算机的发展阶段

从第一台计算机 ENIAC 发明至今，只有短短的七十多年，主要经历了电子管、晶体管、集成电路、大规模集成电路 4 个发展阶段。

（1）第一代计算机（1946—1957 年）。第一代计算机主要采用电子管为基本电子元件，主存储器使用水银延迟线、阴极射线示波管静电存储器、磁鼓以及磁心存储器等。电子管体积大、能耗高且易损坏，ENIAC 在运行时几乎每 15 分钟就要烧坏一支电子管，而维护人员则需要 15 分钟才能找到烧坏的电子管。第一代计算机的运算速度慢，存储容量小，再加上可靠性差，因此性价比低。在软件方面，仅初步确定了程序设计的概念，尚无系统软件可言，计算机几乎没有任何软件配置，用机器语言和汇编语言编写程序，主要应用在科学计算方面。

（2）第二代计算机（1958—1964 年）。第二代计算机用体积更小、功能耗更低的晶体管取代了第一代的电子管作为计算机的基本电子元件，从而提高了系统的可靠性；在存储器方面采用了磁芯，不仅大幅度提高了存储容量，也提高了数据交换的速度。在软件方面，高级语言开始出现，比如 BASIC、FORTRAN 等，同时操作系统也在逐步成型，计算机的使用方式也由手工操作改变为自动作业管理。

（3）第三代计算机（1965—1970 年）。集成电路被应用到计算机中来，采用小规模集成电路和中规模集成电路作为基本电子元件，因此这个时期被称为"中小规模集成电路计算机时代"。出现了分时操作系统以及结构化、规模化程序设计方法，开始进入文字处理和图形图像处理应用领域。集成电路（Integrated Circuit，IC）是做在晶片上的一个完整的电子电路，这个晶片比手指甲还小，却包含了几千个晶体管元件。第三代计算机的特点是体积更小、价格更低、可靠性更高、计算速度更快。

（4）第四代计算机（1971 年至今）。第四代计算机以大规模或超大规模集成电路为主要电子元件，主存储器也采用了更高集成度的半导体存储器。大规模集成电路使得计算机的体积、重量、成本等都大幅度下降，内存容量、计算速度有了明显提高，高度集成化使得计算机的中央处理器和其他主要功能可以集中到同一块集成电路中，这就是人们常说的"微处理器"。微处理器的出现使计算机走向微型化，出现了微型计算机。大规模集成电路计算机在实现体积微型化的同时，也实现了内存容量和运算速度的巨型化，计算机运算速度能达到每秒上亿次，甚至每秒上万亿次。

尽管人们早已谈论第五代、第六代计算机了，但一些专家认为，新一代计算机系统的本质是智能化，它具有知识表示和推理能力，可以模拟或部分代替人的智能，具有人机自然通信能力。

综上所述，各阶段计算机的比较见表 1-1。

表 1-1　各阶段计算机的比较

时代	电子元器件	存储部件	系统软件	应用范围
第一代（1946—1957 年）	采用电子管，体积大、耗电多、速度低、成本高	采用磁鼓作为存储器	基本没有，使用机器语言和汇编语言编制程序	主要用于科学计算
第二代（1958—1964 年）	采用晶体管，体积小、速度快、功耗低、性能稳定	内存储器主要采用磁芯，外存储器主要采用磁盘和磁带	使用高级语言（如FORTRAN、COBOL等）编制程序，出现了管理程序（操作系统的前身）	从科学计算逐步扩展到数据处理、事务管理和工业控制等方面
第三代（1965—1970 年）	采用中小规模集成电路（晶体管集成度达 100 ～ 1000个），体积更小、价格更低、可靠性更高、计算速度更快	半导体存储器，存储容量和存取速度大幅度提高	出现了操作系统、结构化程序设计等	进一步拓展到文字处理、自动控制与信息管理等方面
第四代（1971 年至今）	采用大规模和超大规模集成电路（晶体管集成度达1000 ～ 100 万以上），性能大幅度提高，价格大幅度降低	半导体存储器，集成度越来越高，外存储器还采用光盘、移动存储等	出现了数据库技术、网络通信技术、多媒体技术、面向对象的程序设计（OOP）	社会、生产、军事和生活的各个领域

3. 微型计算机发展概要

微型计算机（Micro Computer），俗称"电脑"，又称个人计算机（Personal Computer，PC），简称微机，是一个相对的概念，没有绝对的定义。一般用于个人或办公的体积相对较小的计算机统称为微机。第一台相对成型的微机是一位名为爱德华·罗伯茨（Edward Roberts）的美国人发明的，他在 1975 年 1 月出版的《大众电子》封面上登出了其发明的微机新产品广告，这台微机名为"牛郎星"（Altair 8800），如图 1-6 所示。Altair 8800 包括一个 Intel 8080 处理器，一个 256 字节的存储器、一个机箱（含一个电源）及若干开关和显示灯的面板。它没有现代微机的显示器及键盘，操作时必须用手按下面板上的开关，将二进制编码输入机器，以面板后灯泡的亮灭来显示输出结果。1975 年 4 月，微型仪器与自动测量系统公司（MITS）正式推出了首台通用型 Altair 8800 微机，售价 375 美元，带有 1KB 存储器，这是世界上具有真正意义的第一台微型计算机。

1981 年 8 月 12 日，美国 IBM 公司推出了第一台 16 位个人计算机 IBM PC 5150，如图 1-7 所示。这台计算机的微处理器 MP（Micro Processor）是 Intel 公司的 8088，时钟频率为 4.77MHz，主存为 16KB，主机箱上配了一个 160KB 的 5.25 英寸（1 英寸 ≈ 2.54 厘米）的软盘驱动器，外接一个 11.5 英寸的单色显示器，没有硬盘，操作系统是微软（Microsoft）公司的 DOS 1.0，售价为 3045 美元。IBM 将这台计算机命名为 PC。

图 1-6   Altair 8800 微机

图 1-7   IBM PC 5150

可以说微型计算机是随着中央处理器（Central Processing Unit，CPU）的发展而发展的。它是以大规模、超大规模集成电路为主要部件，以集成计算机主要部件——控制器和运算器的微处理器 MP（Micro Processor）为核心构造出的。经过四十多年的发展，微处理器大致经历了以下几个阶段：

第一阶段（1971—1973 年）。这代微处理器主要以 4 位处理器 Intel 4004、Intel 8008 为代表，如图 1-8 和图 1-9 所示。Intel 4004 的功能有限，主要用于计算器、电动打字机、照相机、台秤、电视机等家用电器上，使这些电器设备实现智能化，从而提高它们的性能。

第二阶段（1974—1977 年）。这代微处理器是 8 位处理器，典型的微处理器有 Intel 8080/8085，Zilog 公司的 Z80、Motorola 公司的 M6800 和 Apple 6502 等。值得注意的是，1977 年 4 月，清华大学、安徽无线电厂和中国电子信息产业集团有限公司第六研究所组成联合设计组，成功研制 DJS-050 微型计算机。这是国内最早研制生产的 8 位微型计算机。

第三阶段（1978—1984 年）。1978 年，Intel 公司率先推出 16 位微处理器 8086，同时，为了方便原来的 8 位机用户，Intel 公司又提出了一种准 16 位微处理器 8088。在 Intel 公司推出 8086、8088 CPU 之后，各公司也相继推出了同类产品，如 Zilog 公司 Z8000 和 Motorola 公司的 M68000 等。1982 年，Intel 公司又推出 16 位高级微处理器 80286，如图 1-10 所示。20 世纪 80 年代中后期至 1991 年年初，80286 一直是微机的主流 CPU。

图 1-8　Intel 4004 微处理器

图 1-9　Intel 8008 微处理器

图 1-10　Intel 80286 微处理器

　　第四阶段（1985 年至今）。以 32 位处理器及 64 位处理器为代表，现在用的微机的处理器以 64 位处理器为主，且外部总线宽度达到了 64 位。这个时期的 CPU 主要以 Intel 公司的 80386、80486、Pentium（奔腾）、Pentium 2、Pentium 3、Pentium 4、Intel 酷睿 i7（图 1-11），AMD 公司的 K6 系列、Athlon 系列及一些多核 CPU 等为主。AMD FX-8120 处理器（图 1-12）已达到 8 核。现在的微处理器，主频都在 2GHz 以上，内部集成的晶体管数量达到几千万个，其运算能力达到甚至超过以前的中小型计算机，微处理正在向多核、多流水线方向发展。

图 1-11　Intel 酷睿 i7 处理器

图 1-12　AMD FX-8120 处理器

1.1.3 计算机的分类

计算机的种类很多，可根据处理的数据类型、适用领域及功能大小来划分。

1. 按处理的数据类型可分为模拟计算机和数字计算机两大类

（1）模拟计算机：在内部使用电信号模拟自然界的各种信号，处理一些模拟连续的信息，比如温度的变化。这种计算机处理问题的精度较差；处理过程需模拟电路来实现，其电路结构复杂，抗干扰能力较差，应用范围较窄，目前已很少生产。

（2）数学计算机：计算机的主流，平时所用的计算机多为数字计算机。这种计算机内部处理的是数字信号或数字信息。它的主要特点是"离散"，在相邻的两个符号之间没有第三种符号存在，所以它稳定性好，精度高。

2. 按适用领域可分为通用计算机和专用计算机两大类

（1）通用计算机：适用于各种应用场合，功能齐全、通用性好。其运行效率、速度和经济性依据不同的应用对象会受到不同程度的影响。平常用的计算机都是通用计算机，没有什么特殊的限制。

（2）专用计算机：为解决某种特定问题专门设计的计算机，如工业控制机、银行专用机、超级市场收银机（POS）等。

3. 国际上根据计算机的性能指标和应用对象，将计算机分为六大类

（1）巨型机：也称为超级计算机，具有超强的计算和处理数据的能力，主要特点表现为高速度和大容量，配有多种外部和外围设备及丰富的、高功能的软件系统。主要用来承担重大的科学研究、国防尖端技术和国民经济领域的大型计算课题及数据处理任务，如大范围天气预报，整理卫星照片，探索原子核物，研究洲际导弹、宇宙飞船等。

这些巨型计算机主要被政府机构用于武器设计和情报收集等，它们一向被视为国家竞争力的象征，世界运算速度最快的计算机近年来一直被美国、中国和日本这三个国家交替占据。

2022 年 6 月 23 日，最新一期 2022 年 6 月全球超级计算机 500 强榜单上，夺得冠军的是日本的超算 Fugaku，中文名字叫"富岳"，该系统为日本理化学研究所（RIKEN）与富士通公司共同开发。当前系统处理器个数已经由 7299072 个升级到了 7630848 个，峰值（Rmax）由 415530 升级到了 442010 TFLOPS。

顶点 Summit 是 IBM 和美国能源部橡树岭国家实验室（ORNL）推出的新超级计算机，速度足以击败全球其他系统，处理器个数为 2414592 个，峰值（R_{max}）为 148600 TFLOPS，其理论峰值性能达到每秒 200 PFLOPS。Summit 要比神威•太湖之光快 60%，比同在橡树岭实验室的 Titan——前美国超算记录保持者要快接近 8 倍。

美国超级计算机 Sierra 被评为世界上第三快的计算系统，支持国家核安全局（NNSA）确保国家核储备的安全性，安全性和有效性的核心任务。其处理器个数为 1572480 个，峰值（R_{max}）为 94640 TFLOPS。

我国的神威•太湖之光超级计算机曾连续获得 TOP500 四届冠军，该系统全部使用中国自主知识产权的处理器芯片。其处理器个数为 10649600 个，峰值（R_{max}）为 93015 TFLOPS。相比天河 2 号超算理论性能 54.9PFLOPS（1PFLOPS=1 千万亿次）的计算能力，神威•太湖之光的 Linpack 浮点性能大于 93PFLOPS，为 125.4PFLOPS。虽然 TOP500 没提，不过神威•太湖之光应该是全球首个理论性能达到 10 亿亿次的超算了，只不过最具代表性的 Linpack 峰值性

能是 9.3 亿亿次，差一点就创造了新高。

在世界超算 500 强中，中国仍是拥有最多超算的国家，占据 200 多席。中美两国在体现综合国力的超算领域竞争将日趋激烈。

中国"神威·太湖之光"和美国 Summit 如图 1-13 所示。

图 1-13　中国"神威·太湖之光"（左）和美国 Summit（右）

（2）大中型机：大中型机是计算机发展史中具有最长历史的、最有代表性的产品，它的发展与计算机工业的进步紧密相关。大中型机支持一些需要同时支持上万台客户机（个人计算机、工程工作站或终端等），存储上千亿数据字符，管理数百条通信线路的网络等的任务，这是其他计算机难以完成的复杂而又艰巨的任务。大中型机主要用于大中型企业，比如 IBM 4300、IBM 3090 等。

（3）小型机：为了适应应用的需求，针对巨型机和大型机价格昂贵的缺点，出现了以字长短、存储容量较小、速度较快（尽管不如巨型机、大型机，但足以完成相应计算处理任务）、价格低廉、与外围设备连接容易为特征的一类计算机，称为小型计算机。小型机功能虽不及大中型机，但它结构精巧，功能强大，造价也不高且维护方便，所以很受中小型企业及教育机构的青睐，我国很多大学及科研院所就常用这种小型机。这类机型很多，如 DEC 公司的 VAX 系列、IBM 公司的 AS/400 等。

（4）工作站：工作站是为适应工程技术人员从事工程设计和科学计算的需求而设计的，它具有独立的、丰富的系统资源和外部设备资源，但它的目标是为个别用户独用，而不像大中型机那样为多用户提供分时操作。它以微型计算机为基础，着重发挥和提高高速运算能力，特别是高速的浮点数运算能力，并以提高图形处理能力为其主要目标，特别注意图形硬件如图形处理加速器和图形显示器，以及图形输入／输出能力的提高，以便适应工程技术、科学计算和辅助设计等应用需求。所以工作站一经推出就受到业界的普遍欢迎。

（5）微型计算机：又称为 PC 机，是以具有运算器和控制器功能的大规模集成电路微处理器为核心，再配上存储器、外部接口电路及系统总线构成的。按性能和外形大小，可分为台式计算机、笔记本计算机和掌上计算机。因其性价比高，使用方便，广泛应用于个人、家庭、企事业单位办公或作为连网的工作站。

（6）单片计算机：又称"单片机"，单片机就是在一片集成电路上制作了完整的计算机系统，包括中央处理器、小容量的存储器（指只读存储器和主存储器）、定时器和一些输入／输出线。它的体积小、质量轻、价格便宜，为学习、应用和开发提供了便利条件，被广泛应用于智能仪器仪表的制造、工业控制、家用智能电器的制造、网络通信设备和医疗卫生行业。

1.2 计算机的应用领域及发展趋势

1.2.1 计算机的应用领域

计算机的三大传统应用是科学计算、事务数据处理和过程控制。随着计算机技术的迅速发展，计算机的功能越来越强大，计算机的应用更加广泛和普及。其应用领域大致可分为以下几个方面：

（1）科学计算。早期的计算机主要用于科学计算，这也是计算机发明的初衷。基于计算机具有超强的计算能力，对于科学研究方面的复杂的数学运算都必须用计算机处理，从而也节约了大量的时间和人力资源，所以科学计算仍然是计算机应用的一个重要领域，比如在高能物理、工程设计、地震预测、气象预报、航天技术等方面。由于计算机具有高运算速度和精度以及逻辑判断能力，因此出现了计算力学、计算物理、计算化学、生物控制论等新的学科。

（2）信息处理。所谓信息处理，就是对数据进行收集、存储、整理、加工、检索及传送等操作。当今社会是信息社会，在社会生活的各个领域都有大量的数据需要处理，据统计，在计算机使用方面信息处理就占了90%以上，可见信息处理是计算机的一个重要应用领域。

（3）计算机辅助系统。计算机辅助是计算机应用的一个非常广泛的领域。几乎所有过去由人进行的具有设计性质的过程都可以让计算机帮助实现部分或全部工作。利用计算机进行计算机辅助设计（Computer Aided Design，CAD）、计算机辅助制造（Computer Aided Manufacturing，CAM）、计算机辅助测试（Computer Assisted Test，CAT）、计算机辅助教学（Computer Aided Instruction，CAI）和计算机仿真模拟等，其中计算机模拟和仿真是计算机辅助的重要内容，如核爆炸和地震灾害的模拟，都可以通过计算机实现，能够帮助科学家进一步认识被模拟对象的特性。同时计算机辅助可以使设计与制造的效率、产品的质量和教学水平得到极大提高，现介绍其中四个应用领域。

计算机辅助设计（CAD）是利用计算机辅助系统帮助设计人员进行工程设计，从而提高设计的效率和精确度。计算机辅助设计广泛应用于建筑工程、航天、电子及轻工业等领域。

计算机辅助制造（CAM）是利用计算机进行生产设备的管理、控制与操作，从而提高产品质量，降低生产成本，缩短生产周期，改善工作环境及工作条件。

计算机辅助测试（CAT）是利用计算机系统进行数据量大、条件复杂的各种测试工作。比如航空航天、气候探测、地质钻探等方面都要靠计算机辅助测试来完成。

计算机辅助教学（CAI）是充分利用计算机系统进行教学软件开发、课件制作及远程教学等，帮助教师和学生更好地进行课堂教学及教学实践等活动，提高教学质量，改善教学环境。

（4）过程控制。过程控制也称为实时控制，是指利用计算机及时采集、检测数据，按最优值迅速地对控制对象进行自动调节或自动控制。这样可以提高生产的自动化水平，降低劳动强度，提高劳动生产率和产品质量。过程控制主要应用于工业生产过程综合自动化、工艺过程最优控制、武器控制、通信控制、交通信号控制等。

（5）人工智能。人工智能（Artificial Intelligence）是计算机模拟人类的智能活动,比如感知、判断、理解、学习、问题求解及图像处理等。现在人工智能的研究已取得不少成果,有些已开始走向实用阶段,例如,能模拟高水平医学专家进行疾病诊疗的专家系统、具有一定思维能力的智能机器人等。

（6）网络与通信。计算机技术与现代通信技术的结合构成了计算机网络。计算机网络的建立,不仅解决了一个单位、一个地区、一个国家中计算机与计算机之间的通信,各种软、硬件资源的共享问题,也大大促进了国际间的文字、图像、视频和声音等各类数据的传输与处理。

计算机通信几乎就是现代通信的名词,如目前发展势头已远超过固定电话的移动通信就是基于计算机技术的通信方式。

1.2.2　计算机的发展趋势

从 1946 年第一台计算机诞生起,计算机已经走过了半个多世纪的发展历程。七十多年来,计算机在提高速度、增加功能、缩小体积、降低成本和开拓应用等方面不断发展。未来的计算机在朝着巨型化、微型化、网络化、智能化及综合化方向发展。

（1）巨型化:巨型化是指发展速度更快、存储容量更大、功能更强、可靠性更高的计算机。随着科学技术的不断发展,在一些科技尖端领域,要求计算机有更高的速度、更大的存储容量和更高 的可靠性,从而促使计算机向巨型化方向发展。在国防科研方面,各国都在大力研发这种计算机,它们在云存储、大数据及人工智能（AI）等高端科技领域发挥着巨大作用。

（2）微型化:微型化是指发展体积更小、质量更轻、价格更低、携带更方便的计算机。随着计算机应用领域的不断扩大,对计算机的要求也越来越高,人们要求计算机能够方便地随处携带到各个领域、各种场合。为了迎合这种需求,出现了各种笔记本式计算机、膝上型和掌上型计算机等,这些都是在向微型化方向发展,进而极大地提高了工作效率,改善了人类生活质量。

（3）网络化:网络化是指把计算机互联,以实现资源共享和信息交换。随着计算机应用的深入,特别是家用计算机越来越普及,人们希望所有用户都可以方便、及时、可靠、安全、高效地共享网上信息资源,而计算机网络能实现多种资源的共享和处理,能提高各种资源的使用效率,因而深受广大用户的欢迎,得到了越来越广泛的应用。

（4）智能化:智能化是指使计算机具有模拟人的感觉和思维过程的能力。新一代计算机将可以模拟人的感觉行为和思维过程的机理,使计算机成为智能计算机。这也是目前正在研制的新一代计算机要实现的目标。智能化的研究包括模式识别、图像识别、自然语言的生成和理解、博弈、定理自动证明、自动程序设计、专家系统、学习系统和智能机器人等。目前,已研制出多种具有人的部分智能的机器人。现在的智能机器人,可以达到人类五岁儿童的智力水平（综合）,可以在人类力不能及的范围内展开工作。其中计算机模拟专家系统（Expert System）是根据人们在某一领域内的知识、经验和技术而建立的解决问题和做决策的计算机软件系统,它能对复杂问题给出专家水平的结果。

（5）综合化：计算机未来向多功能综合性智能超级计算机方向发展，比如量子计算机、光子计算机、纳米计算机、分子计算机等。这些新型的计算机打破了原有的电子计算机传统设计模式，向着高性能、低能耗、无污染的绿色计算机方向发展。如现在对神经元网络计算机、生物计算机等的研究，取得了可喜的进展，特别是生物计算机的研究表明，以蛋白分子为主要原材料的生物芯片的处理速度，比现今最快的计算机速度还要快 100 万倍，而能量消耗仅为现代计算机的 10 亿分之一。这些未来的计算机将为人类高科技发展带来无可限量的美好前景。

1.2.3　计算机的新技术

计算机的发展日新月异，新技术层出不穷，昨天的新技术，今天就已经得到广泛应用，从现在的发展趋势来看，能够快速发展并能广泛应用的新技术主要有以下四种：

1. 移动互联网

移动互联网（Mobile Internet，MI）是基于移动通信和互联网结合的技术。通过智能移动终端，采用移动无线通信方式获取业务和服务的新兴业务，包含移动终端（平板电脑、智能手机等）、软件（移动操作系统 Android/iOS、中间件、数据库等）、应用（休闲娱乐、工具媒体、商务财经等）三个层面。移动互联网技术的应用领域主要包括资讯、沟通、娱乐、移动电子商务、个性化服务等。

2. 物联网

物联网（The Internet of Things）是指通过各种信息传感设备，实时采集任何需要监控、连接、互动的物体或过程等信息，与互联网结合形成的一个巨大网络。物联网的核心和基础仍然是互联网，物联网是在互联网的基础上延伸和扩展的网络，用户端延伸到了任何物品与物品之间，以进行信息交换和通信，也就是物物相连。物联网通过智能感知、识别技术与普适计算等通信感知技术，广泛应用于网络的融合中，也因此被称为继计算机、互联网之后世界信息产业发展的第三次浪潮。物联网的关键技术包括传感器技术、无线射频识别技术、嵌入式系统技术。现在物联网应用领域非常广泛，给人们的生活带来了翻天覆地的变化。

3. 云计算

云计算是近几年来兴起一种计算机技术，在很多领域都已经实现，比如电子邮件，我们不需要关心邮件存放在哪个城市、哪台计算机上，只要我们能上网，我们就可以进入邮箱，收发邮件。关于云计算机的定义很多，现阶段广为接受的是美国国家标准与技术研究院（NIST）对云计算（Cloud Computing）的定义：云计算是一种按使用量付费的模式，这种模式提供可用的、便捷的、按需的网络访问，进入可配置的计算资源共享池（包括网络、服务器、存储、应用软件、服务），这些资源能够被快速提供，只需投入很少的管理工作，或与服务供应商进行很少的交互。云是网络、互联网的一种比喻说法。云计算甚至可以让你体验每秒 10 万亿次的运算能力，利用强大的云计算能力可以模拟核爆炸、预测气候变化和市场发展趋势。用户通过计算机、笔记本、手机等方式接入数据中心，可按自己的需求进行运算。

　　云计算提供的计算分布在大量的分布式计算机上，而非本地计算机或远程服务器中。云计算的主要特点如下：

　　（1）超大规模：Google 云计算已经拥有 100 多万台服务器，Amazon、IBM、Microsoft、Yahoo 等的"云"均拥有几十万台服务器，企业私有云一般拥有数百上千台服务器。网络中强大的计算服务器像"云"一样分布在各处，"云"能赋予用户前所未有的计算能力。

　　（2）虚拟化：用户使用各种终端通过网络获取云计算提供的应用服务。所请求的资源来自"云"，而不是固定的网络服务器。用户无须了解，也不用担心提供云计算的具体位置。

　　（3）按需服务，按需购买：用户可以根据自己的需求利用云计算提供的服务。

　　4. 大数据

　　大数据（Big Data）是指无法在一定时间范围内用常规软件工具进行捕捉、管理和处理的数据集合，是需要新处理模式才能具有更强的决策力、洞察发现力和流程优化能力的海量、高增长率和多样化的信息资产。现在的社会是一个高速发展的社会，科技发达，信息流通，人们之间的交流越来越密切，生活也越来越方便，大数据就是这个高科技时代的产物。大数据的特点用 5V 来表示：Volume（大量）、Velocity（高速）、Variety（多样）、Value（低价值密度）、Veracity（真实性）。

　　大数据的影响并不仅仅限于电子商务产业，在许多传统行业中，广泛运用数据分析手段来进行管理和生产，如麦当劳、肯德基以及苹果公司等旗舰专卖店的位置都是建立在数据分析基础之上的精准选址。在零售业中，数据分析的技术与手段更是得到广泛应用，传统企业如沃尔玛通过数据挖掘重塑并优化供应链。大数据的价值体现在以下几个方面：第一，对大量消费者提供产品或服务的企业可以利用大数据进行精准营销；第二，做小而精模式式的中小微企业可以利用大数据做服务转型；第三，面临互联网压力必须转型的传统企业需要与时俱进，充分利用大数据的价值。

　　大数据带来的巨大价值逐渐被人们认可，它通过技术的创新与发展以及数据的全面感知、收集、分析、共享，为人们提供了一种全新的改造世界的方法，为各行各业基于事实与数据做出科学的决策。大学生要培养大数据思维才能紧跟时代的步伐，把自己打造成大数据时代的先锋，在自己的学科领域创造性地开展工作。

1.2.4　未来计算机

　　基于集成电路的计算机短期内还不会退出历史舞台，但一些新的计算机正在跃跃欲试地加紧研究，如量子计算机、神经网络计算机，化学、生物和光计算机等。

　　1. 量子计算机

　　量子计算机是一类遵循量子力学规律进行高速数学和逻辑运算、存储及处理的量子物理设备，当某个设备是由量子元件组装，处理和计算的是量子信息，运行的是量子算法时，它就是量子计算机。2017 年 5 月 3 日，中国科学院在上海举行新闻发布会，公布了世界上第一台光量子原型计算机诞生，这台光量子计算机由中国科技大学、中国科学院—阿里巴巴量子计算实验室、浙江大学、中国科学院物理研究所等单位协同完成研发，是货真价实的"中国造"。这是我国自主研制的全球首台量子计算机，标志着中国在量子计算机研究领域处于世界领先水平。量子计算机是指利用量子相干叠加原理，理论上具有超快的并行计算和模拟能力的计算机。如果将传统计算机比作自行车，量子计算机就好比飞机，当今最快的超算之一的天河二号计算机计算一百年的问题，它仅需要 0.1 秒就能计算出来。

2. 神经网络计算机

人脑总体运行速度相当于每秒 1000 万亿次，可把生物大脑神经网络看作一个大规模并行处理的、紧密耦合的、能自行重组的计算网络。从大脑工作的模型中抽取计算机设计模型，用许多处理机模仿人脑的神经元机构，将信息存储在神经元之间的联络网中，并采用大量的并行分布式网络就构成了神经网络计算机。

3. 化学、生物计算机

在运行机理上，化学计算机以化学制品中的微观碳分子做信息载体，来实现信息的传输与存储。DNA 分子在酶的作用下可以使某基因代码通过生物化学反应转变为另一种基因代码，转变前的基因代码可以作为输入数据，反应后的基因代码可以作为运算结果，利用这一过程可以制成新型的生物计算机。生物计算机最大的优点是生物芯片的蛋白质具有生物活性，能够跟人体的组织结合在一起，特别是可以和人的大脑和神经系统有机地连接，使人机接口自然吻合，免除了烦琐的人机对话，这样，生物计算机就可以听人指挥，成为人脑的外延或扩充部分，还能够从人体的细胞中吸收营养来补充能量，不要任何外界的能源。由于生物计算机的蛋白质分子具有自我组合的能力，因此生物计算机具有自调节能力、自修复能力和自再生能力，更易于模拟人类大脑的功能。现今科学家已研制出了许多生物计算机的主要部件——生物芯片。

4. 光计算机

光计算机是用光子代替半导体芯片中的电子，以光互连来代替导线制成数字计算机。与电的特性相比，光具有无法比拟的各种优点：光计算机是"光"导计算机，光在光介质中以许多个波长不同或波长相同而振动方向不同的光波传输，不存在寄生电阻、电容、电感和电子相互作用的问题，光器件无电位差，因此光计算机的信息在传输中畸变或失真小，可在同一条狭窄的通道中传输数量大得难以置信的数据。

1.3 计算机系统组成及功能

一个完整的计算机系统是由硬件系统和软件系统两大部分组成的。硬件就像人的躯体，是指构成计算机的物理设备，而软件是为运行、管理和维护计算机而编制的各种程序、数据和文档的总称，它是计算机的思维细胞，就像人的灵魂，肉体和灵魂是不可分割的，同样的道理，计算机硬件和软件也是不可分割的两大部分。没有软件支持的计算机无法实现任何信息处理任务，叫作"裸机"，不能做任何事情；反之，软件若没有硬件设备支持，也无法运行。因此硬件系统与软件系统之间是相辅相成的、缺一不可的。计算机系统各个部分的具体组成如图 1-14 所示。

图 1-14　计算机系统组成示意图

1.3.1　计算机硬件系统

计算机硬件系统是指构成计算机的所有实体部件的集合，它们是看得见摸得着的。在计算机系统中，硬件是物质基础，是各类软件运行的基础。尽管计算机种类众多，但其基本结构都遵循冯·诺依曼体系结构。冯·诺依曼模型决定了计算机的硬件由运算器、控制器、存储器、输入设备及输出设备五大部分组成，其基本功能是在计算机程序的控制下，完成数据的输入、运算、输出等一系列操作，其相互之间的关系如图 1-15 所示。

图 1-15　计算机的基本结构

1. 硬件各部分功能

（1）运算器。运算器又称算术逻辑单元（Arithmetic Logic Unit，ALU），是计算机的核心部件，负责对信息的加工处理，它的主要功能是进行算术运算和逻辑运算，这些运算包括加、减、乘、除等算术运算和"与""或""非""异或"等逻辑运算。在运算器内部，各种运算最终归结为加法和移位这两种基本操作，其核心部件是加法器（Add）。为了能保存参加运算的操作数及运算时产生的中间结果，运算器还需要一些被称为寄存器（Register）的高速存储单元，若寄存器既保存本次运算的结果又参与下次的运算，它的内容就是多次累加的和，这样的寄存器又叫作累加器。

运算器主要由一个加法器、若干个寄存器和一些控制线路组成。

运算器每次处理的最大的二进制数的长度称为计算机的字长（一般为 8 的整数倍），字长是衡量整个计算机性能的一个重要指标。

（2）控制器。控制器（Control Unit，CU）是计算机的神经中枢和指挥中心。其他各部分都在它的控制协调下工作。它负责读取指令、分析指令，并发出各种控制信号协调计算机各部件运行，以完成各种操作任务，如对存储器进行数据的存取，让运算器进行各种运算。数据的输入和输出都是在控制器统一指挥下进行的。控制器的基本功能是取出指令、识别翻译指令、安排操作次序。控制器由程序计数器、指令寄存器、指令译码器以及时序信号发生器等部件构成。

根据计算机工作过程中的关联程度和相对的物理安装位置，通常将运算器和控制器集成在一个芯片上，称为中央处理器（Central Processing Unit，CPU）。表示 CPU 能力的主要技术指标有字长和主频等。

（3）存储器。存储器（Main Memory）是计算机记忆或暂存数据的部件，用来存放控制计算机工作过程的指令序列（程序）和数据（包括计算过程中的中间结果和最终结果）。一般情况下 CPU 的工作速度要远高于其他部件的工作速度，为了尽可能地发挥 CPU 的工件潜力，解决好运算速度和成本之间的矛盾，将存储器分为主存储器和辅助存储器两部分。主存储器用于存放正在执行的程序和使用的数据，其成本高、容量小，但速度快。辅助存储器可用于长期保存大量程序和数据，其成本低、容量大，但速度较慢。

中央处理器只能直接访问主存储器中的数据，外存中的数据只有先调入主存储器后，才能被中央处理器访问和处理。

（4）输入设备。输入设备（Input Devices）负责向计算机输入命令、程序、数据、文本、图形、图像、音频和视频等信息。其主要作用是把人们可读的信息转换为计算机能识别的二进制代码输入计算机，供计算机处理。例如，用键盘输入信息时，敲击的每个键位都能产生相应的电信号，再由电路板转换成相应的二进制代码送入计算机。常用的输入设备有键盘、鼠标、手写笔等。

（5）输出设备。输出设备（Output Devices）负责将计算机运算结果的二进制信息转换成人类或其他设备能接收和识别的形式，例如，字符、文字、图形、图像等。处理的结果或在屏幕上显示，或在打印机上打印，或在外部存储器上存放。常用的输出设备有显示器、打印机、绘图仪等。

输入 / 输出设备简称 I/O 设备，有时也称为外部设备，是计算机系统不可缺少的组成 部分，是计算机与外部世界进行信息交换的中介，是人与计算机联系的桥梁。

2．计算机总线结构

计算机总线结构反映的是计算机各个组成部件之间的连接方式，现在的计算机系统多采用总线结构。总线（Bus）是指连接计算机系统中各部件的一组公共通信线，它包括了运算器、控制器、存储器和 I/O 部件之间进行信息交换和控制传递所需要的全部信号。总线中传递的是二进制信号，一条传输线可以传输一位二进制信号，若干条传输线可以同时传输若干位二进制信号。按照总线中传输的信息的不同，总线分为地址总线、数据总线、控制总线三类。以微机为例，总线的逻辑结构如图 1-16 所示。

图 1-16　计算机总线结构示意图

（1）数据总线（Data Bus，DB）：数据总线传送系统中的数据或指令。数据总线是双向总线，一方面作为 CPU 向主存和 I/O 接口传送数据的通道，另一方面作为主存和 I/O 接口向 CPU 传送数据的通道。数据总线的宽度与 CPU 的字长有关。

（2）地址总线（Address Bus，AB）：地址总线传送地址信息。地址是识别信息存放位置的编号，主存的每个存储单元及 I/O 接口中不同的设备都有各自不同的地址。地址总线是 CPU 向主存和 I/O 接口传送地址信息的通道，它是自 CPU 向外传输的单向总线。

（3）控制总线（Control Bus，CB）：控制总线用来传输各种控制信号。控制总线是 CPU 向主存和 I/O 接口发出命令信号的通道，是外界向 CPU 传送状态信息的通道。

1.3.2　计算机软件系统

1. 软件的概念

软件是为了运行、管理和维护计算机而编制的各种程序、数据和文档的总称。计算机的功能不仅仅取决于硬件系统，更大程度上是由所安装的软件决定的。

计算机软件系统主要由系统软件和应用软件两大部分组成，如图 1-17 所示。

（1）系统软件。系统软件是负责管理、控制协调和维护计算机硬件和软件资源的一种软件，主要包括操作系统、语言处理系统、程序设计语言和常用服务程序等，其核心是操作系统。系统软件的主要功能是使计算机系统的硬件和软件有机地结合起来，为其他软件提供一个运行的良好平台，并最大限度地发挥硬件和软件的功能，提高计算机的工作效率；建立用户和计算机之间的联系，方便用户更好地使用计算机。

（2）应用软件。应用软件是为解决人们在生活或生产中各种具体问题或休闲娱乐而开发的各种程序。在计算机软件中，应用软件使用得最多，包括一般的文字处理软件、大型的科学计算软件、各种控制系统的实现软件，有成千上万种类型。应用软件必须有相应的硬件和系统软件支撑才能正常运行。

图 1-17　软件的分类

2.　计算机语言

计算机语言（Computer Language）又叫程序设计语言，计算机语言是指根据预先制定的语法规则而写出的语句集合，用这些语句编制的程序就构成了程序的源程序。可以把计算机语言看作人与计算机之间通信的语言。

计算机语言从最初的机器语言代码到今天接近自然语言的表达，经历了四代的演变。一般认为机器语言是第一代，符号语言即汇编语言为第二代，面向过程的语言是第三代，以SQL 语言等为典型的面向问题、具有较高非过程化性的语言是第四代。

通常把机器语言和汇编语言称作"低级语言"，面向过程和面向对象的语言称作"高级语言"。实际上，语言的级别是根据它们与机器的密切程度划分的，越接近机器的语言级别越低，越远离机器的语言越"高级"。计算机语言的分类如图 1-18 所示。

图 1-18　计算机语言分类

（1）机器语言。机器语言是计算机唯一能够识别并直接执行的语言，不同的计算机有不同的机器语言。机器语言的基本成分是硬件直接支持的二进制指令代码，其特点是：计算机能够直接识别并执行，因此程序执行效率较高；机器指令的二进制代码不易记忆，可读性差，编写程序烦琐，容易出错；程序的调试和修改难度也很大，可移植性差。例如，8BD8H 和03DBH 是 8086/8088 微处理器的机器指令编码，如果不通过相应的参考书查看指令的编码格式是很难知道它的含义的。

（2）汇编语言。汇编语言是一种把机器语言"符号化"的语言，汇编语言的指令和机器指令基本上一一对应，机器语言直接用二进制，而汇编语言指令采用了助记符，这些助记符一般使用人们容量记忆和理解的英文缩写，如用 ADD 表示加法指令、MOV 表示传送指令等。用汇编语言编写的程序称为汇编语言源程序，计算机不能直接识别它，必须先把汇编语言源程序翻译成机器语言程序（称为目标程序），然后才能执行。将汇编语言源程序翻译成目标程序的软件一般称为汇编程序。汇编语言和机器语言的性质差不多，仍然是一种依赖于机器的语言，例如机器指令 8BD8H 和 03DBH，用汇编语言表示就是 MOV BX,AX 和 ADD BX,BX，显然容易理解得多。

机器语言或汇编语言相对比较抽象，学习和使用的难度大，程序调试和维护也很不方便，普通人难以掌握，这是低级语言的不足之处。

（3）高级程序设计语言。为了提高编程效率，20 世纪 60 年代，设计了接近人类的自然语言（指英语）和数学语言的方式来编写程序，由表达各种意义的"词"和"数学公式"组成，这就是高级程序设计语言，通常称为高级语言。高级语言是与机器指令系统无关的计算机语言，它具有严格的语法规则和语义规则，没有二义性。它克服了低级语言在编程和识别方面不方便的缺点，普通人稍加学习和训练都能用高级语言编写程序，这使得计算机的应用也更加普及和方便，由于使用高级语言编程时只考虑要解决的具体问题，不考虑是用于什么类型的计算机，因此编写的软件通用性强，这些使高级语言变得易学、易用、易维护，得以迅速推广使用，并成为主流编程语言。

用高级语言编写的源程序在计算机中是不能直接执行的，必须翻译成机器语言后程序才能执行。未经语言处理程序处理过的计算机程序称为源程序，所以除机器语言写的源程序可以直接运行外，其他语言写成的源程序都要翻译成机器语言也就是二进制代码才能运行。通常翻译的方式有两种：

1）解释方式。在解释方式下，语言处理程序将源程序的指令逐条翻译（解释）成机器指令，翻译一条执行一条，一旦出错便停止在出错语句（指令）上，因此便于调试和处理，人机交互较强，易于学习和掌握，但运行速度较慢，程序的安全性也不高。如早期的 BASIC、FoxPro 等就是以解释方式来运行的，深受普通计算机编程爱好者的欢迎，如图 1-19 所示。

图 1-19　解释过程

2）编译方式。在编译方式下，语言处理程序先将源程序整体翻译成机器语言程序（目标程序），然后再通过链接程序将目标程序链接成可执行程序，如图 1-20 所示。将高级语言源程序翻译成目标程序的软件称为编译程序，这种翻译过程称为编译。生成的目标程序不能直接执行，还需要经过链接和定位生成可执行程序后才能执行。由于计算机执行的是编译后的目标程序，因此速度较快，安全性也较高。多数高级语言都采用编译方式。

图 1-20　编译过程

编译和解释都属于翻译，翻译的最终目的是把程序源代码变成计算机可以执行的机器语言，也就是二进制的形式。编译是把源程序一次性翻译成机器语言，这样计算机执行起来速度就比较快。解释是程序在执行的时候，一条条把源代码翻译成机器语言，这样的速度就不如编译了。

早期的 BASIC 语言采用解释方式，目前流行的高级语言如 C、C++、Java 等都采用编译的方法。由于高级语言计算机不能直接执行，需要翻译和处理，所以代码效率没有低级语言高，执行速度也较低级语言慢，在解决计算机硬件底层问题的能力也较弱。

1.4　微型计算机硬件组成及功能

微型计算机又叫个人计算机（PC），简称微机。它采用的是具有高集成度的器件，不仅体积小、重量轻、价格低、结构简单，而且操作方便、可靠性高。一台微型计算机通常由主机和外设两部分组成，其核心是主机部分。

1.4.1　主机部分

微型计算机的主机部分安装在主机箱内，主要有主板、微处理器和内存储器三大部分，如图 1-21 所示。

图 1-21　主机箱内部结构

1. 主板

主板（Main Board）又称主机板、系统板（System Board）或母板（Mother Board），是微机中最大的一块印刷电路板，它安装在主机箱中，连接着主机箱内的其他硬件，是其他硬件的载体，上面有 CPU 插座，内存条插槽，连接显示卡、声卡等设备的扩展槽，以及各种外部设备的接口等，如图 1-22 所示。主板不仅用来承载关键设备，同时还起着硬件资源管理和信息传输的作用，它对整个系统的稳定性和兼容性有决定性作用。

图 1-22　微机主板

2．微处理器

　　微型计算机的中央处理器 CPU 芯片也称微处理器（Micro Processor Unit，MPU），它主要由运算器、控制器、寄存器、高速缓冲存储器（Cache）等构成，是一块体积不大而元件的集成度非常高，功能强大的芯片，如图 1-23 所示。微处理器是微型计算机硬件系统中的核心部件，计算机的所有操作都受 MPU 的控制，其品质的高低通常决定了一台计算机的档次。MPU 的性能指标直接决定了由它构成的微型计算机系统性能指标，其性能指标主要有字长和时钟主频。微机主流微处理器生产商是美国的 Intel 公司和 AMD 公司。

图 1-23　酷睿双核处理器

3．内存储器

　　内存储器简称内存（又称主存），是计算机中的主要部件，它是相对于外存而言的，用来存放当前正在使用的或随时要使用的程序或数据。内存的质量好坏与容量大小会影响计算机的运行速度，通常安装在主板上。内存能与 CPU 直接交换信息，其存取速度极快。内存分为只读存储器（Read Only Memory，ROM）和随机存储器（Random Access Memory，RAM）两部分。

（1）只读存储器。顾名思义，它的特点是只能读出原有的内容，不能由用户再写入新内容。只读存储器由存储矩阵和地址译码器两个主要部分组成。存储矩阵的作用是存放数据或指令，地址译码器的作用是由地址线上输入的二进制地址码来选择存储单元的位置。其原来存储的内容是采用掩膜技术由厂家一次性写入的，并永久保存下来。它一般用来存放固定不变、重复使用的程序、数据或信息，如存放汉字库、各种专用设备的控制程序等。最典型的是 ROM BIOS（基本输入 / 输出系统）。

其他形式的只读存储器如下：

1）可编程只读存储器（Programmable ROM，PROM）：一种空白 ROM，用户可按照自己的需要对其进行编程。输入 PROM 的指令叫作微码，一旦微码输入，PROM 的功能就和普通 ROM 一样，内容不能消除和改变。

2）可擦除的可编程的只读存储器（Erasable Programmable ROM，EPROM），可以从计算机上取下来，用特殊的设备擦除其内容后可重新编程。

3）闪存（Flash ROM），它不像 PROM、EPROM 那样只能编程一次，而可以电擦除，重新编程。闪存 ROM 常用于个人计算机、蜂窝电话、数字相机、个人数字助手等，其容量在 1GB 以上。

（2）随机存储器的特点是可以读出，也可以写入里面的信息。读出时并不损坏原来存储的内容，只有写入时才修改原来所存储的内容。断电后，存储内容立即消失，即具有易失性。RAM 可分为动态（Dynamic RAM，DRAM）和静态（Static RAM，SRAM）两大类。DRAM 的特点是集成度高，主要用于大容量内存储器；内存储器通常以内存条的形式插接在主板上，通常说的内存条指的就是动态随机存储器。现在主流的 DDR3 内存条如图 1-24 所示。SRAM 的特点是存取速度快，主要用于高速缓冲存储器。

图 1-24　DDR3 内存条插接在主板上

动态 RAM：需要周期性地给电容充电（刷新）。这种存储器集成度较高、价格较低，但由于需要周期性地刷新，存取速度较慢。一种叫作 SDRAM 的新型 DRAM，由于采用与系统时钟同步的技术，因此比 DRAM 快得多。当今，多数计算机用的都是 SDRAM。

静态 RAM：利用双稳态的触发器来存储"1"和"0"。"静态"的意思是指它不需要像 DRAM 那样经常刷新。所以，SRAM 比任何形式的 DRAM 都快得多，也稳定得多。但

SRAM 的价格比 DRAM 贵得多，所以只用在特殊场合［如高速缓冲存储器（Cache）］。

下面介绍高速缓冲存储器。CPU 与内存数据交换存在一个速度差（瓶颈），CPU 速度相对内存的速度要快很多，这样就会造成 CPU 时间的浪费。为了提高 CPU 与内存的数据交换速度，通常在计算机中大都配有一级、二级、三级高速静态存储器，这就是我们通常说的高速缓冲存储器。Cache 的应用大大缓解了高速 CPU 与相对低速的内存数据交换的速度差，它可以与 CPU 运算单元同步执行，多数现代计算机都配有两级缓存。高速缓存工作示意图如图 1-25 所示。

图 1-25　高速缓存工作示意图

一级缓存也叫主缓存，或内部缓存，直接集成在 CPU 芯片内部。一级缓存容量很小，通常在 8KB ～ 64KB 之间。

二级缓存也叫外部缓存，不在 CPU 内部而是独立的 SRAM 芯片，其速度比一级缓存稍慢，但容量较大，多在 64KB ～ 2MB 之间。人们讨论缓存时，通常是指外部缓存。

三级缓存通常集成在主机板上，是为二级缓存做准备用的，对提高 CPU 的效率作用不大。

1.4.2　外设部分

微机的外部设备主要是输入 / 输出设备、辅助存储器、通信及多媒体设备等。

1. 输入设备

输入设备的功能是接收计算机外部的各种数据信息，并将这些数据信息送到存储器（内存）中，供 CPU 处理。标准的输入设备是键盘，常用的输入设备还有鼠标、光笔、手写笔、读卡器及扫描仪等。

2. 输出设备

输出设备是将计算机处理的结果输出到相应的设备或介质中，输入设备和输出设备并称为"终端"。常用的输出设备有显示器、打印机、绘图仪等，其中标准输出设备是显示器，它的功能是将结果显示在屏幕上，是计算机最重要的输出设备。

（1）显示适配器（简称"显卡"）。显卡将计算机要显示的信息转换成显示器能够接受的形式在显示器上显示，如图 1-26 所示。显示屏幕上的图像好坏直接受到显卡的影响，当然也与本身的构造有关。显卡主要由显示控制器、显示存储器和接口电路组成。显卡的作用是在显示驱动程序的控制下，负责接收 CPU 输出的显示数据，按照显示格式进行变换并存储在显示存储器中，将显示存储器中的数据以显示器所要求的方式输出到显示器。

（2）显示器。显示器又称监视器，是人机交互必不可少的设备，也是计算机必不可少的一种图文输出设备，它的作用是将数字信号转换为光信号，使文字与图形在屏幕上显示出来。

图 1-26　显卡

根据制造材料的不同，显示图可分为阴极射线管显示器（CRT，图 1-27），等离子显示器（PDP）、液晶显示器（3D，图 1-28）等。目前 CRT 显示器已经逐步退出主流市场，取而代之的是 LCD 显示器，随着技术的发展，现在 LCD 显示器也正在逐步被发光二极管显示器（简称 LED）所取代，LED 显示器具有更低的能耗，更高的使用寿命。

图 1-27　CRT 显示器

图 1-28　3D 显示器

显示器的主要技术指标有分辨率、点间距、屏幕尺寸、扫描频率和安全规范等。其中：

1）像素：屏幕上的一个发光点。像素的直径越小，屏幕上图像的分辨率或清晰度就越高。

2）点距：屏幕上两个像素之间的距离，点距越小，分辨率就越高，显示器清晰度越高。

3）分辨率：屏幕上显示的像素个数，一般用整个屏幕的光栅的列数与行数的乘积表示。这个乘积越大，分辨率就越高。分辨率越大，图像越清晰。

常见的分辨率有：640 像素 ×480 像素、800 像素 ×600 像素、1024 像素 ×768 像素、1152 像素 ×864 像素、1280 像素 ×1024 像素等，如 640 像素 ×480 像素的分辨率是指在水平方向上有 640 个像素，在垂直方向上有 480 个像素。液晶显示器的物理分辨率是固定不变的，对于 CRT 显示器而言，只要调整电子束的偏转电压，就可以改变不同的分辨率。液晶显示器只有用它的物理分辨率才能达到最佳使用效果。

4）屏幕尺寸：它是指显示器对角线的长度，单位为英寸。目前笔记本显示器通常为 14 英寸左右，微型计算机所用液晶显示器通常为 15 ～ 32 英寸左右。

近年来显示器技术发展很快，主要趋势是向低能耗、绿色环保及更高的分辨率及更高的色彩解析度和三维立体显示器方向发展。

（3）打印机。打印机一直是计算机的重要输出设备，功能是将计算机处理的信息结果打印在相关介质上，便于阅读和分类存档。衡量打印机好坏的指标有三项：打印分辨率、打印速度和噪声。

打印机的种类很多，按打印元件对纸是否有击打动作，分击打式打印机与非击打式打印机。按所采用的技术，分喷墨式打印机和激光式打印机。目前已进入了激光打印机时代，但针式点阵击打式打印机仍在广泛使用，其打印成本低，适应纸张能力强，维护费用低，特别是它的多层打印功能，可完成票据处理，这是其他打印机所无法具备的，所以针式打印机仍然有很强的生命力，不过因为其打印噪声大，速度较慢，分辨率低，现在已经逐步退出普通用户家庭；而激光打印机、喷墨打印机、静电打印机及热敏式打印机等则属于非击打式打印机，这类打印机打印成本较高，但打印精度高、打印速度快、彩色效果好且噪声低。随着技术的成熟和成本的降低，这类打印机已经成为主流打印机。

3. 辅助存储器

辅助存储器又称外存储器（简称"外存"），用于存放当前不需要立即使用的信息（可记录各种信息，存储系统软件、用户的程序及数据）。它既是输入设备，也是输出设备，是内存的后备和补充。它只能与内存交换信息，而不能被计算机系统中的其他部件直接访问，一旦需要，再和内存成批交换信息。

与内存相比，外存的特点是存储量大、价格较低，而且在断电的情况下也可以长期保存信息，微机中常见的外存通常是磁盘存储器、光盘存储器，磁盘有硬磁盘和软磁盘两种，而软盘用的地方越来越少了，取而代之的是移动存储器。

（1）硬盘（图 1-29）。

图 1-29　机械硬盘（左）和固态硬盘（右）

1）机械硬盘（Hard Disk，HDD，也称温氏硬盘）。机械硬盘是计算机重要的外部存储器，其存储容量大、稳定性好。硬盘由盘体、控制电路板和接口部件等组成，其盘体是密封的、高真空、高精度的机械部件，不能随意打开硬盘腔体，否则极易损坏里面的部件。硬盘按盘径大小可分为 3.5 英寸、2.5 英寸、1.8 英寸等，目前大多数微型计算机上使用的是 3.5 英寸，笔记本使用 2.5 英寸。

2）固态硬盘（Solid State Drives，SSD）。固态硬盘是用固态电子存储芯片阵列而制成的硬盘,由控制单元和存储单元(Flash 芯片、DRAM 芯片)组成。固态硬盘在接口的规范和定义、功能及使用方法上与普通硬盘完全相同,在外形和尺寸上也与普通硬盘基本一致。存储单元负责存储数据,控制单元负责读取、写入数据。其拥有速度快、耐用防震、无噪声、重量轻等优点。

（2）其他移动存储器。随着多媒体技术的发展,计算机的数据容量越来越大,过去那种依靠软盘传递数据的方法显然已经不能适应现在的需求。近年来一些小巧、轻便、容量较大、价格低廉的移动存储器正不断涌现和普及。

（3）光盘存储器。光盘存储器是一种利用激光技术存储信息的装置,目前用于计算机系统的光盘有 3 类：只读型光盘、一次写入型光盘和可擦写型光盘。

1）只读型光盘（Compact Disk-Read Only Memory，CD-ROM）。CD-ROM 是一种小型光盘只读存储器。它的特点是只能写一次,而且是在制造时由厂家用冲压设备将信息写入。写好后信息永久保存在光盘上,用户只能读取,不能修改和写入。

2）一次写入型光盘（CD Recordable，CD-R）。CD-R 可由用户写入数据,但只能写一次,写完以后,记录在 CD-R 盘上的信息无法被改写,但可以像 CD-ROM 盘片一样,在 CD-ROM 驱动器和 CD-R 驱动器上被反复地读取。

3）可擦写光盘（CD-ReWritable，CD-RW）。CD-RW 光盘可由用户写入数据,并且写完以后可以擦除再重新写入新的数据,可擦写的次数一般能达到上千次。CD-RW 驱动器允许用户读取 CD-ROM、CD-R 和 CD-RW,刻录 CD-R,擦除和重写 CD-RW。

4）数字多功能光盘（Digital Versatile Disc，DVD）。DVD 光盘的物理尺寸和形状与 CD 相同,但它存储密度高,一张光盘有两面,一面光盘可以分单层或双层存储信息,所以 DVD 光盘最多可以有 4 层存储空间,故其存储容量极大。

4. 其他外部设备

（1）声音卡(Sound Card)。声音卡是专门处理音频信号的接口电路板卡。它提供了与话筒、喇叭、电子合成器的接口。它的主要功能是将模拟声音信号数字化采样存储,并可将数字化音频转为模拟信号播放。

（2）视频卡（Video Card）。视频卡是专门处理视频信号的接口电路板卡。它提供了与电视机、摄像机、录像机等视频设备的接口。它的主要功能是将输入的视频信号送进计算机,记录下来,也可以把 CD-ROM 或其他媒体上的视频信号在显示器上播放出来。

（3）网络卡（Network Card）。网络卡也叫网络接口卡（Network Interface Card，NIC）。在局域网中的每台计算机的扩展槽中都要安装一块网络卡,以实现计算机之间的互连。

（4）调制解调器（Modem）。调制解调器是可将数字信号转换成模拟信号,以适于在模拟信道中传输,又可将被转换的模拟信号还原为数字信号的设备。它将计算机与模拟信道（例如现有的电话线路）相连接,以便异地的计算机之间进行数据交换。

调制解调器分内置式和外置式两类,传输速率有 28.8kb/s、33.6kb/s、56kb/s 等。

（5）扫描仪（Scanner）。扫描仪是一种输入设备,它能将各种图文资料扫描输入到计算机中并转换成数字化图像数据,以便保存和处理。扫描仪分为手持式扫描仪、平板扫描仪和大幅面工程图纸扫描仪三类,主要用于图文排版、图文传真、汉字扫描录入、图文档案管理等方面。

（6）光笔（Light Pen）。一种与显示器配合使用的输入设备。它的外形像钢笔，上有按钮，以电缆与主机相连（也有采用无线的）。使用者把光笔指向屏幕，就可以在屏幕上作图、改图或进行图形放大、移位等操作。

（7）触摸屏（Touch Screen）。触摸屏是一种附加在显示器上的辅助输入设备。借助这种设备，用手指直接触摸屏幕上显示的某个按钮或某个区域，即可达到相应的选择目的。它为人机交互提供了更简单、更直观的输入方式。触摸屏主要有红外式、电阻式和电容式三种。红外式分辨率低；电阻式分辨率高，透光性稍差；电容式分辨率高，透光性好。

（8）绘图仪（Plotter）。一种图形输出设备，与打印机类似。绘图仪分笔式和点阵式两类，常用于各类工程绘图。

此外，一些科技新产品，例如数码相机、数码摄像机等也已经列入计算机的外部设备。

1.4.3　微型计算机主要性能指标

前面介绍了微型计算机硬件的组成和特点，那么怎么衡量一台微型计算机的性能好坏呢？一台微型计算机功能的强弱或性能的好坏，不是由某项指标来决定的，而是由它的系统结构、指令系统、硬件组成、软件配置等多方面的因素综合决定的。因此，微型计算机的性能优劣，要由多项技术指标来综合评价。通常，人们主要用运算速度、时钟主频、字长、存储容量、存取周期这五项指标来衡量微型计算机的基本性能。

（1）运算速度。运算速度是衡量微型计算机性能的一项重要指标。通常所说的计算机运算速度是指每秒所能执行的指令条数，一般用"百万条指令 / 秒"（MIPS，Million Instruction Per Second，MIPS）来描述。它是用于衡量微型计算机运算速度快慢的指标，这个指标更能直观地反映机器的速度。微型计算机的运算速度与主频有关，还与内存、硬盘等工作速度及字长有关。一般来说，主频越高，单位时间内完成的指令数就越多，即微型计算机的运算速度越快。

（2）时钟主频。主频是指微型计算机 CPU 的时钟频率，单位为 GHz。它的高低一定程度上决定了计算机速度的快慢。一般时钟频率越高，微型计算机的运算速度就越快。目前多核 CPU 的主频通常为 2 ~ 4GHz 甚至更高。

（3）字长。字长是 CPU 一次最多可同时传送和处理的二进制数据位数。字长决定了计算机的精度、寻址速度和处理能力，字长越长，表明计算机一次读写和处理的数据的范围越大，处理速度越快，计算速度越快。通常，字长一般为字节的整数倍，如 8 位、16 位、32 位、64 位等。现在的多核 CPU 均属 64 位机。

（4）存储容量。存储容量分为内存容量和外存容量，这里主要指内存储器的容量。内存储器容量的大小反映了计算机即时存储信息的能力。内存容量越大，机器所能运行的程序就越大，处理能力就越强，内存容量的大小直接影响微型计算机的整体性能。随着操作系统的升级，应用软件的不断丰富及其功能的不断扩展，人们对计算机内存容量的需求也不断提高。常用的容量单位有 B、KB、MB、GB、TB 等。

（5）存取周期。存储器进行一次"读"或"写"操作所需的时间称为存储器的访问时间（或读写时间），而连续启动两次独立的"读"或"写"操作（如连续两次的"读"操作）所需的最短时间称为存取周期（或存储周期）。存取周期越短，则存取速度越快，它是反映存储器性能的一个重要参数。通常，存取速度的快慢决定了运算速度的快慢。目前内存的存取周期为 7 ～ 70ns。

除上述这五个主要的技术指标外，还有其他一些指标可衡量微型计算机的性能，如计算机的可用性、可靠性、可维护性以及所配置外围设备和系统软件的性能等。值得注意的是，一台微型计算机的整体性能，不能仅由一两个部件的性能指标决定，而取决于各部件的综合性能指标。另外，各项指标之间也不是彼此孤立的，所谓"好马配好鞍"，各种软硬件的协调配置才能发挥计算机的最大效能。

1.5　计算机的工作原理

1. 计算机指令和指令系统

计算机所能识别并能执行某种基本操作的命令称为指令。每条指令明确规定了计算机运行时必须完成的一次基本操作，即一条指令对应着一种基本操作。

（1）机器指令。机器指令是指计算机能直接识别并执行的指令。它是一个按照一定的格式构成的二进制代码串，是计算机硬件真正可以"执行"的命令。用机器指令编写的程序称为机器语言程序，所以指令也称为机器语言的语句。一条指令通常分为操作码和操作数两大部分。

1）操作码：描述操作的性质，计算机用某些二进制位表示指令的操作码，表示当前指令所要完成的操作类型，如加、减、数据传送等。

2）操作数：描述操作的对象，就是当前指令所要处理的对象，这些对象是参加操作的数本身或操作数所在的地址，即操作数或操作数地址。操作数（或操作数地址）一般分为源操作数和目的操作数，源操作数（或地址）指明了参加运算的操作数来源，目的操作数地址指明了保存运算结果的存储单元地址或寄存器编号。

指令的基本格式如图 1-30 所示。

操作码	源操作数（或地址）	目的操作数地址

图 1-30　指令的基本格式

例如，某个指令系统的指令长度为 32 位，操作码长度为 8 位，地址长度也为 8 位，且第一条指令是加，第二条指令是减。当它收到一个"00000010000001000000000100000110"的指令时：先取出它的前 8 位操作码，即 00000010，分析得出这是一个减法操作；有 3 个地址，分别是两个源操作数地址和一个目的操作数地址。于是，CPU 就到内存地址 00000100 处取出被减数，到 00000001 处取出减数，送到 ALU 中进行减法运算，然后把结果送到 00000110 处。这只是一个相当简单化的例子，实际情况要复杂得多。

（2）指令系统。一台计算机所能执行的全部指令的集合称为计算机的指令系统或指令集合。

指令系统是计算机基本功能具体而集中的体现，不同型号的计算机有不同的指令系统，这是人为规定好的。使用什么型号的计算机，就必须使用这种型号计算机的指令系统中所包含的指令，这样计算机才能识别并执行它们。由于不同类型的计算机有不同的指令系统，这也是为什么机器语言和汇编语言没有通用性的原因。

2. 程序

程序是为解决某一问题而设计的一系列有序的指令或语句（程序设计语言的语句实质包含了一系列指令）的集合。

程序是由指令序列组成的，计算机的工作过程就是自动执行指令的过程。设计者根据解决某一问题的步骤，选用一条条指令对应其解题步骤，这些指令有序排列着，然后计算机按这一指令序列顺序执行，便可完成预定的任务。

通常编程是根据要解决的问题，先确定解题的步骤（算法），然后用相应的计算机语言将算法实现，再将程序和数据输入到计算机中，计算机利用语言处理程序将程序进行相关处理，比如编译、链接等，最后运行程序，完成任务。

一个指令规定计算机执行一个基本操作，一个程序规定计算机完成一个完整的任务。

3. 计算机的工作原理

"存储程序控制"原理是 1946 年由美籍匈牙利数学家冯·诺依曼提出的，所以又称为"冯·诺依曼原理"。该原理确立了现代计算机的基本组成和工作方式，直到现在，计算机的设计与制造依然沿用"冯·诺依曼"体系结构。"存储程序控制"原理的基本内容如下：

（1）采用二进制形式表示数据和指令。

（2）将程序（数据和指令序列）预先存放在主存储器中（程序存储），使计算机在工作时能够自动高速地从存储器中取出指令，并加以执行（程序控制）。

（3）由运算器、控制器、存储器、输入设备、输出设备五大基本部件组成计算机硬件体系结构，如图 1-31 所示。

图 1-31　"存储程序控制"原理

输入设备在控制器控制下输入解题程序和原始数据，控制器从存储器中依次读出程序的一条条指令，经过译码分析，发出一系列操作信号以指挥运算器、存储器等部件完成所规定的操作，最后由控制器命令输出设备以适当方式输出最后结果。这一切工作都是由控制器控制的，而控制器进行控制的主要依据则是存放于存储器中的程序。这就是现代计算机采用的"存储程序控制"方式。

可见，计算机的工作原理是存储程序和程序控制，预先要把指挥计算机如何进行操作的指令序列（称为程序）和原始数据通过输入设备输送到计算机内存储器中。每一条指令中明确规定了计算机从哪个地址取数、进行什么操作、送到什么地址去等。

4. 计算机工作过程

计算机的工作过程就是执行程序的过程。

第一步：将程序和数据通过输入设备送入存储器。

第二步：启动运行后，计算机从存储器中取出程序指令送到控制器去识别，分析该指令要做什么事。

第三步：控制器根据指令的含义发出相应的命令（如加法、减法），将存储单元中存放的操作数据取出送往运算器进行运算，再把运算结果送回存储器指定的单元中。

第四步：当运算任务完成后，就可以根据指令将结果通过输出设备输出了。

虽然计算机技术发展很快，但"存储程序原理"至今仍然是计算机内在的基本工作原理。自计算机诞生的那一天起，这一原理就决定了人们使用计算机的主要方式——编写程序和运行程序。科学家们一直致力于提高程序设计的自动化水平，改进用户的操作界面，提供各种开发工具、环境与平台，其目的都是让人们更加方便地使用计算机，可以少编程甚至不编程来使用计算机，因为计算机编程毕竟是一项复杂的脑力劳动。但不管用户的开发与使用界面如何演变，"存储程序原理"都没有变，它仍然是我们理解计算机系统功能与特征的基础。现代计算机基本上都是根据这个原理来设计和制造的。这个原理也叫"冯·诺依曼原理"，以这个思想设计和制造的计算机也称"冯·诺依曼机"。

习题 1

一、单选题

1. 世界第一台计算机产生的时间是（　　　）。
　　A．1946 年　　　　B．1947 年　　　　　C．1945 年　　　　　　D．1950 年

2. 下列关于世界上第一台电子计算机 ENIAC 的叙述中，（　　　）是不正确的。
　　A．ENIAC 是 1946 年在美国诞生的
　　B．它主要采用电子管和继电器
　　C．它首次采用存储程序和程序控制使计算机自动工作
　　D．它主要用于弹道计算

3. 计算机最早的应用领域是（　　　）。
　　A．人工智能　　　B．过程控制　　　　C．信息处理　　　　D．数值计算

4. 微型计算机的主机由 CPU、（　　　）构成。
　　A．RAM　　　　　　　　　　　　B．RAM、ROM 和硬盘
　　C．RAM 和 ROM　　　　　　　　D．硬盘和显示器

5. 微型计算机的硬件系统包括（　　　）
　　A．内存储器　　　　　　　　　　B．显示器、主机箱、键盘
　　C．主机和外部设备　　　　　　　D．主机和打印机

6. ROM 的主要特点是（　　）。

    A．存取速度快　　　　　　　　　B．存储容量大

    C．断电后信息仍然存在　　　　　D．用户可以随机读写

7. 基于冯·诺依曼思想而设计的计算机硬件系统包括（　　）。

    A．主机、输入设备、输出设备

    B．控制器、运算器、存储器、输入设备、输出设备

    C．主机、存储器、显示器

    D．键盘、显示器、打印机、运算器

8. 计算机之所以能按人们的意志自动进行工作，主要是因为采用了（　　）。

    A．二进制数制　　B．高速电子元件　　C．存储程序控制　　D．程序设计语言

9. 用 MHz 来衡量计算机的性能，它指的是（　　）。

    A．CPU 的时钟主频　　　　　　　B．存储器容量

    C．字长　　　　　　　　　　　　D．运算速度

10. 用高级程序设计语言编写的程序称为（　　）。

    A．源程序　　　　B．应用程序　　　　C．用户程序　　　　D．实用程序

11. 英文缩写 CAM 的中文意思是（　　）。

    A．计算机辅助设计　　　　　　　B．计算机辅助制造

    C．计算机辅助教学　　　　　　　D．计算机辅助管理

12. 微型计算机的总线由（　　）组成。

    A．外部总线、内部总线和 PCI 总线　　B．地址总线、数据总线和控制总线

    C．通信总线、控制总线和数据总线　　D．逻辑总线、运算总线和地址总线

13. 能将高级语言转换成目标程序的是（　　）。

    A．调试程序　　　B．编译程序　　　　C．解释程序　　　　D．编辑程序

14. 下列各组软件中，全部属于应用软件的是（　　）。

    A．程序语言处理程序、操作系统、数据库管理系统

    B．文字处理程序、编辑程序、UNIX 操作系统

    C．财务处理软件、金融软件、WPS Office

    D．Word 2016、Photoshop、Windows XP

15. 计算机之所以能按人们的意志自动进行工作，主要是因为采用了（　　）。

    A．二进制数制　　　　　　　　　B．高速电子元件

    C．存储程序控制　　　　　　　　D．程序设计语言

二、填空题

1. 以晶体管作为主要电子部件的计算机属于第 _____ 代计算机。

2. 计算机能直接识别的语言是 _____。

3. 高速缓冲存储器的英文名称是 _____。

4. 按处理的数据类型，计算机可分为数字计算机和 _____ 计算机。

5. 动态内存的英文缩写是 _____。

6. 屏幕上的一个发光点叫作 _____ 。

7. "存储程序和程序控制" 的思想是 _____ 提出的。

8. 计算机程序的翻译方式分为 _____ 和 _____ 。

9. 微型计算机的总线包括 _____ 总线、_____ 总线和 _____ 总线。

三、思考题

1. 什么是计算机？

2. 计算机系统是由哪几部分组成的？功能分别如何？

3. 计算机有哪些主要用途？

4. 计算机软件系统中系统软件的主要功能是什么？

5. 计算机语言如何分类？汇编语言及高级语言源程序为何要翻译成机器语言？

6. 冯·诺依曼原理的核心思想是什么？

第 2 章　计算机信息技术基础

 本章导读

　　信息技术的应用引起人们生产方式的、生活方式乃至思想观念的巨大变化，推动了人类社会的发展和文明的进步。信息已成为社会发展的重要战略资源和决策资源，信息化水平已成为衡量一个国家的现代化程度和综合国力的重要标志。本章主要介绍数据、信息和存储单位，计算机内常用数制及相互转换，机器数，字符、汉字编码以及多媒体的相关知识。重点是数制及转换，ASCII 码以及汉字编码的相关概念。

本章要点

- 信息单位
- 计算机常用数制
- 数制间的相互转换
- 机器数的概念
- 字符及汉字编码方法

2.1　计算机中信息的表示

　　人类是通过信息认识各种事物的，借助信息的交流进行人与人之间的沟通，使人们能够互相协作，从而推动社会的进步，人类和机器之间为了能够相互协作也需要信息通信。为了将信息表示出来，便于传递、存储等操作，往往通过数据的形式对信息进行表示。

2.1.1　信息和数据概述

1. 数据

　　数据是一个广义的、相对模糊的概念，是客观事物的表现形式之一，现实中万事万物都有自己的表现形式，把它们抽象出来以文字、符号、数字、图形等表示出来就形成了数据。即数据是表征客观事物的、可被记录的、能够被识别的各种符号。计算机所表示和使用的数据可分为两大类：数值数据和字符数据（也叫非数值数据）。数值数据是用数字来描述的，通常表示量的大小、正负，如整数、小数等。字符数据包括的范围比数值数据要广得多，它是用字符来表示的，用来描述事物和实体的属性，如英文字母大小写、数字 0 ~ 9、各种专用字符（如 +、-、*）及标点符号等。汉字、图形、声音数据也属于字符数据。

　　任何形式的数据，无论是数字、文字、图形、图像、声音还是视频，进入计算机都必须进行二进制编码转换。

2. 信息

　　很多时候信息和数据是表示同一个概念，人们并未加以区分，但严格地说两者是有区别的：数据处理之后产生的结果为信息，信息具有针对性、时效性。信息有意义，而数据没有。例如：当测量一个病人的体温时，假定病人的体温是 39℃，写在病历上的 39℃就是数据，这个数据本身没有意义，但是，当数据以某种形式经过处理、描述或与其他数据比较时，便被赋予了意义，这就是信息。可见，信息是有意义的数据，是被加工过的数据；信息包含于数据当中，数据是信息的载体。

3. 信息的单位

　　计算机中信息的存储和传送都是用二进制数来表示的，因此信息单位也是用二进制数位的多少来表示的。

　　（1）位（bit）。位又叫 bit（比特），是二进制数位英文 binary digit 的缩写，在计算机中位表示的是一个二进制数的数位，是计算机中信息存储的最小单位。一个位可以表示二进制中的"0"或"1"。比如：二进制数 110110110 的每个数符就是位，该二进制数一共有 9 个位。

　　（2）字节（Byte）。字节是计算机中信息表示的基本单位，字节是多个二进位的组合，一个字节由 8 个二进位组成，也就是 8 个位，即 1Byte=8bit，由于位太小，因此计算机中表示存储容量时都以字节为单位，比如：表示文件的大小、磁盘的容量等，单位都是字节。除了字节外还有千字节、兆字节、吉字节及太字节等，它们之间的换算见表 2-1。

表 2-1　信息单位的换算

单位名称	表示符号	值
位（bit）（最小信息单位）	b	0 或者 1
字节（Byte）（基本信息单位）	B	8 位二进制位
千字节	KB	$2^{10}=10^{24}$B
兆字节	MB	2^{10} KB=2^{20} B
吉字节	GB	2^{10} MB=2^{20}KB= 2^{30}B
太字节	TB	2^{10}GB=2^{20}MB= 2^{40}B

2.1.2　计算机采用二进制编码

　　ENIAC 计算机是一台十进制的计算机，它采用十个真空管来表示一位十进制数。冯·诺依曼发觉这种十进制的表示和实现方式十分麻烦，提出了二进制的表示方法，之所以采用二进制是因为：

　　（1）计算机本身是电子设备，二进制的"0"和"1"正好和电子元器件的两种状态相符，比如电平的高、低，充电与放电，电流的断开与导通等。

　　（2）二进制的运算规则简单，在计算机中易于实现。

　　（3）二进制的两个数符刚好对应逻辑运算中的两个逻辑量 True 和 False，这样便于计算机进行逻辑运算和逻辑处理。

可见采用二进制物理上容易实现,运算简单,可靠性、通用性强。更重要的优点是所占用的空间和所消耗的能量减小,机器可靠性增高。

计算机内部均采用二进制来表示各种信息,但计算机与外部交往仍采用人们熟悉和便于阅读的形式,如十进制、文字显示以及图形描述等,其间的转换则由计算机系统的硬件和软件来实现,其转换过程如图 2-1 所示。

图 2-1　各类数据在计算机中的转换过程

计算机能表示和处理各种信息,且都是以二进制的形式在计算机内部存储和处理的。如何将这些信息转换成二进制,或将二进制转换成人们熟悉的格式,这就涉及信息的编码,计算机中信息编码常用的有数的编码、字符编码和汉字编码。

2.1.3　计算机常用数制

数制是人们用于计数的一个规则,人类早期是用手指来计量一些普通的数,比如放牧者在清点自己羊群羊的数量时就用手指,但手指只有十个,数完了怎么办呢,就想到用绳子来打结,数完十个打一个结,自然就形成了"逢十进一"的十进制计数的一个雏形,这也就是为什么十进制是我们现在生活中用得最多一种数制的原因。随着人类文明的发展,十进制这种方式计数是远远不够的,所以逐步产生了更多的进位数制,比如十六进制、二进制、八进制、七进制、六十进制等。

1. 常用数制

计算机中常用的数制有二进制、十进制、八进制和十六进制四种,但在计算机内部能够直接进行处理的是二进制数,也就是说计算机内部是以"0"和"1"两位数码的二进制作为计数系统,任何信息和数据都必须以二进制的形式在机器内部存储和处理。但二进制数码太少,表示数时有时会写很长,也容易写错,且难于记忆,也不便理解(人们习惯十进制数),所以为了弥补这些不足,在使用计算机时常用十进制、八进制或十六进制来表示数。为了区别这几种数制所表示的数,就用字母 B、O、D、H(或数字 2、8、10、16)分别表示二进制、八进制数、十进制数和十六进制数。

(1)二进制数(B)。表示二进制数的数符是 0、1,共两个数符,例如,101111B、110B 等都是二进制数。运算规则是"逢二进一",所以在二进制里没有数符 2。

二进制的运算规则见表 2-2。

表 2-2　二进制数的运算规则

加法	乘法	减法	除法
0+0 = 0	0×0 = 0	0-0=0	0÷0 = 0
0+1 = 1	0×1=0	1-0=1	0÷1=0
1+0=1	1×0 = 0	1-1=0	1÷0=（没有意义）
1 + 1 = 10（逢二进一）	1×1 = 1	10-1 = 1（借 1 当 2）	1÷ 1 =1

例如，二进制数 1101 与 1001 相加。

算式：被加数　　(1101)$_2$

　　　　加数　　　(1001)$_2$

　　　　进位 +)　11

　　　　和数　　　(10110)$_2$

结果：(1101)$_2$+(1001)$_2$= (10110)$_2$

可以看出，两个二进制数相加时，逢 2 向高位进 1。

例如，二进制数 11000011 与 00101101 相减。

算式：被减数　　(11000011)$_2$

　　　　减数　　　(00101101)$_2$

　　　　借位 -)　111

　　　　差数　　　(10010110)$_2$

结果：(11000011)$_2$-(101101)$_2$= (10010110)$_2$

可以看出，两个二进制数相减时，从高位借 1 当 2。

（2）十进制数（D）。表示十进制数的数符是 0、1、2、3、4、5、6、7、8、9，共十个数符，运算规则是"逢十进一"。十进制是我们常用的数制，所以运算方法我们都很熟悉。

（3）八进制数（O）。表示八进制数的数符是 0、1、2、3、4、5、6、7，共八个数符，运算规则是"逢八进一"。

例如：(5+3)$_8$=(10)$_8$，(3×7)$_8$=(21)$_8$

（4）十六进制数（H）。表示十六进制数的数符是 0、1、2、3、4、5、6、7、8、9、A、B、C、D、E、F，共十六个数符，其中 A 表示十进制的 10，B 表示 11，以此类推，F 表示十进制的 15，运算规则是"逢十六进一"。例如，25A、39D5F 等是十六进制数。

十进制数与二进制数、八进制数、十六进制数之间的关系见表 2-3。

表 2-3　常用进制数之间的对应关系

十六进制数	0	1	2	3	4	5	6	7	8	9	A	B	C	D	E	F
十进制数	0	1	2	3	4	5	6	7	8	9	10	11	12	13	14	15
八进制数	0	1	2	3	4	5	6	7	10	11	12	13	14	15	16	17
二进制数	00	01	10	11	100	101	110	111	1000	1001	1010	1011	1100	1101	1110	1111

2．进位数制的数码、基数和位权的概念

（1）数码。表示进位数制的符号就是数码（数符），比如八进制的数码是 0、1、2、3、4、5、6、7。

（2）基数。基数（基）是指进位数制里的数码的个数，比如十进制数的数码有十个，因此十进制的基是 10，同样的道理，二进制的基是 2，八进制的基是 8，十六进制的基是 16。

（3）位权。某进位计数制中各位数字符号所表示的数值大小等于该数字符号值乘以一个与数字符号有关的常数，该常数称为"位权"，简称"权"。位权的大小是以基数为底的，数字符号所处的位置的序号为指数的整数次幂。比如：二进制 1000，基数为 2，数符 1 的位权是 2 的 3 次方，从右到左数，0、1、2、3，所以是 3 次方。十进制数 269 中，基数为 10，2 的位权是 10 的 2 次方。

在一个数字当中，处在不同位置上的相同数字所表示的值是不同的。一个数字在某个位置上的值等于该数字与这个位置上的因子的乘积，该因子的值是由所在位置相对于小数点的距离来确定的，这个因子称为"位权"，简称"权"。比如：$236=2\times10^2+3\times10^1+6\times10^0$，各位上的权分别是 10^2、10^1、10^0；二进制数 1000，基数为 2，字符 1 的位权是 2 的 3 次方。同样的道理，其他数制的数也可以按位权展开式来表示，比如：

$(534)_O=5\times8^2+3\times8^1+4\times8^0$

$(25A)_H=2\times16^2+5\times16^1+10\times16^0$

不同数制的权是不一样的，二进制的权是 2 的幂，八进制的权是 8 的幂，十六进制的权是 16 的幂。

2.1.4　其他数制与十进制之间的转换

1．其他数制转换成十进制数制

根据位权的概念，其他数制要转换成十进制十分方便，方法就是"按权展开求和"。

例如：

$(1101)_B=1\times2^3+1\times2^2+0\times2^1+1\times2^0=8+4+0+1=(13)_{10}$

$(46)_O=4\times8^1+6\times8^0=32+6=(38)_{10}$

$(25A)_H=2\times16^2+5\times16^1+10\times16^0=2\times256+5\times16+10\times1=(602)_{10}$

2．十进制数制转换成其他数制

（1）十进制数转换成二进制数。十进制整数转换成二进制数的规则：除 2 取余，余数倒排。即将十进制数反复除以 2，直至商为 0，然后将每次相除所得之余数依次倒序排列，第一个余数为最低位，这样便可得到该十进制数的二进制表示形式。

十进制小数转换成二进制小数的规则：乘基数 2 取整，顺排，达到精度为止，即将十进制小数乘 2，再对乘积的小数部分乘 2，直到满足精度为止。再将乘积所得整数部分顺序排列，就是对应的二进制的小数部分。

【例 1】将 $(17.125)_D$ 转换成二进制数。

把既有整数又有小数的十进制数转换成二进制数方法：将整数部分和小数部分分别转换然后相加。

第一步：先将整数部分的 17 除 2 取余，直到商为零为止，最后一个余数作为最高位，得

到二进制整数 $(1001)_2$。

```
2 | 17    ……1        ↑ 低
2 | 8     ……0          位
2 | 4     ……0
2 | 2     ……0
2 | 1     ……1        高
    0                  位
```

第二步：将小数部分乘二取整，直到小数部分为 0 为止。

$0.125\times2=0.25$　……取整数 0　　↑ 高位
$0.25\times2=0.50$　……取整数 0
$0.5\times2=1.00$　……取整数 1　　↓ 低位

得到二进制数的小数部分 $(001)_2$。

最后转换的结果是 $(17.125)_D=(10001.001)_B$。

注意：一个十进制小数不一定能完全准确地转换成二进制小数，这时可以根据精度要求只转换到小数点后某一位即可。

（2）十进制数转换成八进制数或十六进制数的方法和十进制数转换成二进制数的方法类似。

【例2】将十进制数 $(351.45)_D$ 转换成八进制数。

十进制数转换成八进制数的规则：整数部分除 8，取余数，倒排；小数部分乘 8，取整数，顺排。

第一步：先把整数部分 351 转换成八进制数，得到 $(537)_8$。

```
8 | 351    ……7
8 | 43     ……3
8 | 5      ……5
    0
```

第二步：再把小数部分 0.45 转换成八进制数。

$0.45\times8=3.60$　……取整数 3
$0.60\times8=4.80$　……取整数 4
$0.80\times8=6.40$　……取整数 6
$0.40\times8=3.20$　……取整数 3
$0.20\times8=1.60$　……取整数 1

$(0.45)_{10}=(a_{-1}\,a_{-2}\,a_{-3}\,a_{-4}\,a_{-5})_8=(0.34631)_8$

最后转换的结果是 $(351.45)_D=(537.34631)_O$。说明：此处虽未乘至 0，但小数部分至小数位第五位已循环，所以取近似值至小数位后五位。

【例3】将十进制数 $(351.78125)_D$ 转换成十六进制数。

十进制数转换成十六进制数的规则：整数部分除 16，取余数，倒排；小数部分乘 16，取整数，顺排。

第一步：先把整数部分 351 转换成十六进制数，得到 $(15F)_H$。

$$16 \overline{)351} \quad \cdots\cdots 15$$

此处 15 对应于
十六进制的数码 F

$$16 \overline{)21} \quad \cdots\cdots 5$$
$$16 \overline{)1} \quad \cdots\cdots 1$$
$$0$$

第二步：把小数部分 0.78125 转换成十六进制数，得到 $(0.C8)_{16}$。

$0.78125 \times 16 = 12.50 \cdots\cdots$ 取整数 12（C）

$0.50000 \times 16 = 8.00 \cdots\cdots$ 取整数 8

$(0.78125)_{10} = (a_{-1}\ a_{-2})_{16} = (0.C8)_{16}$

最后转换的结果是 $(351.78125)_D = (15F.C8)_H$。

综上所述，十进制数转换成其他进制数的方法：整数部分除基数取余，余数倒排；小数部分乘基数取整，整数顺排。

2.1.5　二进制与八进制、十六进制之间的转换

1. 二进制与八进制之间的互换

（1）二进制数转换成八进制数。由于 23=8，因此二进制的 1000 等于八进制的 10，这样就得到二进制转换成八进制的方法："三化一"。方法是以二进制数的小数点位置为中心，分别向前、向后每三位划分为一组，末尾不足三位补 0；再把各组数（每组三位）分别转换成相应的八进制数，小数点照写，便得到等值的八进制数。

【例 4】将二进制数 $(111101011.10011)_B$ 转换成八进制数。

解：

111	101	011	.	100	110
7	5	3	.	4	6

由此得到 $(111101011.10011)_B = (753.46)_O$。

（2）八进制数转换成二进制数。同样的道理，八进制数转换成二进制数的方法是"一化三"，即一位八进制数对应三位二进制数，然后从左到右连续写，小数点也照写。

【例 5】将八进制数 $(537.23)_O$ 转换成二进制数。

解：

5	3	7	.	2	3
↓	↓	↓	.	↓	↓
101	011	111	.	010	011

由此得到 $(537.23)_O = (101011111.010011)_B$。

2. 二进制与十六进制之间的互换

二进制与十六进制之间的互换和二进制与八进制之间的互换类似。

（1）二进制数转换成十六进制数。二进制数转换成十六进制数的方法是"四化一"，即从二进制数的小数点位置开始，分别向前、向后每四位划分为一组，不足四位补 0；再把各组数（每组四位）分别转换成相应的十六进制数，小数点照写，便得到等值的十六进制数。

【例 6】将二进制数 $(110101111011.1100101)_B$ 转换成十六进制数。

解：

$$\underline{1101} \quad \underline{0111} \quad \underline{1011} \; . \; \underline{1100} \quad \underline{1010}$$
$$\;\; D \qquad 7 \qquad B \;\; . \;\; C \qquad A$$

由此得到 $(110101111011.1100101)_B=(D7B.CA)_H$。

（2）十六进制数转换成二进制数。十六进制数转换成二进制数的方法是"一化四"，即把十六进制数转换成相应的四位二进制数，然后从左到右连续写，小数点照写。

【例 7】将十六进制数 $(3B5D.4A)_H$ 转换成二进制数。

解：

$$\begin{array}{cccccc} 3 & B & 5 & D \; . & 4 & A \\ \downarrow & \downarrow & \downarrow & \downarrow & \downarrow & \downarrow \\ 0011 & 1011 & 0101 & 1101 \; . & 0100 & 1010 \end{array}$$

由此得到，$(3B5D.4A)_H=(11101101011101.0100101)_B$。

【例 8】找出以下 4 个数中的最大数：

$\quad\quad (36A)_{16}$，$(111011)_2$，$(1057)_8$，753

解：比较不同数制值大小时，需把不同数制值转换成同一种数制值后再比较其大小。

$(36A)_{16}=3\times 16^2+6\times 16^1+10\times 16^0=(874)_{10}$

$(111011)_2=1\times 2^5+1\times 2^4+1\times 2^3+0\times 2^2+1\times 2^1+1\times 2^0=(59)_{10}$

$(1057)_8=1\times 8^3+0\times 8^2+5\times 8^1+7\times 8^0=(559)_{10}$

可见，$(36A)_{16}$ 值最大。

2.2　计算机中数的编码

计算机在处理数值型数据时需要指定数的长度、符号及小数点的表示形式。

（1）数的长度。数的长度是指用一个十进制数表示一个数值所占的实际位数。例如 321113 的长度为 6。我们知道计算机中存储数据的大小是用字节来计算的，所以数的长度也常用字节来计算。

（2）数的符号。由于数值有正负之分，因此在计算机科学中通常用数的最高位（一个数符）来表示数的正负号，一般约定是以"0"表示正数，用"1"表示负数。

（3）小数点的表示。在计算机中表示数值时，小数点的位置是隐含的，即约定小数点的位置，这样有利于节省存储空间。

（4）数的编码。

1）机器数：计算机科学中把以编码形式表示的一个数称为"机器数"。机器数有以下三个特点：

● 机器数用二进制表示。机器数的每位用"0"或"1"二进制表示。

● 机器数位数固定。因此表示的数的范围受位数限制，例如，字长为 8 位的计算机能表示的无符号整数的范围为"$0 \sim 255$（2^8-1）"。由于机器数受字长的限制，因此当计算机运算结果超过机器数所能表示的范围时就会产生"溢出（Overflow）"的错误提示信息。

● 机器数最高位为符号位。用"0"表示正数，用"1"表示负数。

2）机器数的原码、反码及补码。

a. 原码。用"0"表示正数，"1"表示负数，在指定字长下用二进制编码表示的机器数就是机器数的原码。方法：将该数绝对值（也叫真值）转换成二进制数，然后将表示正负的符号 0 或 1 写在最高位，二进制真值写在后面，不足位数补前导 0。例如，对字长为 8 位的计算机，计算 +89 和 -89 的原码，方法是先将 ±89 的绝对值转换成二进制数 1011001，然后在最高位上加上表示正负的"0"或"1"，如图 2-2 所示。

图 2-2 数值在计算机中的表示方式

所以 +89 的原码是 01011001。

同理，-89 的原码是 11011001。

例如：当机器字长 $n = 8$ 时：

[+1]原=00000001，[-1]原=10000001

[+127]原=01111111，[-127]原=11111111

[+0]原=00000000，[-0]原=10000000

注意，最高位为符号位，正数为 0，负数为 1，其余 $n-1$ 位表示数的绝对值（真值）。最高位的 0 是不能省略的，它表示符号是正。

b. 反码。反码是对一个数取反。对正数的机器数来说，反码和原码一样；对负数的机器数来说，反码是除符号位外的各位上取反，也就是"0"取为"1"，"1"取为"0"。

例如：十进制数 [+89] 的原码为 01011001，反码为 01011001。

十进制数 [-89] 的原码为 11011001，反码为 10100110。

例如：当机器字长 $n = 8$ 时：

[+1]反=00000001，[-1]反=11111110

[+127]反=01111111，[-127]反=10000000

[+0]反= 00000000，[-0]反= 11111111。

c. 补码。正数的补码与原码相同，负数的补码是除符号位不变外，各位上取反再在最低位加"1"，也就是说负数的补码等于反码加 1。

例如：十进制数 [+89] 的原码为 01011001，反码为 01011001，补码为 01011001。

十进制数 [-89] 的原码为 11011001，反码为 10100110，补码为 10100111。

例如：当机器字长 $n = 8$ 时：

[+1]补=00000001，[-1]补=11111111

$[+127]_{补}=01111111$，$[-127]_{补}=10000001$

在补码中，0 的问题得到统一，即

$[+0]_{补}=+0=00000000$　　$[-0]_{补}=-0=11111111+00000001=00000000$（最高位 1 自然丢失）

在计算机中利用补码的原理，可以巧妙地将减法运算转换成加法运算，另外，采用补码可以不用判断符号位及绝对值的大小等，从而简化了计算机内部线路设计。下面我们就这个问题举例说明。

【例 1】假设字长为 8。X=56-11=56+(-11)=45，用补码原理验证。

解：$[X]_{补}=[56]_{补}+[-11]_{补}$

　　$+56_{补}=00111000$，$[-11]_{补}=11110101$

$$\begin{array}{r} 00111000 \\ +\ 11110101 \\ \hline 00101101 \end{array}$$（最左边的 1 为自然丢失）

而 00101101 转换成十进制正好是 45。

2.3　字符和汉字的编码

在计算机中字母、数字、符号和中文等统称为"字符"，在计算机中不能直接存储和处理这些字符。因此字符也必须按特定的规则进行二进制编码才能进入计算机。字符编码通常是要先确定需要编码的字符总数，因字符的多少涉及编码的位数；然后将每一个字符按顺序确定其编号，编号值本身无意义，仅作为识别与使用这些字符的依据。由于字符编码涉及世界范围内的有关信息表示、交换、存储，因此必须有一个标准，这就需要一个统一的约定，也就是所谓的字符编码方案。最初出现的编码方案是 1967 年由美国国家标准学会所制定的 ASCII（American Standard Code for Information Interchange，美国标准信息交换码），这个编码方案也是现在广泛采用的一种字符统一编码方案。当计算机在中国普遍使用后，中国的计算机工作者为了方便计算机进行汉字处理，相继研究了多种汉字编码方案，这使即便是不懂英文的中国人也能自如地使用计算机处理汉字。

2.3.1　字符的编码

计算机中信息都是用二进制编码表示的，用以表示字符的二进制编码称为字符编码。计算机中最常用的字符编码是 ASCII，被国际标准化组织指定为国标标准。ASCII 有 7 位码和 8 位码两种版本，分别对应为标准 ASCII 和扩展 ASCII。

1. 标准 ASCII（基本 ASCII）

基本 ASCII 用 7 位二进制（或最高位为 0 的 8 位二进制）编码来表示，0 ～ 7 的编码范围为 00000000 ～ 01111111，相当于十进制数的 0 ～ 127，即 2^7=128 个字符，表 2-4 描述了基本 ASCII 字符。其中有 96 个可打印字符，包括常用的十进制数、英文字母和常用符号如运算符、括号、标点符号、标识符等，另外还有 32 个控制字符，一共可以表示 128 个字符。

10 个数字——0 ～ 9，二进制为 00110000 ～ 00111001，相应的十进制数是 48 ～ 57。

52 个英文字母——大写字母 A ～ Z，二进制数为 01000001 ～ 01011010，相应的十进制数为 65 ～ 90；小写字母 a ～ z，二进制数为 01100001 ～ 0111010，相应的十进制数为 97 ～ 122。

34 个专用字符——(、$、%……

32 个控制字符——CR、LF ……

表 2-4　标准 ASCII 字符集

后四位 $b_3b_2b_1b_0$	前三位 $b_6b_5b_4$							
	000	001	010	011	100	101	110	111
0000	NUL	DLE	SP	0	@	P	`	p
0001	SOH	DC1	!	1	A	Q	a	q
0010	STX	DC2	"	2	B	R	b	r
0011	ETX	DC3	#	3	C	S	c	s
0100	EOT	DC4	$	4	D	T	d	t
0101	ENQ	NAK	%	5	E	U	e	u
0110	ACK	SYN	&	6	F	V	f	v
0111	BEL	ETB	'	7	G	W	g	w
1000	BS	CAN	(	8	H	X	h	x
1001	HT	EM	)	9	I	Y	i	y
1010	LF	SUB	*	:	J	Z	j	z
1011	VT	ESC	+	;	K	[	k	{
1100	FF	FS	,	<	L	\	l		
1101	CR	GS	_	=	M	]	m	}
1110	SO	RS	.	>	N	^	n	~
1111	SI	US	/	?	O	-	o	DEL

表 2-4 描述了基本 ASCII 中的字符及其二进制编码，表中每个字符都对应一个数值，称为该字符的 ASCII 值，其排列次序为 $b_6b_5b_4b_3b_2b_1b_0$。也可以将二进制转换成表 2-5 所列的十进制或十六进制 ASCII，这样更能直观表示字符大小和顺序关系。

ASCII 本来是为信息交换所规定的标准，由于字符数量有限，编码简单，因此输入、存储、内部处理时也往往采用这种标准。

表 2-5　十进制及十六进制 ASCII

ASCII 十进制	ASCII 十六进制	字符	ASCII 十进制	ASCII 十六进制	字符	ASCII 十进制	ASCII 十六进制	字符	ASCII 十进制	ASCII 十六进制	字符
032	20	␣	056	38	8	080	50	P	104	68	h
033	21	!	057	39	9	081	51	Q	105	69	i
034	22	"	058	3A	:	082	52	R	106	6A	j
035	23	#	059	3B	;	083	53	S	107	6B	k
036	24	$	060	3C	<	084	54	T	108	6C	l
037	25	%	061	3D	=	085	55	U	109	6D	m
038	26	&	062	3E	>	086	56	V	110	6E	n
039	27	'	063	3F	?	087	57	W	111	6F	o
040	28	(	064	40	@	088	58	X	112	70	p
041	29	)	065	41	A	089	59	Y	113	71	q
042	2A	*	066	42	B	090	5A	Z	114	72	r
043	2B	+	067	43	C	091	5B	[	115	73	s
044	2C	,	068	44	D	092	5C	\	116	74	t
045	2D	-	069	45	E	093	5D	]	117	75	u
046	2E	.	070	46	F	094	5E	^	118	76	v
047	2F	/	071	47	G	095	5F	_	119	77	w
048	30	0	072	48	H	096	60	`	120	78	x
049	31	1	073	49	I	097	61	a	121	79	y
050	32	2	074	4A	J	098	62	b	122	7A	z
051	33	3	075	4B	K	099	63	c	123	7B	{
052	34	4	076	4C	L	100	64	d	124	7C	|
053	35	5	077	4D	M	101	65	e	125	7D	}
054	36	6	078	4E	N	102	66	f	126	7E	~
055	37	7	079	4F	O	103	67	g	127	7F	Delete

利用 ASCII 值可以比较字符大小，其基本规律如下：

空格＜标点符号＜数字＜大写字母＜小写字母

由于大写或小写字母顺序排列，因此相邻的大写或小写字母相差 1，例如 A 的 ASCII 是 65，则 B 的是 66，以此类推，可得所有大写字母的 ASCII，同理小写 a 的是 97，b 的就是 98，这样就可以知道所有小写字母的 ASCII。大写字母与小写字母相差 32 个位置，可以通过这个特点来相互推出。比如 B 的 ASCII 是 66，则 b 的 ASCII 为 66+32=98。同理，数字 0 ～ 9 的 ASCII 也可以相互推导。

说明：十进制数值和十进制数字字符是不同的概念，它们对应的二进制值也是不一样的，比如十进制数字字符 7 的二进制即 ASCII 是 01101111，而十进制数值 7 的二进制数值是 0000111。

2. 扩展 ASCII（EASCII）

标准 ASCII 是 7 位编码，但由于计算机基本处理单位为字节（1Byte=8bit），因此一般仍以一个字节来存放一个 ASCII。每个字节中多余出来的一位（最高位）在计算机内部通常保持为 0（在数据传输时可用作奇偶校验位）。由于标准 ASCII 字符集字符数目有限，在实际应用中往往无法满足要求。为此，国际标准化组织又制定了将 ASCII 字符集扩充为 8 位代码的统一方法。国际标准化组织陆续制定了一批适用于不同地区的扩充 ASCII 字符集，每种扩充 ASCII 字符集分别可以扩充 128 个字符，这些扩充字符的编码均为高位为 1 的 8 位代码（即十进制数 128～255），称为扩充 ASCII（Extended ASCII，EASCII）。EASCII 编码空间从原来的 0100000～01111111 提高到 10000000～11111111，即由 2^7=128 提高到 2^8=256，可以表示 256 种字符或图形符号。

用 ASCII 字符组成的文件又称为"文本文件"，其扩展名为 .txt。

另外还有 Unicode 编码，它最初是由 Apple 公司发起制定的通用多文字集，是一种在计算机上使用的字符编码。它为每种语言中的每个字符设定了统一并且唯一的二进制编码，以满足跨语言、跨平台进行文本转换、处理的要求。随着计算机工作能力的增强，Unicode 编码也在面世以来得到了普及。其代表有 UTF-8、UTF-16 和 UTF-32，分别用 8 位、16 位或 32 位表示字符。例如：UTF-32 使用 32 位的编码空间，其首位恒为 0，每个字符占用 4 个字符。这样理论上最多可以表示 2147483648（2 的 31 次方）个字符，完全可以涵盖一切语言所用的符号。中文版 Windows 使用的是支持汉字系统的 UTF16。

2.3.2　汉字的编码

汉字是世界上使用最多的文字，是联合国的工作语言之一，汉字处理的研究对计算机在我国的推广应用和加强国际交流都是十分重要的。但汉字属于图形符号，结构复杂，多音字和多义字比例较大，数量太多。这些导致汉字编码处理和西文有很大的区别，在键盘上难于表现，输入和处理都难得多。依据汉字处理阶段的不同，汉字编码可分为输入码、显示字形码、机内码和交换码。

计算机中汉字的表示也是用二进制编码，同样是人为编码的。根据应用目的的不同，汉字编码分为外码、交换码、机内码和字形码。

汉字也是字符，与西文字符比较，数量大，字形复杂，同音字多，这就给汉字在计算机内部的存储、传输、交换、输入和输出等带来了一系列的问题。为了使计算机能够处理、显示、打印、交换汉字字符，需要对汉字进行重新编码。

ASCII 编码空间只有 128 个字符，扩展 ASCII 也只有 256 个字符，其编码空间是 8 位二进制，如图 2-3 所示，不足以表示数量众多且字形复杂的汉字（常用汉字就有近万个）。汉字的编码采用两个字节，也就是 16 位二进制来编码，如图 2-4 所示。为了和 ASCII 的字符区别，每个字节的最高位都置为 1（即 ASCII 的最高位是 0）。

b_7	b_6	b_5	b_4	b_3	b_2	b_1	b_0
0	×	×	×	×	×	×	×

图 2-3　西文字符的 ASCII 表示（一个字节）

图 2-4　汉字的机内编码表示（两个字节）

从汉字编码的角度看，计算机对汉字信息的处理过程实际上是各种汉字编码间的转换过程。这一系列的汉字编码及转换、汉字信息处理中的各编码及流程如图 2-5 所示。

图 2-5　汉字信息处理过程

1. 汉字输入码

输入码也叫外码，是用来将汉字输入到计算机中的一组键盘符号。常用的输入码有拼音码、五笔字型码、自然码、表形码、认知码、区位码和电报码等。一种好的编码应有编码规则简单、易学好记、操作方便、重码率低、输入速度快等优点，每个人可根据自己的需要进行选择。常用的输入法有拼音码、五笔字型码等。按其编码规则，汉字输入码可分为以下四种类型：

（1）音码——完全依靠汉字的发音来编码，易学易用，但同音字很多，所以重码多，输入速度不是很快，适合一般人使用。比如，"全拼""智能 ABC"等都属于音码。

（2）形码——根据汉字的字形来编码，由于各个汉字的字形笔画不同，这种编码方案的特点是重码少，输入速度快，即使不知道这个汉字的发音也能输入。缺点是学习起来记忆量大，时间比学音码要长。比如"首尾码""五笔字型"等都属于形码。

（3）音形码——结合汉字的发音及字形来编码的一种汉字输入方案，其特点是既照顾到学习的容易性，又兼顾到输入时减少重码率，提高输入速度，比如"自然码"等。

（4）数字码（流水码）——就是用纯数字来对每个汉字进行编码，这样编码容易实现，且完全没有重码现象，输入速度快。但学习困难，需要记住每个汉字的编码，记忆量太大，非专业人员很难学习使用，比如"电报码""区位码"等。

2. 汉字国标码（交换码）

由于汉字的机内码还没有统一的标准，不便来在计算机系统之间交换信息，因此引入了交换码。汉字信息交换码是专门用于汉字信息交换的统一编码，可用于汉字信息处理系统之间或者与通信系统之间进行信息交换，简称交换码，或者国标码。它是为系统、设备之间信息交换采用统一的形式而制定的。

我国于 1980 年发布了国家汉字编码标准——《中华人民共和国国家标准信息交换用汉字字符集》（GB 2312—1980），其中一共收录一级汉字 3755 个，二级汉字 3008 个，按偏旁部首排列，各种中文符号 682 个，共计 7445 个字符。由于一个字节只能表示 256 种编码，因此一个国标码必须用两个字节来表示，每个字节最高位为 0。

GB 2312—1980 对所收录的汉字进行"分区"排放，将汉字或图形符号存放在一个"图形字符代码表"中。"图形字符代码表"由 94 个区组成，每区共有 94 个位，每个位上对应一个汉字或符号,汉字图形符号的编码由区号和位号构成,这种表示方式也叫区位码。比如:"啊"字的区位码是"1601",意味着"啊"字在 16 区 01 位上,如图 2-6 所示。

		0	0	0	0	0	0	0	0
	b_7	0	0	0	0	0	0	0	0
	b_6	1	1	1	1	1	1	1	1
第二字节	b_5	0	0	0	0	0	0	0	0
	b_4	0	0	0	0	0	0	0	1
	b_3	0	0	0	0	0	0	1	0
	b_2	0	1	1	0	0	1	1	0
	b_1	1	0	1	0	1	0	1	0
第一字节 $b_7 b_6 b_5 b_4 b_3 b_2 b_1$	位／区	1	2	3	4	5	6	7	8
0110000	16	啊	阿	埃	挨	哎	唉	哀	皑
0110001	17	薄	雹	保	堡	饱	宝	抱	报
0110010	18	病	并	玻	菠	播	拨	钵	波
0110011	19	场	尝	常	长	偿	肠	厂	敞

图 2-6　GB 2312—1980 代码表(局部)

GB 2312—1980 中各种图形字符的分布如下:

01 ～ 09 区——存放特殊图形和符号。

16 ～ 55 区——存放一级汉字。

56 ～ 87 区——存放二级汉字。

11 ～ 15 及 88 ～ 94 区——没有字符,用于扩充或用户自定义汉字或图形符号等。

国标码区和位均用 7 位二进制表示,即一个汉字要用两个字节或一位十六进制表示。国标码查表原则是先区后位:

汉字	第一字节	第二字节	十六进制
保	0110001	0100011	3123
啊	0110000	0100001	3021

区位码是国标码的另外的一种表示形式,把国标 GB 2312—1980 中的汉字、图形符号组成一个 94×94 的方阵,分为 94 个"区",每区包含 94 个"位",其中"区"的序号由 01 至 94,"位"的序号也是由 01 至 94。94 个区中位置总数 = 94×94 = 8836 个,其中 7445 个汉字和图形字符中的每一个占一个位置后,还剩下 1391 个空位,这 1391 个位置空下来保留备用。区号和位号均用两位十进制数表示,据此得出了区位码汉字输入法。

例如:"啊"的区位码是 1601,表示啊字在第 16 区,第 01 位,

"保"的区位码是 1703,表示保字在第 17 区,第 03 位。

为了与 ASCII 兼容,汉字输入区位码与国标码之间有一个转换关系。方法:将一个汉字的十进制区号和十进制位号分别转换成十六进制;然后再分别加上 20H(十进制是 32),就成为汉字的国标码。例如:

汉字　　　啊

区位码　　　$1601_D = (1601+3232)_D = (4833)_D = (3021)_H$

国标码　　　3021H

世界上使用汉字的地区除了中国外，还有日本和韩国，但这些地区使用了与中国不同的汉字字符集。

国标 GB 2312—1980 中有许多字没有包括在内，因此有了 GBK 编码（扩展汉字编码），它是对 GB 2312—1980 的扩展，收录了 21003 个汉字，支持国标标准 ISO10646 中的全部中日韩汉字。目前 Windows 版本都支持 GBK 编码，只要计算机安装了多语言支持功能，就可以在不同的汉字系统之间自由变换。2001 年发布的《信息技术 信息交换用汉字编码字符集基本集的扩充》（GB 18030—2000）是对 GBK 编码的升级，它的编码空间约为 160 万码位，已纳入编码的汉字约为 2.6 万个。

3. 汉字的机内码

汉字的机内码又称"内码"，是计算机内部对汉字进行存储、处理、传输所使用的编码。当通过键盘输入汉字的代码（输入码）后，计算机将该输入码转换成机内码，然后才进行其他处理。汉字的机内码形式也是多种多样的，不同的计算机系统，其汉字的机内码也可能是不同的。一个汉字一个编码，是一一对应关系，机内码规定用两个字节为汉字编码，每个字节的最高位置 1，以区别于 ASCII。所以汉字的机内码是一种变形的国标码。机内码使得数量众多的汉字外码在计算机内部实现了统一的表示，即一个汉字可以有不同的输入码，但内码却是一致的。

汉字机内码、国标码和区位码三者之间的关系：区位码（十进制）的两个字节分别转换成十六进制后加 20H 得到对应的国标码；机内码是国标码两个字节的最高位分别加 1，即国标码的两个字节分别加 80H 到对应的机内码；区位码（十进制）的两个字节分别转换成十六进制后加 A0H 得到对应的机内码。三者之间的转换公式如下：

国标码 = 区位码的十六进制表示 + 2020_H

机内码 = 国标码 + 8080_H = 区位码的十六进制表示 + $A0A0_H$

例如："啊"的国标码为 3021_H，则根据上述公式得

"啊"的机内码 = "啊"的国标码 $3021_H + 8080_H = B0A1_H = 1011000010100001_B$

"啊"的机内码、国标码和区位码的比较如图 2-7 所示。

图 2-7　"啊"的机内码、国标码和区位码的比较

可见，西文字符的机内码是 7 位 ASCII，一个字节最高位为 0。为了与 ASCII 兼容，汉字用两个字节来存储，区位码再分别加上 20H，就成为汉字的国标码。在计算机内部为了能够区分是汉字还是 ASCII，将国标码每个字节的最高位由 0 变为 1，变换后的国标码就是汉

字机内码。

4. 汉字字形码

汉字字形码是汉字的输出码，输出汉字时都采用图形方式，无论汉字的笔画是多少，每个汉字 都可以写在同样大小的方块中。通常用点阵、矢量函数等方式表示。字形码也称字模码，用于汉字在显示屏或打印机输出。汉字字形点阵和格式不同，汉字字形码也不同。常用的字形点阵有 16×16 点阵和 48×48 点阵等。

在计算机中使用"点阵"（字模）来描述汉字及图形符号，西文字符和汉字一样在显示输出时也用"点阵"来描述，只是西文字符用的点阵一般要小一些。一个汉字可以看作一个二维的图形，在"点阵"中把一个汉字离散成若干网点，每个网点对应一个二进制位，从而构成了汉字的一个点阵，如图 2-8 所示。

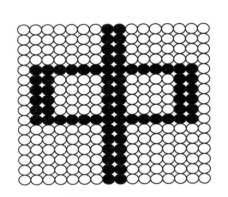

```
0000000110000000
0000000110000000
0000000110000000
0000000110000000
0111111111111110
0110000110000110
0110000110000110
0110000110000110
0110000110000110
0111111111111110
0000000110000000
0000000110000000
```

图 2-8   16×16 点阵字形表示

通过图 2-8 可以看出，汉字是一种象形的方块字，每个字占据同样的空间，16×16 点阵，也就是有 256 个二进制位，8 个二进制位为一个字节，所以 16×16 点阵的汉字字形码占 32 个字节，即 16×16÷8=32（字节）。因此点阵越大所占的存储空间也越大，输出的汉字越精美。现在计算机存储容量很大，一般内部采用的汉字点阵都达到 48×48 点阵。缺点是字形放大后的效果差。

汉字的矢量表示法是将汉字看作由笔画组成的图形，提取每个笔画的坐标值，由这些坐标值确定每个笔画的位置，所有坐标值组合起来就是该汉字字形的矢量信息。每个汉字矢量信息所占的内存大小不一样。

矢量表示方式存储的是描述汉字字形的轮廓特征，当要输出汉字时，通过计算机的计算，由汉字字形描述生成所需要大小和形状的汉字点阵。矢量化字形描述与最终文字显示的大小、分辨率无关，因此可产生高质量的汉字输出。Windows 中使用了 TrueType 技术，就是汉字的矢量表示方式，解决了汉字点阵字形放大后出现锯齿的问题。

5. 汉字地址码

汉字地址码是指汉字库（主要指点阵式字模库）中存储汉字字形信息的逻辑地址码。需要向输出设备输出汉字时的，必须通过地址码找到所需字形码。在汉字库中，字形都是按一定顺序连续存放在存储介质上的，所以汉字地址码也是连续有序的，与汉字机内码有着简单的对应关系，以简化汉字机内码到汉字地址码的转换。

注意：国标码用 2 个字节表示 1 个汉字，每个字节只用后 7 位。计算机处理汉字时，不能直接使用国标码，而要将最高位置 1，变换成汉字机内码，其原因是区别汉字码和 ASCII，当最高位是 0 时，表示为 ASCII，当最高位是 1 时，表示为汉字码。

2.4　计算机多媒体技术

多媒体技术是当前最受计算机界关注的热点之一。自 20 世纪 80 年代以来，随着电子技术和大规模集成电路技术的发展，计算机技术、通信技术和广播电视技术这三大原本各自独立并得到极大发展的领域，相互渗透，相互融合，进而形成了一门崭新的技术即多媒体技术。

2.4.1　多媒体技术概述

1. 多媒体的概念

"多媒体"一词译自英文 multimedia，而该词又是由 mutiple 和 media 复合而成的。其核心词是"媒体"（media）。所谓"媒体"是指信息传递和存储的最基本的技术和手段，即信息的载体。故媒体有两重含义：一是指存储信息的实体，如磁盘、光盘、磁带、半导体存储器等，中文常译作媒质；二是指传递信息的载体，如数字、文字、声音、图形等，中文译作媒介，它们只是一种信息表示方式。

在计算机和通信领域，信息的正文、图形、声音、图像、动画，都可以称为媒体。从计算机和通信设备处理信息的角度来看，可以将自然界和人类社会原始信息存在的形式——数据、文字、有声的语言、音响、绘画、动画、图像（静态的照片和动态的电影、电视和录像）等，归结为三种最基本的媒体：声、图、文。传统的计算机只能够处理单媒体——"文"，电视能够传播声、图、文集成信息，但它不是多媒体系统，因为通过电视，只能单向被动地接受信息，不能双向地、主动地处理信息，没有所谓的交互性。

一般所说的多媒体，不仅指多媒体信息本身，而且指处理和应用多媒体信息的相应技术。

概括起来可将多媒体描述为：使用计算机交互式综合技术和数字通信网络技术处理多种表示媒体——文本、图形、图像和声音，使多种信息建立逻辑连接，集成为一个交互式系统。

2. 多媒体信息的类型

多媒体技术所处理的信息不是单一的消息类型，通常是多种信息的组合，可能应用于多媒体技术中的信息包括文本、图形、图像、动画、声音和视频等。

（1）文本。文本是以文字和各种专用符号表达的信息形式，它是现实生活中使用得最多的一种信息存储和传递方式。用文本表达信息给人充分的想象空间，它主要用于对知识的描述性表示，如阐述概念、定义、原理和问题以及显示标题、菜单等内容。

（2）图形。图形是图像的抽象，它反映了图像上的关键特征，如点线面等，图形的表示不是直接描述图像的每一个点，而是描述产生这些点的过程和方法，即用矢量来表示。

（3）图像。在计算机领域中，图像是由扫描仪、摄像机等输入设备捕捉实际的画面产生的数字图像，是由像素点阵构成的位图。图像是多媒体软件中最重要的信息表现形式之一，它是决定一个多媒体软件视觉效果的关键因素。

（4）动画。动画是利用人的视觉暂留特性，快速播放一系列连续运动变化的图形图像，也包括画面的缩放、旋转、变换、淡入淡出等特殊效果。通过动画可以把抽象的内容形象化，使许多难以理解的教学内容变得生动有趣。合理使用动画可以达到事半功倍的效果。

（5）声音。声音是人们用来传递信息、交流感情最方便、最熟悉的方式之一。在多媒体课件中，按其表达形式，可将声音分为讲解、音乐、效果三类。

（6）视频。视频具有时序性与丰富的信息内涵，常用于交待事物的发展过程。视频非常类似于我们熟知的电影和电视，有声有色，在多媒体中充当起重要的角色。

3. 多媒体技术

多媒体技术（Multimedia Technology）是利用计算机对文本、图形、图像、声音、动画、视频等多种信息进行综合处理、逻辑关系建立和人机交互的技术。

多媒体技术不是各种信息媒体的简单复合，它是一种把文本（Text）、图形（Graphics）、图像（Images）、动画（Animation）和声音（Sound）等形式的信息结合在一起，并通过计算机进行综合处理和控制，能支持完成一系列交互式操作的信息技术。

真正的多媒体技术所涉及的对象是计算机技术的产物，而其他的单纯事物，如电影、电视、音响等，均不属于多媒体技术的范畴。

多媒体技术正朝两个方向发展：一是网络化发展趋势，与宽带网络通信等技术相互结合，使多媒体技术进入科研设计、企业管理、办公自动化、远程教育、远程医疗、检索咨询、文化娱乐、自动测控等领域；二是多媒体终端的部件化、智能化和嵌入化，提高计算机系统本身的多媒体性能，开发智能化家电，如数字机顶盒、数字式电视、WebTV、网络冰箱、网络空调等。

4. 多媒体的特点

（1）交互性。在多媒体系统中，用户可以主动编辑、处理各种信息，具有人机交互功能。

（2）集成性。多媒体技术集成了许多单一的技术，如图像处理技术、声音处理技术等，多媒体能够同时表示和处理多种信息。但对用户来说，它们是集成一体的。这种集成包括信息的统一获取、存储和组织等。

2.4.2　多媒体信息的数字化

多媒体技术在对各种媒体信息的处理方面一般主要采取转换、集成、管理和控制以及传输等方式。转换可以分为两个阶段——信息采集和信息回放。信息采集是将这些媒体信息转换成计算机能够识别的数字信号；而信息回放则是把计算机处理后的数字信息还原成人们所能接受的各种媒体信息，用于信息的再现。

1. 音频数字化技术

（1）声音。声音是由于声源的振动而产生的，其振动过程可用一个连续的曲线表示，称为声波。当声波进入人耳后，鼓膜振动导致内耳里的微细感骨的振动，将神经冲动传向大脑，听者感觉到的这些振动就是声音。声波有两个重要参数：振幅和周期。振幅反映声音的音量大小，周期指声音振动一次的时间。声波的频率由一秒内所出现的周期数决定，单位为 Hz，每秒声波振动 1000 次即为 1000 Hz。声音振动越强，声音越大；振动频率越高，音调则越高。人耳能听到的声音大约在 20Hz ～ 20kHz 之间，而人能发出的声音，其频率在 300Hz ～ 3000Hz 之间。

（2）声音的要素。声音的三个要素：音调、音色、音强。声音的频率决定音调。声音的振幅决定音强。而音色是由混入基音的泛音所决定的，每个基音又有固定的频率和不同音强的泛音，从而使每种声音具有特殊的听觉效果。

声波可用一条随时间变化的连续曲线表示，如图 2-9 所示。

图 2-9　声波示意图

（3）声音的数字化。在计算机内，所有的信息均以数字（0 或 1）表示，所以计算机要处理声音，必须先将声音数字化。声音信号用一组数字表示，称为数字音频，数字音频与模拟音频的区别在于：模拟音频在时间上是连续的，而数字音频是一个数据序列，在时间上是离散的。

若要用计算机对音频信息进行处理，就要将模拟信号（如语音、音乐等）转换成由二进制数 1 和 0 组成的数字信号，这一转换过程称为模拟音频的数字化。模拟音频数字化过程涉及音频的采样、量化、编码，其过程如图 2-10 所示。

图 2-10　声音信息的数字化转换过程

1）采样。采样指每隔一个时间间隔在声音的波形上截取一个振幅值，把时间上的连续信号变成时间上的离散信号。该时间间隔 T 称为采样周期，其倒数 $1/T$ 称为采样频率，如图 2-11 所示。采样频率越高，两次采样的时间间隔越小，当然在单位时间内获取的声音样本数就越多，这样进行数字化处理后的音频信号在播放时就会更加接近实际的声音信号，效果越好。当然，随着采样频率的提高，存储数字化的声音文件所需的存储空间也就越大。

在实际应用中，为了满足不同的需要，提供了三种采样频率标准，即 44.1kHz（高保真效果）、22.05kHz（音乐效果）和 11.025kHz（语音效果）。

2）量化。量化是将每个采样点得到的表示声音强弱的模拟电压的幅度值以数字存储。量化位数（即采样精度）表示存放采样点振幅值的二进制位数，它决定了模拟信号数字化以后的动态范围，如图 2-12 所示。通常量化位数有 8 位、16 位和 32 位，若量化等级为 8 位，则有 2^8=256 个阶距（意味着将采样幅度划分为 256 等份），即每个采样点的音频信号的幅度精度为最大振幅的 1/256；若量化等级为 16 位，则有 2^{16}=65536 个阶距，即为音频信号最大振幅的 1/65536。可见，量化位数越大，对音频信号的采样精度就越高，信息量也相应提高。

图 2-11　声音的采样

图 2-12　采样量化图

采样频率越高，越接近实际的声音信号，效果就越好；在相同的采样频率下，量化位数越大，则采样精度越高，声音的质量也越好，如图 2-13 所示。在数字系统中，量化位数的多少还直接影响系统的信噪比，影响最终的听觉感受。虽然采样频率越高，量化位数越多，声音的质量就越好，但同时也会带来一个问题——庞大的数据量，这不仅会造成处理上的困难，也不利于声音在网络中传输。同时信息的存储量也越大。

图 2-13　采样频率和量化参数比较

3）编码。编码是将采样和量化后的数字数据以一定的格式记录下来。编码的方式很多，常用的编码方式是脉冲编码调制（Pulse Code Modulation，PCM），其主要优点是抗干扰能力强，失真小，传输特性稳定。CD-DA 采用的就是这种编码方式。

采样和量化过程所用的主要硬件是模拟 / 数字转换器（A/D 转换器），A/D 转换器以固定的频率去采样，即每个周期测量和量化信号一次。经采样和量化的声音信号再经编码后就成为数字音频信号，以数字声波文件形式保存在计算机的存储介质中。若要将数字声音输出，必须通过数字 / 模拟（D/A）转换器将数字信号转换成模拟信号。

4）声道数。除了采样、量化、编码外，影响声音数字化效果的另一个重要因素是声道。声道指声音的通道数，是一次采样记录产生的声音波形的个数。记录声音时，如果每次生成一个声道数据，称为单声道；每次生成两个声道数据，称为双声道。立体声音乐就是使用双声道使听众获得身临其境的感觉的。随着声道数的增加，声音文件的存储容量也会成倍增加。

几种不同数字化声音的数据量见表 2-6。

表 2-6　几种不同数字化声音的数据量

声音质量	采样频率 /kHz	采样精度 /bit	声道数 / 个	数据量 /（MB/min）
电话质量	8	8	1	0.46
AM 音质	11.025	8	1	0.63
FM 音质	22.05	16	2	5.05
CD 音质	44.1	16	2	10.09

（4）音频文件格式。下面重点介绍常用的波形音频文件、声音合成技术——MIDI 文件和 MP3 文件等音频文件格式。

1）波形音频文件。常见的波形音频文件格式有 WAV 和 VOC 两种。

- WAV 文件格式也称波形文件，是最常见的声音文件之一。WAV 是微软公司专门为 Windows 开发的一种标准数字音频文件。Windows 系统和一般的音频卡都支持这种格式文件的生成、编辑和播放。

- VOC 文件格式是 Creative 公司的波形音频文件格式，主要用于 DOS 游戏，文件扩展名是 .voc。VOC 文件适用于 DOS 操作系统，是声霸卡使用的音频文件格式。

2）声音合成技术——MIDI 文件。MIDI 是 Musical Instrument Digital Interface（乐器数字接口）的缩写。它是于 1982 年被提出并不断发展确定的数字音乐的国际标准，它规定了电子乐器和计算机之间进行连接的硬件及数据通信协议，已成为计算机音乐的代名词。各类 MIDI 文件的扩展名有 .mid、.rmi、.cmf 等。

3）MP3 文件。MP3 的全称是 MPEG-1 Layer3 音频文件。MPEG-1 为活动影音压缩标准，其中的声音部分称 MPEG-1 音频层，它根据压缩质量和编码复杂度划分为三层，即 Layer1、Layer2 和 Layer3，分别对应扩展名为 .mp1、.mp2 和 .mp3 的三种声音文件，并根据不同的用途，使用不同层次的编码。

如 1 分钟的 CD 音质的音乐，未经压缩需要 10MB 的存储空间，而经过 MP3 压缩编码后只有 1MB 左右。

2. 图像数字化技术

图像是多媒体中携带信息的极其重要的媒体，有人曾发表过统计资料，认为人们获取的信息 70% 来自视觉系统，实际就是图像和电视。但是，图像数字化之后的数据量非常大，在因特网上传输时很费时间，在盘上存储时需要消耗大量的存储资源，因此就必须要对图像数据进行压缩。压缩的目的就是要满足存储容量和传输带宽的要求，而付出的代价是大量的计算。几十年来，许多科技工作者一直在孜孜不倦地寻找更有效的方法，用比较少的数据量表达原始的图像。

（1）图像的概念。图像一般是指自然界中的客观景物通过某种系统的映射，使人们产生的感受，如照片、图片等。图像根据它们在计算机中生成的原理不同，又分为位图（光栅）图像和矢量图形两种。

与人类的视觉系统不同，在计算机中所处理的是数字化之后的图像，称为数字图像。根据表达和生成图像的方法不同，可以将数字图像分为两种：图形和图像。

在计算机中，图形（Graphics）与图像（Image）是一对既有联系又有区别的概念。它们都是一幅图，但图的产生、处理、存储方式不同。

1）图形。图形也称为矢量图，如图 2-14 所示，它使用点、直线和曲线来描述，这些直线和曲线由计算机通过某种算法计算获得。图形文件保存的是绘制图形的各种参数，信息量较小，占用空间小。对图形进行放大、缩小或旋转等操作都不会失真。图形一般用来表达比较小的、易于用直线、曲线表现的图像，不适合表现色彩层次丰富的逼真图像。

图 2-14　矢量图形（剪贴画）

2）图像。图像又称为光栅图像或点阵图像，是由一个个像素点（能被独立赋予颜色和亮度的最小单位）排成矩阵组成的，图像文件中所涉及的图形元素均由像素（Pixel）点来表示，这些点可以进行不同的排列和染色以构成图样，如图 2-15 所示。像素是计算机图形与图像中能被单独处理的最小基本单元，颜色等级越多，图像就越逼真。每个像素点的颜色信息采用一组二进制数描述，因此图像又称为位图。图像的数据量较大，适合表现自然景观、人物、动植物等引起人类视觉感受的事物。

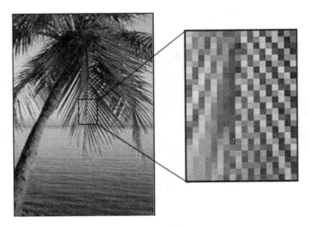

图 2-15　像素点组成的图像

图像通常是由扫描仪、数码相机、摄像机等输入设备捕捉的真实场景画面产生的映像，数字化后以位图形式存储。

（2）图形与图像信息表示。图形是用计算机绘图软件生成的，存储的是描述生成图形的指令，这种通过数学方法生成的图像称为矢量图形。因此不必对图形中每一点进行数字化处理。在实际应用中，所碰到的矢量图形通常以插图、剪贴画、ClipArt、Illustrator 等名称出现。这样的图形不论你把它放大多少倍，它依然清晰。

现实中的图像是一种模拟信号，如由扫描仪、数码相机所得到的图片。图像的数字化是指将一幅真实的图像转变成计算机能够接受的数字形式，这涉及对图像的采样、量化以及编码等，如图 2-16 所示。

图 2-16 图像数字化过程

1）采样。图像采样就是将连续的图像转换成离散点的过程，采样实质就是要决定在一定面积内取多少个点来描述一幅图像，或者叫多少个像素点，称为图像的分辨率，用点的"列数 × 行数"表示。分辨率越高，图像越清晰，存储量也越大，如图 2-17 所示。

图 2-17 图像的采样

2）量化。量化则是在图像离散化后，将表示图像色彩浓淡的连续变化值离散化为整数值（即灰度级）的过程，从而实现图像的数字化。在多媒体计算机系统中，图像的色彩是用若干位二进制数表示的，被称为图像的颜色深度。图像深度值越大，所能表示的颜色数越多，显示的图像色彩越丰富，但存储图像所需的空间也越大。由于人眼对颜色的分辨能力有限，一般情况下不需要特别深的图像深度，而且还可以通过适当降低颜色深度来减小图像的数据量。

一般用 8 位、16 位、24 位、32 位二进制来表示图像的颜色，24 位可以表示 2^{24}=16777216 种颜色，称为真彩色。图像的颜色深度及对应的颜色数见表 2-7。

表 2-7　图像的颜色深度及对应的颜色数

图的种类	颜色深度 / 位	表现的颜色数
1 位图	1 位	2^{1}=2 种
4 位图	4 位	2^{4}=16 种
8 位图	8 位（索引色）	2^{8}=256 种
16 位图	16 位（高彩色）	2^{16}=65536 种
24 位图	24 位（真彩色）	2^{24}=16777216 种
32 位图	32 位	2^{32}=4294967296 种

3）编码。图像的分辨率越大，颜色数越多，数据量就越大，当然图像的效果也会越好，但存储图像所需的空间也越大，消耗的计算机资源也越多。由于图像数字化后得到的数据量非常巨大，必须采取编码技术来压缩信息，常见的编码方法有预测编码、变换编码、分形编码、小波变换编码等，它是图像存储与传输的关键。

（3）图像的文件格式。图像文件格式是图像数据在文件中的存放形式，不同的软硬件厂商可能定义不同的文件格式。

1）BMP（Bitmap，位图）格式。BMP 文件是一种与设备无关的图像文件，扩展名为 .bmp，它是 Windows 操作系统中标准的图像文件格式，几乎被 Windows 环境下所有的图像处理软件所支持。BMP 采用位映射存储格式，可以使用 1 位至 24 位的图像深度，而且为了处理的方便一般不进行压缩，因此 BMP 文件占用的存储空间很大。

2）JPEG（Joint Photographic Experts Group，联合图像专家组）格式。JPEG 文件是使用 JPEG 标准压缩存储的图像文件，扩展名为 .jpg。它使用有损压缩算法，去除了冗余的图像和色彩数据，在获得极高压缩比的同时，仍能保持较高的图像质量。JPEG 格式支持灰度、RGB 真彩色和 CMYK 真彩色图像，文件的体积相当小，因此适合作为图像交换文件格式使用，互联网中大量的图像资源都是使用这种格式存储的。

3）GIF（Graphics Interchange Format，图形交换文件）格式。GIF 是 CompuServe 公司开发的图像文件存储格式，该格式的图像深度从 1 位到 8 位，因此最多支持 256 种颜色。因表示的颜色数量有限，GIF 格式适合存储颜色较少的卡通图像、徽标等手绘图像。另外，在一个 GIF 文件中可以存储多幅图像，将这些图像依次读出并显示就形成了一种动画效果，所以 GIF 格式可以用于存储简单动画。

4）TIFF（Tagged Image File Format，位映射图像文件）格式。TIFF 格式是一种通用的文件格式，支持 1 位至 32 位的图像深度，因此存储的信息量大，细微层次的信息较多，体积庞大。TIFF 格式有多种数据压缩存储方式，适用于多种操作平台和机型，如 PC 和 Macintosh 机等。

5）PNG（Portable Network Graphic Format，可携带的网络图像）格式。PNG 是 20 世纪 90 年代中期开始开发的位图图像文件存储格式，它融合了 GIF 格式和 TIFF 格式的优点并避免两者的缺点，目前在网络上广泛使用。PNG 图像格式文件能表示的颜色数很多，存储灰度图像时，深度可达 16 位；存储彩色图像时，深度可达 48 位。同时，它还支持 Alpha 通道，适用于制作透明背景的图像。

3. 视频数字化技术

（1）视频概述。视频是由一幅幅静止图像序列组成的，其中每幅图像称为一帧，这些帧以一定的速率播放。由于人眼的视觉暂留现象，即物体的映像在眼睛的视网膜上会保留大约 0.1 秒的短暂时间。因此，只要将一系列连续的图像以足够快的速度播放，就可以产生连续的视频显示效果。如果再把音频信号加进去，便可实现视频、音频信号的同步播放。

组成视频的每一幅图像称为帧，图像播放的速度称为帧率，单位是 fps（frame per second，帧 / 秒）。常见的帧率有 24fps、25fps 和 30fps，一般要保证帧率在 15fps 以上，人眼才不会感觉视频画面有明显停顿。

（2）视频信息的表示。视频按照处理方式不同，可以分为模拟视频和数字视频两种。

1）模拟视频是用于记录视频图像和声音，并随时间连续变化的电磁信号。早期的电视等视频信号的记录、存储和传输都采用模拟方式；存储介质是磁介质，通常是录像带。

在模拟视频中，常用两种视频标准：NTSC 制式（30 帧 / 秒，525 行 / 帧）和 PAL 制式（25 帧 / 秒，625 行 / 帧）。其中使用 NTSC 制式的国家有美国、加拿大和日本等；使用 PAL 制式的国家有我国及欧洲大部分国家。

模拟视频的优点：成本低、图像还原效果好、易于携带。

模拟视频的缺点：随着时间的推移，录像带上图像信息强度会逐渐衰减，造成图像质量下降、色彩失真等。

2）数字视频是将模拟视频信号进行数字化处理后得到的视频信号。数字视频与模拟视频相比在存储、复制、编辑、检索和传输等方面有着不可比拟的优势，它正逐步取代模拟视频，成为视频应用的主流形式。现在出现的 VCD、SVCD、DVD、数字式便携摄像机都是数字视频。

（3）视频信息的数字化。普通电视信号以及传统摄像机拍摄的视频信号都是模拟信号，这些模拟视频必须进行数字化后才能被计算机处理、使用。视频数字化过程同音频相似，在一定的时间内以一定的速度对单帧视频信号进行采样、量化、编码等，实现模数转换、彩色空间变换和编码压缩等，这通过视频采集卡和相应的软件来实现。

视频采集卡主要由视频信号采集模块、音频信号采集模块和总线接口模块组成。视频信号采集模块的主要任务是将模拟视频信号转换成数字视频信号并发送到计算机中。音频信号采集模块完成对音频信息的采样和量化。总线接口模块用来实现对视频、音频信息采集的控制，并将采样、量化后的数字信息存储到计算机中。如果要把录像带或其他模拟视频信号变成数字视频信号，该硬件必不可少。目前常用的视频卡主要有 DV 卡和视频采集卡等。

在数字化后，如果视频信息不加以压缩，其数据量为

$$数据量 = 帧速率 \times 每幅图像的数据量$$

例如，要在计算机连续显示分辨率为 1280 像素 ×1024 像素的 24 位真彩色高质量电视图像，按每秒 30 帧计算，显示 1 秒，则需要

$$1280（列）\times 1024（行）\times 24 \div 8（B）\times 30（帧 / 秒）\approx 112.6 MB$$

一张 650MB 的光盘只能存放 6 秒左右电视图像，可见在所有媒体中，数字视频数据量最大，而且视频捕捉和回放要求很高的数据传输率，因此视频压缩和解压缩是需要解决的关

键问题之一。

（4）视频编码技术。由于视频数字化后的数据量十分巨大，通常采用特定的算法对数据进行压缩编码，根据压缩算法的不同，目前最常用的视频编码标准是 MPEG 标准和 H.26x 标准两大类。

1）MPEG 的全称是 Moving Picture Experts Group（运动图像专家组），负责制定、修订和发展 MPEG 系列的多媒体标准，目前已经公布和正在制定的标准有 MPEG-1、MPEG-2、MPEG-4、MPEG-7 和 MPEG-21，它们已经成为影响最大的视频编码技术标准。

2）H.26x 标准是指由国际电信同盟远程通信标准化组（ITU-T）制定的一系列视频编码标准，主要应用于实时视频通信领域，包括 H.261、H.262、H.263 和 H.264 等标准，其中 H.262 标准等同于 MPEG-2 标准，H.264 标准则被纳入了 MPEG-4 标准的第 10 部分。

（5）视频文件。若按照数字视频的用途分类，视频文件可以分为影像视频文件和流式视频文件两大类。

1）影像视频文件。由于视频文件的编码标准、编辑软件、应用领域和设计公司的不同，格式也就不同，其中常见的几种格式如下：

- AVI 格式。AVI 是 Audio Video Interleaved（音频视频交错）的缩写，是 Microsoft 公司开发的一种数字音频与视频文件格式，该格式文件是一种不需要专门硬件支持就能实现音频与视频压缩处理、播放和存储的文件，AVI 格式文件的扩展名是 .avi。
- MOV 格式。MOV 是 Apple 公司开发的一种视频文件格式，被包括 Apple Mac OS、Microsoft Windows 在内的所有主流计算机平台支持，文件扩展名为 .mov。MOV 格式的视频文件可以采用不压缩或压缩的编码方式。
- MPG 格式。MPG 文件是按照 MPEG 标准压缩的全屏视频标准文件。目前很多视频处理软件都支持这种格式，MPG 格式文件扩展名是 .mpg。
- DAT 格式。DAT 文件是 VCD 专用的格式文件，文件结构与 MPG 文件基本相同，DAT 格式文件扩展名是 .dat。

2）流媒体文件。流媒体技术（Streaming Media Technology）是为解决以 Internet 为代表的中低带宽网络上多媒体信息（以视音频信息为主）传输问题而产生的一种网络技术。它能克服传统媒体传输方式的不足，有效突破带宽瓶颈，实现大容量多媒体信息在 Internet 上的流式传输。

采用流媒体技术时，流媒体在播放前并不下载整个文件，只将开始部分内容存入内存，在计算机中对数据包进行缓存并使媒体数据正确输出，达到用户一边下载一边观看、收听。流媒体是一种可以使音频、视频等多媒体文件在 Internet 上以实时的、无需下载等待的流式传输方式进行播放的技术，因此广泛应用于应用互联网直播、视频点播、远程教育、视频会议系统等领域。

常见的影视视频文件有以下几种：

- Real Media 格式。Internet 上使用较多的流媒体格式，是 Real Networks 公司开发的流式视频文件格式，它可以根据网络数据传输速率的不同而采用不同的压缩比率，从而实现在低速网络上实时传送和播放影像数据。它包括 RA（Real Audio）、RM（Real Media）和 RF（Real Flash）三类文件。

> ➤ RA：用来传输接近 CD 音质的音频数据，从而实现音频的流式播放。
> ➤ RM：主要用来在低速率的网络上实时传播活动视频影像，可以根据网络数据传输速率的不同而采取不同的压缩比率，在数据传输过程中边下载、边播放视频影像，从而实现影像数据的实时传送和播放。
> ➤ RF：是 Real Networks 公司与 Macromedia 公司推出的一种高压缩比的动画格式，主要工作原理基本上和 RM 相同。

● QuickTime（Apple）格式。QuickTime 是数字媒体领域事实上的工业标准，是创建 3D 动画、实时效果、虚拟现实、A/V 和其他数字流媒体的重要基础。

● ASF 与 WMV（Microsoft）格式。ASF 是一种数据格式，音频、视频、图像以及控制命令脚本等多媒体信息通过这种格式，以网络数据包的形式传输，实现流式多媒体内容发布。WMV 是 Microsoft 公司推出的与 MP3 格式齐名的一种音频格式，是用于高清晰度影像的编解码器。

2.4.3 数据压缩和编码概述

多媒体信息包括了文本、数据、声音、动画、图形、图像以及视频等多种媒体信息，经过数字化处理后其数据量是非常大的。例如：一幅 640 像素 ×480 像素分辨率的 24 位真彩色图像的数据量约为 900KB：100MB 的空间就只能存储约 100 幅静止图像画面，可见如果直接存储这些信息，所占有的存储空间开销很大。同时，这样大的数据量不仅超出了计算机的存储和处理能力，更是当前通信信道的传输速率所不及的。因此，为了存储、处理和传输这些数据，必须对数据进行压缩。压缩后的多媒体数据必须按照一定的存储格式进行存储，这种特定格式就是多媒体信息的编码方式。

1. 数据压缩概念

所谓数据压缩就是用最少的数码来表示信号。其作用是：能较快地传输各种信号，如传真、Modem 通信等；在现有的通信干线并行开通更多的多媒体业务，如各种增值业务；紧缩数据存储容量，如 CD-ROM、VCD 和 DVD 等；降低发信机功率，这对于多媒体移动通信系统尤为重要，由此看来，通信时间、传输带宽、存储空间甚至发射能量，都可能成为数据压缩的对象。

数据之所以能被压缩，是因为以下几点。首先，数据中间常存在一些多余成分，即冗余度。如在一份计算机文件中，某些符号会重复出现；某些符号比其他符号出现得更频繁；某些字符总是在各数据块中可预见的位置上出现等。这些冗余部分便可在数据编码中除去或减少。其次，数据中间尤其是相邻的数据之间，常存在着相关性。如图片中常常有色彩均匀的部分，电视信号的相邻两帧之间可能只有少量变化的影像是不同的，声音信号有时具有一定的规律性和周期性等。因此，有可能利用某些变换来尽可能地去掉这些相关性。但这种变换有时会带来不可恢复的损失和误差，因此称为不可逆压缩（有损压缩），或称有失真编码、摘压缩等。

一般情况下，多媒体原始数据被压缩后存放在磁盘上，或以压缩形式来传输，当使用时应将其还原，称为解压缩。

数据压缩是通过编码技术减少数据冗余来降低数据存储时所需的空间，当使用数据时，再进行解压缩。根据压缩数据经解压缩后是否能准确地恢复压缩前的数据来分类，数据压缩分为无损压缩和有损压缩两类。数据压缩与解压缩如图 2-18 所示。

图 2-18 数据压缩与解压缩

好的数据压缩技术有四个主要特点：

● 压缩比要大：压缩前后所需的存储空间比要大。

● 算法要简单：压缩 / 解压缩速度快，以满足实时性要求。

● 压缩损失要少：失真小，即解压恢复的效果要好。

● 开销要小：实现压缩的软硬件开销要小。

当四者不能兼得时，要综合考虑。

（1）无损压缩。无损压缩是指利用信息相关性进行的数据压缩，这种压缩并不损失原有信息的内容，是一种可逆压缩，即经过文件压缩后可以将原有的信息完整保留的一种数据压缩方式。

无损压缩的原理是统计被压缩数据中重复数据的出现次数来进行编码，一般用于文本、数据、程序以及重要图片和图像数据（指纹图像、医学图像等）的压缩。无损压缩比一般为 2：1 到 5：1，由于压缩比的限制，仅使用无损压缩方法难以解决图像和数字视频的存储和传输的所有问题，因此不适合实时处理图像、视频和音频数据。

典型的无损压缩编码有哈夫曼编码、行程编码、Lempel-ziv 编码和算术编码等。

（2）有损压缩。有损压缩利用人类视觉和听觉器官对图像或声音中某些部分不敏感的特性，采用一些高效的有限失真数据压缩算法，大幅度减少多媒体中的冗余信息，它允许在压缩过程中损失一定信息，即压缩后不能将原来的文件信息完全保留，所以是不可逆压缩。

有损压缩虽然不能完全恢复原始数据，但是所损失的部分对理解原始图像的影响较小，却换来了大得多的压缩比。有损压缩广泛应用于语音、图像和视频数据的压缩。

在多媒体应用中，常用的压缩方法有 PCM（脉冲编码调制）、预测编码、变换编码、插值和外推法、统计编码、矢量量化和子带编码等，混合编码是近年来广泛采用的方法。新一代的数据压缩方法，如基于模型的压缩方法、分形压缩和小波变换方法等也已接近实用化水平。

2. 多媒体数据压缩标准

由于多媒体信息广泛使用，为了便于信息交流和共享，对于视频和音频信息的压缩有专门的组织制定压缩编码的国际标准和规范。

（1）数据压缩的国际标准。1988 年国际标准化组织和国际电讯联盟联合成立了两个专家组——联合图像专家组（Joint Photographic Experts Group，JPEG）和运动图像专家组（Moving Picture Experts Group，MPEG），分别制定了静态和动态图像压缩的工业标准，分别对应于 JPEG 标准和 MPEG 标准。这使得图像编码压缩技术得到了飞快发展。

（2）文件压缩和解压缩软件。文件压缩和解压缩软件是一类用于磁盘管理的软件，在使用计算机的过程中经常对计算机中的一些大文件或不经常用到的文件进行打包压缩，然后再保存。这样既可保证文件不易损坏，又为硬盘腾出了不少的使用空间。

常用的软件有 WinZip、WinRAR、CAB、PKZIP 等。

近 50 年来，已经产生了各种不同用途的压缩算法、压缩手段和实现这些算法的大规模集成电路和计算机软件，人们还在不断地研究更为有效的算法。

习题 2

一、单选题

1. 在计算机内部用来传送、存储、加工处理的数据或指令都是以（　　）形式进行的。

　　A. 十进制码　　　　B. 八进制码　　　　C. 二进制码　　　　D. 十六进制码

2. 二进制数 011111 转换成十进制整数是（　　）。

　　A. 64　　　　　　　B. 63　　　　　　　C. 32　　　　　　　D. 31

3. 十进制数 101 转换成二进制数是（　　）。

　　A. 01101001　　　B. 01100101　　　C. 01100111　　　D. 01100110

4. 已知字符 A 的 ASCII 是 01000001B，则字符 D 的 ASCII 是（　　）。

　　A. 01000011B　　B. 01000100B　　C. 01000010B　　D. 01000111B

5. 任意一汉字的机内码和其国标码之差总是（　　）。

　　A. 8000H　　　　B. 8080H　　　　C. 2080H　　　　D. 8020H

6. 用 8 个二进制位能表示的最大的无符号整数等于十进制整数（　　）。

　　A. 127　　　　　B. 128　　　　　C. 255　　　　　D. 256

7. 下列字符中，其 ASCII 值最小的一个是（　　）。

　　A. 空格字符　　　B. 0　　　　　　C. A　　　　　　D. a

8. 下列四个各种不同进位数制的无符号数中，最小的数是（　　）。

　　A. $(327)_O$　　　B. $(569)_H$　　　C. $(54E)_H$　　　D. $(D55)_H$

9. 十进制数的 378 转换成十六进制数为（　　）。

　　A. $(185)_H$　　　B. $(17A)_H$　　　C. $(24D)_H$　　　D. $(127)_H$

10. 2GB 等于（　　）。

　　A. 1024MB　　　B. 2048MB　　　C. 2000MB　　　D. 128MB

11. 存储一个汉字的机内码需 2 个字节。其前后两个字节的最高位二进制值分别是（　　）。

　　A. 1 和 1　　　　B. 1 和 0　　　　C. 0 和 1　　　　D. 0 和 0

12. 存储一个 48×48 点阵的汉字字形码，需要（　　）字节。

　　A. 72　　　　　　B. 256　　　　　C. 288　　　　　D. 512

13. 下列两个二进制数进行算术运算，10000-101 ＝（　　）。

　　A. 01011　　　　B. 1101　　　　C. 101　　　　　D. 100

14. 已知"装"字的拼音输入码是"zhuang"，而"大"字的拼音输入码是"da"，则存储它们的机内码分别需要的字节个数是（　　）。

　　A. 6，2　　　　B. 3，1　　　　C. 2，2　　　　D. 3，2

15. 全拼或简拼汉字输入法的编码属于（　　）。

　　A．音码　　　　　B．形声码　　　　　C．区位码　　　　　D．形码

16. 一个字长为 8 位的计算机，十进制数 -35 表示为机器数，其补码是（　　）。

　　A．10100011　　B．11011100　　　C．01011101　　　D.11011101

二、填空题

1. ASCII 中文意思是 _____。

2. 标准 ASCII 是 _____ 位二进制数。

3. 汉字的机内码需要用 _____ 字节来表示，且每个字节的最高位是 _____。

4. 信息的最小单位是 _____。

5. 信息的基本单位是 _____。

6. 大写字母 A 的 ASCII 是 01000001，则小写英文字母 b 的 ASCII 是 _____。

7. "存储程序和程序控制"的思想是 _____ 提出的。

8. 800 个 24×24 点阵汉字字型库所需的存储空间是 _____ 字节。

9. WinRAR 是一种 _____ 软件。

三．思考题

1. 计算机内部为何要用二进制？

2. 简述 ASCII 编码规则。

3. 简述机器数的特点。

4. 进位数制的数码、基数、位权是什么？三者之间有什么关系？

5. 机器数有何特点？如何将一个十进制数转换成机器数？

6. 汉字在计算机内是如何编码的？汉字国标码和机内码之间有什么关系？

第 3 章　操作系统及 Windows 应用

本章导读

通过前面的学习，我们知道，计算机系统是由硬件系统和软件系统两大部分组成的，没有软件的计算机称为"裸机"，"裸机"是不能直接使用的，需要给它安装一系列的软件才行。一台计算机往往有很多的软硬件资源，这些资源必须要有一个管理者来进行统一的管理，才能使计算机正常工作，这个管理者就是计算机操作系统，它已成为用户接触最多的系统软件。本章主要介绍操作系统的基本知识和 Windows 10 操作系统的环境及使用方法。

本章要点

- 操作系统的概念、功能、分类
- 文件系统和目录结构
- 文件和文件夹的概念、类型及命名规则
- 文件和文件夹的管理
- 文件和文件夹的新建、选择、重命名、复制、移动、删除、搜索
- 系统的设置
- Windows 10 的基本操作

3.1　操作系统的基本知识

操作系统（Operating System，OS）是管理计算机硬件与软件资源的计算机程序，是计算机系统的内核与基石，它提供一个让用户与系统交互的操作界面。计算机没有操作系统，相当于人没有大脑，就无法正常工作。任何一台计算机都必须配备一种或多种操作系统，所有的应用程序都必须在操作系统的调度下才能完成相应的工作任务。

3.1.1　操作系统概述

1. 操作系统的定义

操作系统是管理和控制计算机中的硬件资源和软件资源，合理地组织计算机的工作流程，控制程序运行并为用户提供交互操作界面的程序集合。操作系统也是计算机与用户之间的接口，用户通过操作系统来管理和控制计算机。

在操作系统的支持下，计算机才能运行其他的软件。从用户的角度看，操作系统加上计

算机硬件系统形成一台虚拟机（通常广义上的计算机），它为用户构建了一个方便、有效、友好的使用环境。可以说,操作系统是计算机硬件与其他软件的接口,也是用户和计算机的接口。

　　2. 操作系统的作用

　　操作系统是直接运行在"裸机"上的最基本的系统软件,任何其他软件都必须在操作系统的支持下才能运行,如图 3-1 所示。操作系统位于底层硬件与用户之间,是两者沟通的桥梁。用户可以通过操作系统的用户界面输入命令。操作系统则对命令进行解释,驱动硬件设备,实现用户要求。

图 3-1　操作系统所处的位置

　　不同的操作系统往往有着不同的设计目标,大型机的操作系统设计的主要目的是充分优化硬件的使用率,个人计算机的操作系统设计的主要目的是支持从复杂游戏到商业应用的各种事务,手持计算机操作系统设计的主要目的是给用户提供一个可以与计算机方便交互执行程序的环境。

　　计算机从诞生到现在,操作系统都扮演着重要的角色,要更好地发挥计算机硬件的性能,更有效、安全地运行各种软件都离不开操作系统的有效支持,同时操作系统也随着硬件和软件的发展而发展,其功能越来越强大,界面越来越友好,使用越来越方便。

　　总的来说,操作系统的作用可以归结为:控制管理计算机的全部软、硬件资源,合理组织计算机内部各部分协调工作。

3.1.2　操作系统的功能

　　操作系统的功能包括管理计算机系统的硬件、软件及数据资源,控制程序运行,为其他应用软件提供支持,提供各种形式的用户界面,使计算机系统中的资源得以最大限度地发挥作用。从资源管理的角度出发,操作系统在处理器、内存储器、设备、计算机信息和用户接口等方面提供了管理功能。

　　1. 处理器管理（Processing Management）

　　处理器就是 CPU,如何管理好 CPU,提高 CPU 的使用效率是操作系统的核心任务。计算机中所有程序的运行都要靠 CPU 来实现,如何协调不同程序之间的运行关系?特别是在多用户系统中,多个用户同时使用计算机,如何及时反应不同用户的不同要求?如何同时运行多个程序? CPU 如何被分配和调度?这就是处理器管理要解决的问题。

　　管理处理器的目的就是更有效地执行程序,一个"执行中的程序"称为"进程"。它是操作系统动态执行的基本单元。这里,程序是指令和数据的有序集合,其本身没有任何运行的含义，是一个静态的概念。而进程是程序在处理器上的一次执行过程，它是一个动态的概念。可以这样理解：进程是操作系统当前运行的执行程序。比如我们双击打开一个幻灯片演示程序 PowerPoint，这时它就以进程的方式进入内存，供 CPU 运算处理后，我们就能看到一个幻灯片演示软件呈现在眼前。在传统的操作系统中，进程既是基本的分配单元，也是基本的执行单元，如图 3-2 所示为在 Windows 环境下运行的进程。可见对处理器的管理就是将 CPU 合理地分配给每个进程，实现并发处理和资源共享，提高 CPU 的利用率。因此也把处理器管理称为"进程管理"。

图 3-2　Windows 的进程管理器

2. 存储管理（Memory Management）

存储管理是指对内存的管理，主要包括内存空间的分配、保护和扩充。

任何程序只有事先读入（调入）到内存才能被 CPU 运行，因此内存中存在着各种各样的程序，如何为这些程序分配内存空间？如何保护这些程序的存储区地址相互间不冲突？如何保证多个程序调入运行时不会有意或无意地影响或破坏其他程序的正常运行？如何解决程序运行时物理内存空间不足？这些都是存储管理所要解决的问题。

在计算机的有限的存储空间中，操作系统会根据一定的分配原则对每一个程序分配相应位置的存储空间，使各个程序和数据彼此隔离，互不干扰，正常运行。当某个程序运行完后，操作系统会及时收回该程序所占用的存储空间，以便该空间能装载后续的程序，完成更多的任务。所以，操作系统在存储管理过程中的主要任务，就是方便用户使用存储器，充分提高存储器的有效利用率，并能够从逻辑上扩充内存，以容纳更多的程序和数据在计算机上运行。

现代计算机系统中，随着并发运行的作业数量增多和单个作业容量的增大，计算机内存虽然也在不断扩大，但还是不能满足系统中增长更快的并发作业对内存的需求。为了解决这个问题，操作系统通过虚拟存储技术为用户提供一个比实际内存大得多的"虚拟内存"，让运行作业的一部分代码和数据先装入内存，另一部分则驻在外存，当作业到达某个运行阶段需要访问这部分程序空间时，再将它们从外存调入内存，以实现更多的作业在系统中并发运行。

可见存储器管理的主要任务是为多道程序的运行提供良好的环境，方便用户使用存储器，提高存储器的利用率以及从逻辑上扩充内存。

3. 设备管理（Device Management）

设备管理也称为输入 / 输出管理（I/O 管理），输入就是输入设备，如键盘、鼠标等，输出就是输出设备，如打印机、显示器等，它们相对于计算机主机来讲都是外部设备，所以设备管理就是对计算机系统的各种外部设备的管理。

操作系统能对外部设备进行有效的管理，方便用户又快又好地使用各种外部设备，这些外部设备在运行过程中出现的各种问题也由操作系统协调处理好，从而提高了外部设备与计算机主机的并行工作能力和使用效率。

操作系统中的设备管理程序实现对外部设备的分配、启动、回收和故障处理。操作系统通过缓冲技术和虚拟设备技术，解决快速 CPU 与慢速外设之间的矛盾，同时避免设备之间因争用 CPU 资源而产生冲突。

4. 信息管理（Information Management）

所有的程序或数据在计算机中都以文件的形式进行保存，所以信息管理又叫文件管理。如何组织和管理好这些文件，方便用户的使用？这是操作系统信息管理所要解决的问题。

在操作系统中，负责管理和存取文件信息的部分称为文件系统（或信息管理系统）。在文件系统的管理下，用户只需按照文件名访问文件，对文件进行读写操作（这种方式也叫"按名存取"），而不必考虑各种外部存储器的差异，也不必了解文件在外存储器上的具体物理位置及存放方式。文件系统为用户提供了一个简单、统一的访问文件的方式。

5. 用户接口（User Interface）

用户要使用和管理计算机，就必然要通过某种接口与计算机进行交互，以完成相应任务，这种接口就是用户接口，用户接口往往是操作系统提供的，以用户界面方式提供。用户界面设计得友好与否，会直接影响人们对它的使用。操作系统的一个重要功能是为用户提供方便、友好的用户界面，使用户无须了解过多的软硬件知识就能方便灵活地使用计算机。如大家熟悉的 Windows 界面、DOS 命令等都是这种接口的具体表现。

3.1.3 操作系统的类型

操作系统的种类相当多，各种设备安装的操作系统可从简单到复杂，在这里根据操作系统的结构和功能不同，将其分为单用户操作系统、批处理操作系统、分时操作系统、实时操作系统、网络操作系统、分布式操作系统、嵌入式操作系统和微型机操作系统。

（1）单用户操作系统（Single User Operating System）。单用户操作系统的主要特征是计算机系统内一次只能运行一个用户程序。这类系统的最大缺点是计算机系统的资源不能得以充分利用。如 DOS、早期 Windows 和 OS/2 操作系统就是单用户操作系统。

（2）批处理操作系统（Batch Processing Operating System）。批处理操作系统是以作业为处理对象，将用户作业按照一定的顺序排列，统一交给计算机系统，由计算机自动地、顺序地完成作业的系统。这类操作系统的优点是：作业的运行完全由系统自动控制，系统吞吐量大，资源利用率高。缺点是：平均周转时间长，无交互能力。批处理操作系统有 UNIX、Linux、MVS 等。

（3）分时操作系统（Time Sharing Operating System）。分时操作系统的工作方式是：一台主机连接了若干个终端，每个终端有一个用户在使用。用户交互式地向系统提出命令请求，系统接受每个用户的命令，采用时间片轮转方式处理服务请求，并通过交互方式在终端上向用户显示结果，用户根据上步结果发出下道命令。分时操作系统有 Linux、UNIX、XENIX 等。

分时操作系统将 CPU 的时间划分成若干个片段，称为时间片。操作系统以时间片为单位，轮流为每个终端用户服务。每个用户轮流使用一个时间片，使得用户感受不到有别的用户存在。

（4）实时操作系统（Real Time Operating System）。实时操作系统是指使计算机能及时响应外部事件的请求，并在规定的时间内完成对该事件的处理，控制所有实时设备和实时任务协调一致地工作的操作系统。

在某些应用领域，如导弹的自动控制系统、炼钢和炼铁的生产过程控制等，要求计算机对测得的数据要及时、快速地进行处理和反应，以便达到及时控制的目的，否则就会失去机会。这种响应时间要求的快速处理过程叫作实时处理过程。

（5）网络操作系统（Network Operating System）。网络操作系统通常指运行在服务器上的操作系统，是基于计算机网络的，是在各种计算机操作系统上按网络体系结构协议标准开发的软件，包括网络管理、通信、安全、资源共享和各种网络应用，其目标是相互通信及资源共享。

在其支持下，网络中的各台计算机能互相通信和共享资源。其主要特点是与网络的硬件相结合来完成网络的通信任务。网络操作系统通常被设计成在一个网络（通常是一个局部区域网络 LAN、一个专用网络或其他网络）中有多台计算机可以共享文件和访问打印机。常见的网络操作系统有 Linux、UNIX、BSD、Windows Server、Mac OS X Server、Novell NetWare 等。

（6）分布式操作系统（Distributed Software Systems）。分布式操作系统是为分布式计算系统配置的操作系统。在分布式计算机操作系统的支持下，大量的计算机通过网络被连接在一起，互相协调工作，可以获得极高的运算能力及广泛的数据共享，达到共同完成一项任务的目的。

分布式操作系统把物理上分散的计算机实现逻辑上的集中，强调分布式计算和处理，这些计算机无主次之分，计算机之间可交换信息，共享系统资源。

分布式操作系统是网络操作系统的更高形式，它要求通信速度高，并能自动实行全系统范围的任务分配和自动调节各处理器的工作负载，并行地处理用户的各种需求，有较强的容错能力。分布式操作系统有 Amoeba 系统等。

（7）嵌入式操作系统（Embedded Operating System）。嵌入式操作系统是用在嵌入式系统的操作系统。由于软硬件系统被嵌入在各种设备、装置或系统中，因此称为嵌入式系统，所有带有数字接口的设备，如手机、微波炉、录像机、汽车等，都使用了嵌入式系统。嵌入式系统是一个控制程序存储在 ROM 中的嵌入式处理器控制板，如图 3-3 所示。在这样的系统中若有操作系统，则操作系统称为嵌入式操作系统，如 Win CE、uClinux 和 VxWorks 操作系统。

图 3-3　IMB9121 嵌入式工控核心板

（8）微型机操作系统。目前比较流行的微型机操作系统有单用户多任务和多用户多任务两种。单用户多任务微型机操作系统，是指只允许一个用户上机但允许把程序分为若干个任务并发执行的操作系统，如 Microsoft 公司的 Windows 系统；而多用户多任务微型机操作系统，是指允许多个用户通过各自的终端使用同一台计算机，共享系统中的各种资源，而每个用户程序又可进一步分为多个任务并发执行的操作系统，如 SUN 公司（2010 年已被 Oracle 公司收购）的 Solaris 操作系统和源代码公开的 Linux 操作系统等。

3.1.4　常见操作系统简介

1. DOS 操作系统

DOS（Disk Operating System）是一种单用户单任务的计算机操作系统。DOS 采用命令行（字符）界面，以输入各种命令来操作计算机，这些命令都是英文单词或缩写。它曾经广泛地应用在 PC 上，对计算机的应用功不可没。但由于命令难以记忆，不适合一般用户操作计算机。进入 20 世纪 90 年代后，DOS 逐渐被 Windows 图形界面操作系统所取代。

2. Windows 操作系统

Windows 操作系统是基于图形用户界面的操作系统。因生动、形象的用户界面，简便的操作方法，Windows 操作系统吸引了广大用户使用，成为目前装机普及率最高的一种操作系统。

Microsoft 公司从 1983 年开始开发 Windows，并于 1985 年推出 Windows 1.0 版本，随后它的产品不断更新换代，并最终获得了 PC 操作系统的垄断地位。当前 PC 的 Windows 版本大多为 Windows 10，而服务器的 Windows 版本为 Windows 2008。Windows 操作系统的主要发展过程见表 3-1。

表 3-1　Windows 操作系统的发展历程

Windows 版本	发布时间	特点
Windows 1.0	1985 年 11 月	是 Microsoft 公司第一次对个人计算机操作平台进行用户图形界面的尝试，当时用户对其评价并不高，Windows 1.0 本质上宣告了 MS-DOS 操作系统的终结
Windows 3.X	1990 年 5 月	在界面、人性化、内存管理等方面做了很大改进，终于获得用户的认同。推出了多语言版本，1994 年，Windows 3.2 的中文版本发布，并在国内流行了起来

Windows 版本	发布时间	特点
Windows 95	1995 年 8 月	是 MS-DOS 和视窗产品的直接后续版本，第一次抛弃了对前一代 16 位 x86 的支持，采用 32 位处理技术，将 Internet Explorer 整合到操作系统，为用户带来了更强大、更稳定、更实用的桌面图形用户界面，成为有史以来最成功的操作系统
Windows 98	1998 年 6 月	在 Windows 95 的基础上，改良了硬件标准的支持，例如 MMX 和 AGP；支持 FAT 32 文件系统、多显示器和 Web TV；操作系统全面集成了 Internet 标准，并将 Internet Explorer 整合到 Windows 图形用户界面中，称为活动桌面（Active Desktop），系统速度更快，更稳定
Windows 2000	2000 年 2 月	是一个纯 32 位的视窗操作系统，包含新的 NTFS 文件系统、EFS 文件加密、增强硬件支持等新特性。Windows 2000 系统稳定性高、安全性强，成为当时许多企业选用的操作系统
Windows XP	2001 年 10 月	Windows XP 把 NT 版本的设计带入了家庭用户，经过整整 16 年，它让 Windows 终于摆脱了 MS-DOS 的底子。稳定性和易用性是 XP 系统最突出的特点，时至今日依然有大量第三方软件支持 XP 系统
Windows Vista	2007 年 1 月	是 Microsoft 公司舍弃了以前惯用的架构而采取的一种全新设计，使得操作系统在安全性、稳定性上有了极大提升，不过这些先进的理念反而使用户在使用时产生了诸多不便，同时，一些旧软件也无法在其上顺利运行，这些问题使 Windows Vista 与人们期望相差甚远，成了一款备受争议的操作系统
Windows Server 2008	2008 年 3 月	是一款高安全性、稳定性和可管理性，专为 Web 打造，内建虚拟化技术的服务器操作系统。使用 Windows Server 2008，IT 专业人员对其服务器和网络基础结构的控制能力更强，从而可重点关注关键业务需求
Windows 7	2009 年 10 月	Windows 7 是 Windows Vista 的"改良版"，在节能和硬件支持方面可靠实用，完全支持 64 位，是目前性能最好、稳定性最高的 Windows 操作系统。Windows 7 具有美观、简单、快速、稳定和高效等特点，2012 年 9 月，Windows 7 的占有率已经超越 Windows XP，成为世界上占有率最高的操作系统
Windows 8	2012 年 10 月	Windows 8 界面外观上完全颠覆原有的 Windows 操作系统界面，采用 Modern UI 界面，各种程序以磁贴的样式呈现；操作上也大幅改变以往的操作逻辑，提供屏幕触控支持，支持在移动设备上运行，其性能也得到了大幅度的提升。2016 年 1 月 12 日，Microsoft 公司正式停止对 Windows 8 操作系统的技术支持，Windows 8 用户必须将系统升级到 Windows 8.1 才能继续获取支持
Windows 10	2015 年 7 月	Windows 10 具有高效的多桌面、多任务、多窗口，同时结合触控与键鼠两种操控模式。传统桌面"开始"菜单照顾了 Windows 7 等老用户的使用习惯，Windows 10 还同时照顾到了 Windows 8 用户的使用习惯，依然提供主打触摸操作的"开始"屏幕

回顾历史，Microsoft 公司自 1985 年 Windows 1.0 面世到 Windows 10 经历了三十年的时间，它以其强大的实力和创新能力引领着 IT 界的发展，成为全球关注的焦点。每次新一代 Windows 操作系统的到来，都离不开之前若干代 Windows 的技术积累。

3. UNIX 操作系统

UNIX 操作系统是美国 AT&T 公司于 1971 年开发的多用户多任务操作系统，支持多种处理器架构，该系统的开放性和公开源代码使得其在操作系统市场一直占有较大的份额。UNIX 的优点是具有较好的可移植性，可运行于不同类型的计算机上，如微型机、工作站、大型机和巨型机。同时它还支持多任务、多处理、多用户、网络管理和网络应用等。由于具有较好的稳定性、可靠性和安全性，UNIX 在金融、保险等行业得到广泛的应用。

4. Linux 操作系统

Linux 内核最初是由芬兰人林纳斯·托瓦兹（Linus Torvalds）在读大学时出于个人爱好而编写的。1994 年 3 月，Linux 1.0 版本正式发布。

Linux 是一个源代码开放的操作系统，用户可以通过 Internet 免费获取 Linux 及其生成工具的源代码，然后进行修改，建立一个自己的 Linux 开发平台，开发 Linux 软件。正因如此，许多人不断对这个系统进行改进、扩充和完善，使得它得到了发展和完善。

Linux 实际上是从 UNIX 发展起来的，与 UNIX 兼容，能运行大多数的 UNIX 软件，它是一个性能稳定的多用户多任务网络操作系统。Linux 与商用 UNIX 系统和 Microsoft 公司的 Windows 相比，具有低构建成本、高安全性、更加可信赖等优势。越来越多的企业和政府投入更多的资源来开发 Linux，既节省了经费，又降低了对封闭源码软件潜在安全的忧虑，对未来软件发展的方向有一定的引导作用。

操作系统是信息系统的基石，其自主能力事关国家信息安全。我国国产操作系统开发的最大瓶颈不是系统开发难度，而是应用领域，得有大量的 IT 程序员在国产操作系统上开发应用软件，这样国产操作系统才能有更大的发展空间和更广阔的应用领域。我国政府机关的计算机、笔记本电脑将率先预装国产操作系统 Linux，逐步实现多元化的软件应用和普及。待技术、市场成熟后再在国内广泛推广和使用国产操作系统。

5. Mac OS 操作系统

Mac OS 是运行于苹果 Macintosh 系统计算机上的基于 UNIX 的操作系统，它是最早成功的基于图形用户界面的操作系统，具有较强的图形处理能力，广泛应用于平面出版和多媒体等领域。

6. 华为操作系统

1999 年，中国科技部部长徐冠华曾说，"中国信息产业缺芯少魂"，其中的芯指的是芯片，而魂则是指操作系统。为了解决"缺芯少魂"的问题，我国科研工作者做了不懈努力，其中就有华为的"铸魂"工程，华为着力打造的两个操作系统"欧拉＋鸿蒙"，其中鸿蒙操作系统（Harmony OS）服务于智能终端、物联网和工业终端；欧拉操作系统（openEuler，简称"欧拉"）不仅服务鲲鹏，也支持 X86。

鸿蒙系统是一款全新的面向全场景的分布式操作系统，创造一个超级虚拟终端互联的世界，将人、设备、场景有机地联系在一起，将消费者在全场景生活中接触的多种智能终端实现极速发现、极速连接、硬件互助、资源共享，用合适的设备提供场景体验。

欧拉操作系统是面向数字基础设施的操作系统，支持服务器、云计算、边缘计算、嵌入式等应用场景，支持多样性计算，致力于提供安全、稳定、易用的操作系统。通过为应用提供确定性保障能力，支持 OT 领域应用及 OT 与 ICT 的融合。

坚持核心技术的自主化是我国在走向高质量发展的必经之路，这也是我国自研操作系统的意义所在。

7. 手机操作系统

手机操作系统一般应用在智能手机上。目前应用在手机上的操作系统主要有 Android（谷歌）、iOS（苹果）、Windows phone（微软）、Symbian（诺基亚）、BlackBerry OS（黑莓）、Windows mobile（微软）等。

3.2　Windows 10 操作系统概述

Windows 10 是由美国 Microsoft 公司开发的应用于计算机和平板电脑的操作系统，于 2015 年 7 月 29 日发布正式版。

Windows 10 是 Microsoft 公司 Windows 系列操作系统中一个具有特殊意义的版本，因为它具有大量实用的新功能和趋于完美的操作体验。

与以往的 Windows 操作系统相比，Windows 10 具备更完善的硬件支持、更完美的跨平台的相同操作体验、更节能的省电功能、更安全的系统保护措施，它必将成为 Microsoft 公司最成功的一款 Windows 操作系统。

Windows 10 共有家庭版、专业版、企业版、教育版、移动版、移动企业版和物联网核心版七个版本，本书中的插图均是在 Windows 10 家庭版中截取的。

3.3　Windows 的桌面与"开始"菜单

3.3.1　启动 Windows 10

启动 Windows 10 的操作步骤如下：

（1）首先打开外设电源开关，然后打开主机电源开关。

（2）如果计算机中装有多个操作系统，启动计算机时会显示"请选择要启动的操作系统"界面，选择 Windows 10 操作系统，然后按 Enter 键。

（3）进入系统登录界面，如图 3-4 所示。选择登录用户名，输入密码，按 Enter 键，即可登录系统，如果没有设置账户密码，可以直接登录系统，进入系统桌面，如图 3-5 所示。

图 3-4　Windows 10 系统登录界面

图 3-5　Windows 10 系统桌面

3.3.2　退出 Windows 10

退出操作系统之前，通常要关闭所有已经打开或正在运行的程序。退出 Windows 10 系统是指将计算机关闭、睡眠、锁定和注销等，具体操作步骤是单击任务栏中的"开始"按钮 ▦，将鼠标指针移到"电源"按钮 ⏻ 或"用户"按钮 ● 上，弹出一个快捷菜单，根据实际操作情况选择关机、睡眠、锁定、更改账户设置、注销、重启，如图 3-6 所示

（a）单击"电源"按钮

（b）单击"用户"按钮

图 3-6　Windows 选项

其中：

（1）单击"关机"按钮，将退出 Windows 10 操作系统，关闭计算机。

（2）单击"睡眠"按钮，计算机进入睡眠状态。这时显示将关闭计算机，计算机的风扇也会停止，但计算机没有完全关闭，耗电量极少，只需维持内存中的工作。若要唤醒计算机，可按下计算机的"电源"按钮，几秒就可以进入系统，速度比较快。

（3）单击"锁定"命令,计算机进入锁定状态。用户在使用计算机的过程中,有事临时离开,可以锁定计算机保护自己的工作。解锁时,只需要输入用户名和密码,便可继续工作。

如果同一台计算机创建了多个账户,在启动计算机时会在登录界面中选择账户。在系统运行的过程中,如果要切换到其他账户,可以单击桌面左下角的"开始"按钮,单击"用户"按钮,在弹出的子菜单中单击"更改账户设置"或"注销"按钮,然后在打开的登录界面中选择其他用户账户登录操作系统。

（4）单击其他用户账户按钮:如果不想退出当前用户账户,只是暂时切换到其他用户账户,然后再切换回来,则可以单击该用户账户进行临时切换。通过该方式切换用户账户,当返回之前的账户时,该账户打开的文件或程序仍然存在。

（5）单击"注销"按钮,计算机进入注销状态。这时正在使用的所有程序都会关闭,但计算机不会关闭。一台计算机有多人使用时,每个用户都有自己的桌面设置;当另一个用户要使用计算机时,就可以注销原来的用户账户,退出桌面,然后以自己的用户账户登录系统,进入自己的桌面。

在系统运行状态下,先保存并关闭正在编辑的文档,接着通过注销用户账户退出当前账户,然后选择登录其他用户账户,可达到切换用户账户的目的。

3.4　Windows 10 基本操作

Windows 系统是一个典型的图形界面系统,由于图形界面系统以直观、方便的图形界面呈现在用户面前,用户无需在提示符后面输入具体命令,只需用鼠标告诉计算机要做什么,使得计算机应用迅速进入到各行各业、千家万户。

用户启动计算机并登录 Windows 10 系统后看到的整个屏幕界面称为桌面（Desktop）,桌面由桌面背景、图标、"开始"按钮和任务栏组成,如图 3-5 所示,它是用户和计算机进行交流的窗口,是一切工作的平台,上面放置用户经常用到的应用程序和文件夹图标,双击图标可以快速启动相应的程序或文件等。

3.4.1　桌面图标

图标是指在桌面上排列的小图像,图标由图形符号和名字两部分组成。这些图标一些是安装 Windows 10 时由系统自动产生的系统图标;一些图标为文件或文件夹图标;还有一些图标为快捷图标,在图标的左下角带有一个小箭头,如▣,它指向系统中的一个实际对象（应用程序、文件等）。如果把鼠标指针放在这些图标上停留片刻,桌面上就会出现对图标所表示内容的说明或是文件存放的路径,双击图标就可以打开相应内容。

用户可以根据需要对桌面上的图标进行位置调整,方法是在桌面的空白处右击,在弹出的快捷菜单中选择"排序方式"命令,在其级联菜单中选择所需的排列方式,如按名称、大小、项目类型和修改日期等排列。

如果想要临时隐藏所有桌面图标,而实际并不删除它们,在图 3-7 所示的快捷菜单中单击"查看"命令,然后单击其级联菜单中的"显示桌面图标"选项,将该选项前的复选标记清除,桌面上就不会显示任何图标了。如果再次单击"显示桌面图标"选项,将显示这些图标。

在 Windows 10 系统安装完成后，桌面上的系统图标仅有"回收站"图标，用户可以根据自己的需要，在桌面上添加相应的图标。其中在添加系统图标时，选择图 3-7 所示中的"个性化"命令，打开"个性化"窗口，单击左侧窗格中的"更改桌面图标"链接，弹出如图 3-8 所示的对话框，可在其中选择所需的系统图标。

图 3-7　桌面图标隐藏　　　　　　　　　图 3-8　桌面图标的设置

这些桌面系统图标的功能如下：

（1）"计算机"图标：用户通过该程序实现对计算机硬件、软件的管理，其功能相当于资源管理器。

（2）"用户的文件"图标：用于存放用户经常使用的文件夹内容，它是系统默认的文档保存位置，里面主要有我的视频、我的文档、我的音乐等文件夹。

（3）"回收站"图标："回收站"是硬盘上一个特殊的文件夹，用于暂时存放用户已经删除的文件或文件夹。可以从中还原被删除的文件或文件夹，也可以从中彻底删除文件或文件夹。

（4）"控制面板"图标：用于快速进入控制面板，对系统进行各式各样的设置。

（5）"网络"图标：用于浏览本机所在局域网的网络资源。

桌面上其他图标的添加：一些是在安装软件时，自动添加进去的；一些是用户根据自己的需要，创建的桌面快捷图标，该图标指向某个对象（程序、文件、文件夹、打印机或网络中的计算机等），双击该快捷图标即可快速打开该项目。快捷图标不能改变这些对象的位置，也不是它们的副本，而是一个指针，因此删除、移动或重命名快捷图标不会影响原有项目。

3.4.2　任务栏

任务栏是 Windows 10 桌面的一个重要组成部分，用户通过它可以完成各种操作和管理任务。Windows 10 任务栏通常是位于桌面底部的水平长条，是 Windows 系统的总控制中心，包括"开始"按钮、搜索框、快速启动区域、通知区域、"显示桌面"按钮等，如图 3-9 所示。它可以实现文件或应用的吸附、应用程序间的转换等，而且它的位置可以调整到屏幕左侧、右侧、顶部和底部。

图 3-9　Windows 10 任务栏

Windows 10 的任务栏内置了非常强大的文件显示和启动功能，让用户打开系统更方便、更快捷。所有正在运行的应用程序或打开的文件均以任务栏按钮的形式显示在任务栏上。在任务栏最右端有一个高亮的"显示桌面"区域。

1. "开始"按钮

单击屏幕左下角的"开始"按钮 ▦。或者，按键盘上的 Windows 徽标键 ▦，或者按 Ctrl+Esc 组合键，弹出"开始"菜单列表，它是计算机程序、文件夹和设置的主门户。"开始"菜单左侧依次为常用的应用程序列表以及按照字母索引排序的应用列表，左下角为用户帐户头像、Modern 设置以及开关机快捷选项，右侧则为"开始"屏幕，可将应用程序固定在其中，如图 3-10 所示。

常用应用程序列表中显示的应用程序支持在"开始"菜单中使用跳转列表，在应用程序图标上右击即可打开跳转列表以及常用功能选项。

● 固定到"开始"屏幕。
● 固定到任务栏。
● 把程序发送到桌面。

图 3-10　应用程序跳转列表

2. 快速启动区域

Windows 10 的任务栏基本保持了原有 Windows 任务栏的结构，但也有一些变化，主要表现在任务栏中图标的位置不再是固定不变的，用户可根据需要使用鼠标拖动的方法更改图标在任务栏中的位置。另外，在 Windows 10 中，快速启动区域中的程序图标较之以往版本都变大了。Windows 10 将快速启动区域的按钮和活动程序窗口按钮进行了整合，它们之间没有明显的区域划分，单击这些图标即可打开对应的应用程序，并由图标转化为按钮的外观，用户可根据按钮的外观来分辨未运行的程序图标和已运行程序窗口按钮的区别。

任务栏中显示已经打开的应用程序和文件可以进行快速切换，其中高亮显示的按钮为当前活动窗口。要切换到其他窗口，单击相应的窗口按钮即可，也可按 Alt+Tab 组合键在不同窗口之间进行切换。

若要快速打开程序，可以将程序锁定到任务栏，只需在"任务栏"上选择已打开的程序，右击，在快捷菜单中选择"固定到任务栏"命令，如图 3-11 所示，该程序将一直存在于任务栏上。将程序"锁定"在任务栏上，用户可以更加方便地运行常用的程序，从而提高工作效率。

若要将任务栏上的程序"解锁"，只需右击任务栏上的应用程序，在弹出的快捷菜单中选择"从任务栏取消固定"命令即可。

在任务栏上，对于已固定到任务栏的程序和当前正在运行的程序，可以通过右击任务栏按钮或将按钮拖动到桌面来查看其跳转列表，如图 3-12 所示。跳转列表可帮助用户快速访问常用的文档、图片、歌曲或网站（还可以通过在"开始"菜单上单击某程序名称旁的箭头来访问跳转列表）。

图 3-11　锁定程序到任务栏　　　　　　　　图 3-12　跳转列表

除了使用跳转列表打开最近使用的项目，还可以将喜欢的项目固定到跳转列表中，以便快速找到日常使用的项目。如对于经常访问的网页，单击它右边的"小图钉" ⚲ 即可将它固定在列表中（或右击，在弹出的快捷菜单中选择"固定到此列表"命令）。

3. 通知区域

通知区域位于任务栏的右侧，其中包含了当前系统正在运行的一些程序的图标，这些图标表示计算机上某程序的状态，或提供访问特定设置的途径。将指针移向特定图标时，会看到该图标的名称或某个设置的状态。例如，指向音量图标 🔊 将显示计算机的当前音量级别，指向网络图标 🖥 将显示是否连接到网络、连接速度以及信号强度的信息。双击通知区域中的图标通常会打开与其相关的程序或设置。例如，双击音量图标会打开音量控件，双击网络图标会打开"网络和共享中心"窗口。不同用户的通知区域中显示的图标类型并不是完全相同和固定的，主要取决于系统中安装的程序、服务以及计算机制造商设置计算机的方式。图 3-13所示是任务栏中的通知区域。

图 3-13　任务栏中的通知区域

有时，通知区域中的图标会显示小的弹出窗口（称为"通知"），向用户通知某些信息。例如，向计算机添加新的硬件设备之后，通知区域会显示一条消息，单击通知右上角的"关闭"按钮 × 可关闭该消息。如果没有执行任何操作，则几秒之后，通知会自行消失。为了减少混乱，如果在一段时间内没有使用图标，Windows 会将其隐藏在通知区域中。如果图标变为隐藏，则单击"显示隐藏的图标"按钮可临时显示隐藏的图标。

4．显示桌面

当桌面上打开的窗口比较多时，用户若要查看或返回桌面，则要将这些窗口一一关闭或者最小化，这样不但麻烦而且浪费时间。对此，Windows 10 操作系统在任务栏的右侧设置了一个矩形的"显示桌面"按钮，如图 3-9 所示。将鼠标指针指向"显示桌面"按钮（不用单击）时，所有打开的窗口都会淡出视图，这样方便临时查看或快速查看桌面。若要再次显示这些窗口，只需将鼠标指针移开"显示桌面"按钮。要想将桌面上的窗口全部隐藏，只显示桌面，可以单击"显示桌面"按钮，即可将桌面上的窗口全部隐藏，返回到桌面。再次单击该"显示桌面"按钮便又恢复桌面上次打开的窗口。

3.4.3　窗口的基本组成与操作

启动一个应用程序或打开一个文件或文件夹后，都以一个窗口的形式出现在桌面上。它是操作系统用户界面最重要的部分，人机交互的大部分操作都是通过窗口完成的。在Windows 10 中，Microsoft 公司仍沿用了一贯的 Windows 窗口式设计，并为桌面窗口设置新加了一个功能——智能排列，当一些应用程序在屏幕顶端，或左右两侧时，应用程序会自动最大化，或占据左右两边的屏幕。

1．窗口的组成

Windows 窗口类型很多，其中大部分都包括了相同的组件，主要由标题栏、工具栏、导航按钮、地址栏、搜索框、工作区域、滚动条、导航窗格、详细信息窗格、预览窗格等组件组成，如图 3-14 所示是一个典型的窗口及其组成部分。

（1）标题栏。标题栏位于窗口的最上部，它标明当前窗口的名称。标题栏左边有控制菜单图表和窗口中程序的名称，右边是"最小化"按钮、"最大化 / 还原"按钮和"关闭"按钮。

图 3-14　计算机资源管理窗口

（2）工具栏。工具栏位于菜单栏下方，它以按钮的形式给出了用户最经常使用的一些命令，以简化操作程序，提高操作效率，如复制、粘贴等。工具栏中的功能按钮和菜单栏中的某个命令等效。工具栏中的按钮可更改为仅显示相关的任务。例如，单击图片文件在工具栏上显示的按钮与单击音乐文件时就不同。

（3）导航按钮。导航按钮一共有 4 个，用于从当前位置跳转到其他位置，这些位置可以是文件夹、子文件夹、库和网络位置。

（4）地址栏。地址栏显示了当前文件或文件夹在计算机中的位置，术语将其称为"绝对路径"或"完整路径"。

（5）搜索框。在搜索框中输入词或短语可查找当前文件夹或库中的项。一开始输入内容，搜索就开始了。例如，当键入 B 时，所有名称以字母 B 开头的文件都将显示在文件列表框中。

（6）工作区域。窗口中间的区域，显示当前窗口中的内容及执行操作后的结果。

（7）滚动条。如果窗口中显示的内容过多，当前可见的部分不够显示时，窗口就会出现滚动条，分为水平滚动条和垂直滚动条。

（8）导航窗格。导航窗格为用户提供了快速访问计算机中特定位置的方法。在导航窗格中可以访问的位置按类型进行了分组，比如"快速访问""此电脑""网络"等。每个类型包括了具体的可访问位置，比如在"此电脑"类型中包括计算机中的所有磁盘分区，每个磁盘分区又包括多个文件夹。

（9）详细信息窗格。使用详细信息窗格可以查看与选定对象关联的最常见属性。

（10）预览窗格。使用预览窗格可以查看大多数文件的内容。例如，如果选择电子邮件、文本文件或图片，则无须在程序中打开即可查看其内容。如果看不到预览窗格，可以单击工具栏中的"预览窗格"按钮 ▢ 打开预览窗格。

2. 窗口的基本操作

在 Windows 10 中，仍然沿用了一贯的窗口式设计，运行一个程序实例就打开一个 Windows 窗口，窗口为每个计算机程序都规定了区域，在这个区域用户能够直观地看到程序的内容，用户和计算机的大部分交互操作都是在窗口中完成的。

窗口操作在 Windows 系统中是很重要的，可以通过鼠标使用窗口上的各种命令来操作，也可以通过键盘来使用快捷键操作，窗口的基本操作主要有窗口的移动、缩放、最大化、最小化、关闭和切换等。

（1）打开窗口。可用下列方法之一打开窗口：

● 双击要打开的某一应用程序或文档图标。

● 在选中的图标上右击，在弹出的快捷菜单中选择"打开"命令。

（2）关闭窗口。可用下列方法之一关闭窗口：

● 单击窗口右上角的"关闭"按钮。

● 按 Alt+F4 组合键直接关闭活动窗口。

● 利用控制菜单图标关闭窗口。双击窗口左上角的控制菜单图标，或者单击控制图标，在弹出的控制菜单中选择"关闭"命令，可关闭窗口。

● 选择菜单栏中"文件"菜单的"关闭"命令。

● 将鼠标指针指向任务栏中该窗口的图标按钮，右击，选择"关闭窗口"命令。

● 按 Ctrl+Alt+Delete 组合键，选择"任务管理器"选项，打开"Windows 任务管理器"对话框，在"进程"选项卡中选择要结束的任务，其后单击"结束任务"按钮，可结束程序运行，并关闭窗口。

（3）最大化和还原窗口。

● 单击窗口右上角的"最大化"按钮 □，窗口将满屏显示，此时，"最大化"按钮将变为"还原"按钮 ◻，单击该按钮，可将窗口恢复到原来状态。

● 用鼠标将窗口拖拽到屏幕最上方，窗口就能最大化，再拖拽一下，又可以恢复原来的窗口尺寸。

● 双击标题栏，也可实现最大化窗口和还原窗口之间的转换。

（4）最小化窗口。单击"最小化"按钮 —，窗口将以标题按钮的形式缩放到任务栏上。若要使最小化的窗口重新显示在桌面上，单击其任务栏按钮，窗口会准确地按最小化前的样子显示。

（5）调整窗口。大多数窗口都允许用户自行调整窗口的大小（使其变小或变大），只要将鼠标指针指向窗口的任意边框或角，当鼠标指针变成双箭头时，如图 3-15 所示，拖动边框或角可以缩小或放大窗口。

已最大化的窗口无法调整大小，必须先将其还原为先前的大小。虽然多数窗口可被最大化和调整大小，但也有一些固定大小的窗口，如对话框。

图 3-15　调整窗口大小

（6）移动窗口。在窗口没有最大化时，移动窗口只需将鼠标指针指向窗口的标题栏，然后拖拽鼠标，即可把窗口放到桌面的任何地方。

（7）活动窗口及切换窗口。Windows 10 是一个多任务操作系统，允许同时打开多个窗口。如果同时打开多个窗口，只有一个窗口的标题栏呈深色显示，而且在任务栏上代表此窗口的图标处于高亮状态，该窗口就是活动窗口，也称当前窗口。活动窗口总是在其他所有窗口之上。可通过下列方法在不同窗口之间进行切换：

● 单击任务栏上代表该窗口的按钮，该窗口即可成为活动窗口。

- 若窗口没有完全被其他窗口遮住，单击该窗口未被遮住的部分，该窗口就会成为当前工作窗口。

- 使用 Alt+Tab 组合键进行切换。具体方法是：按住 Alt 键，再按 Tab 键，在桌面上会出现一个任务框，里面显示了所有打开窗口的缩略图，此时，按住 Alt 键再按 Tab 键，可选择下一个图标，选择到某个程序的图标时，释放 Alt 键，该窗口就会成为当前工作窗口。

- 使用 Alt+Esc 组合键进行切换。使用该组合键进行窗口切换时，只能切换非最小化窗口，而对于最小化窗口，只能激活。

- 虚拟桌面切换。按住 Windows 徽标键 +Tab 组合键打开任务视图（多桌面视图），单击顶部的"新建桌面"可新建桌面，鼠标停留可预览不同桌面，单击即可快速切换，如图 3-16 所示。虚拟桌面切换可实现多个桌面运行不同的软件，相互之间不影响。

图 3-16　Windows 10 系统虚拟桌面切换

（8）排列窗口。如果同时打开多个窗口，用户面临的是一些杂乱的窗口，通过窗口的重新排列，可以使窗口组织有序。可通过下列方法来排列 Windows 窗口：

- 自动排列窗口：右击"任务栏"任意空白区域，从弹出的快捷菜单中选择"层叠窗口""堆叠显示窗口"或"并排显示窗口"可完成窗口的自动排列。

- 使用"鼠标拖拽操作"排列窗口："鼠标拖拽操作"将在移动的同时自动调整窗口的大小，在将这些窗口靠近屏幕的边缘时，可实现并排排列窗口、垂直展开窗口或最大化窗口。

- 窗口对对碰：用鼠标将窗口拖拽到屏幕左侧或者右侧，窗口就能以 50% 的宽度显示。这样可以对两个文档窗口进行平行排列——方便校对、复制、内容编辑等操作。

3.4.4　对话框基本操作

对话框是操作系统和应用程序与用户交流信息的界面，在对话框中用户通过对选项的选择来完成对象属性的修改或设置。对话框也是一种矩形框窗口，顶部是标题栏，显示对话框的名称，标题栏的右边有"帮助"和"关闭"两个按钮。对话框通常由选项卡和标签、命令按钮、文本框、单选按钮、复选框、下拉列表框、数值框等部件组成。如图 3-17 所示的"打印"对话框。

图 3-17　"打印"对话框

（1）选项卡和标签。当对话框中需要设置的内容比较多时，常将各设置项按功能分组在称为选项卡的多个"页"中，每个选项卡都有一个标签，单击标签可以选择不同的选项卡，被选定的选项卡将显示在其他选项卡的前面，如图 3-18 所示。

图 3-18　"指针"选项卡

（2）命令按钮。命令按钮用来执行某种操作命令。对话框中常见的命令按钮有"确定""取消""应用"等。其中，"确定"表示所做的设置有效，按新的设置处理，同时关闭对话框；"取消"表示不认可新的修改，退出对话框；"应用"表示所做的设置有效，应用新的设置，但不退出对话框。

（3）文本框。文本框是要求输入文字的区域。用户可直接在文本框中输入文字。

（4）单选按钮。单选按钮通常是一个小圆形，其后面有相关文字说明，当选中后，在圆形中间会出现一个小圆点。通常是在一组选项中只能且必须选择其中一个后，别的选项就不可以选择了。

（5）复选框。复选框一般用方形框表示，在其后有相关文字说明，用来表示是否选定该选项。当复选框内有一个"√"时，表示该选项被选中，若再单击一次，变为未选中状态，它是可以选择任意多项的。

（6）下拉列表框。下拉列表框由一个单行显示框和一个下拉按钮组成，单行显示框显示的是当前选中的选项，单击下拉按钮可弹出一个下拉列表，从中可以选择其他选项，如图 3-19 所示。

（a）下拉列表显示为关闭　　　　　　　　（b）下拉列表显示为打开

图 3-19　下拉列表框

（7）数值框。数值框由一个显示数值的文本框和位于框右边的向上或向下箭头组成，可以直接在文本框中输入数值，也可以单击向上或向下箭头来调整数值大小。

对话框的操作包括对话框的移动和关闭、对话框中的切换、使用对话框的帮助信息等。

3.4.5　菜单

菜单是应用程序可以完成的命令列表，Windows 提供了多种菜单，如"开始"菜单、下拉式菜单和快捷菜单。

1."开始"菜单

"开始"菜单和任务栏是 Windows 操作系统中两个最重要的界面元素。用户在使用 Windows 操作系统进行各种工作和处理各种操作的过程中，通常都会用到"开始"菜单和任务栏。"开始"菜单是 Windows 操作的总起始点，计算机的所有操作都可以通过"开始"菜单进行，通过它，可以运行程序、打开文档及执行其他常规任务，几乎可以完成用户的所有操作。Windows 10 中的"开始"菜单和"开始"屏幕如图 3-20 所示。"开始"菜单的便捷性简化了频繁访问程序、文档和系统功能的常规操作方式。

图 3-20　Windows 10 中的"开始"菜单和"开始"屏幕

（1）"开始"菜单的组成。"开始"菜单主要由三个窗格组成。左侧显示了当前登录 Windows 系统的用户名、文档、图片、设置和电源等常用链接。中间显示用户经常使用的应用程序的名称、常用的应用程序列表及快捷选项，其中程序列表会随着应用程序的增删而自动改变，其底部是搜索框，通过在搜索框中输入关键字，可以在计算机中查找程序、文件、网页、电子邮件、人员等。右侧是"开始"屏幕，其中排列着很多磁贴，可以将常用的应用和程序以磁贴的形式添加到"开始"屏幕中。

Windows 10 内置的所有应用以及由用户安装的所有应用程序，都可从"程序列表"中选择启动。

（2）从"开始"菜单打开程序。"开始"菜单最常见的一个用途是打开计算机上安装的程序，在"程序列表"窗格会看到目前系统中已安装的应用清单，且是按照数字 0～9、A～Z、拼音 A～Z 的顺序依次排列的。任意选择其中一项应用，单击启动该应用，该应用就打开了，"开始"菜单随之关闭。

"程序列表"窗格也会显示文件夹，单击的是文件夹，则文件夹中有更多程序供选择。

（3）"开始"屏幕。Windows 10 "开始"菜单在原"开始"菜单的右侧新增加了一栏，这一栏也就是"开始"屏幕，加入了磁贴，用户可以在"开始"菜单中放置动态磁贴，也可以灵活地调整、增加、删除动态磁贴，甚至删除所有磁贴。"开始"菜单可以自由调整大小。

（4）常用链接。"开始"菜单的最左侧窗格中包含用户经常使用的部分 Windows 链接，从上到下有：

- 用户：注销 Windows 或切换到其他用户账户，显示当前登录用户名。
- 文档：打开"文档"库，可以访问和打开文本文件、电子表格、演示文稿以及其他类型的文档。
- 图片：打开"图片"库，可以访问和查看数字图片及图形文件。
- 设置：用于对系统进行各项设置，可以自定义计算机的外观和功能、安装或卸载程序、设置网络连接和管理用户账户。
- 电源：打开电源菜单，对计算机进行睡眠、关机、重启操作。

2. 下拉式菜单

位于应用程序窗口或其他窗口标题栏下方的菜单栏均采用下拉式菜单，菜单中通常包含若干条命令，这些命令按功能分组，分别放在不同的菜单项里，组与组之间用一条横线隔开。当前能够执行的有效菜单命令以深色显示，有些菜单命令前还带有特定图标，说明在工具栏中有该命令的按钮。

3. 快捷菜单

这是一种随时随地为用户服务的"上下相关的弹出菜单"，在选定的对象上右击，会弹出与该对象相关的快捷菜单，菜单上列出了可对该对象进行操作的各种命令。单击鼠标时指针所指的对象和位置不同，弹出的菜单命令内容也不同。

在菜单命令中包括某些符号标记，如图 3-21 所示。下面分别介绍这些符号标记的含义。

（1）分隔线标记。下拉菜单中某些命令之间有一条灰色的线，称为分隔线标记，它将菜单中的命令分为结果菜单命令组。同一组中的菜单命令功能一般比较相似。

（2）对钩标记（√）。菜单命令的左侧出现一个对钩标记"√"，表示选择了该菜单命令。

（3）圆点标记（•）。选择该符号标记，表示当前选择的是相关菜单组命令中的一个，此命令组的其他命令则不能同时被选择。

（4）省略号标记（...）。该符号标记表示在执行这类菜单时，系统将打开一个对话框。

（5）右箭头标记（▶）。该符号标记表示还有下一级菜单（通常称为级联菜单）。将鼠标指针移动到带有该标记的菜单会弹出下一级菜单。

（6）双箭头（）。将鼠标指针指向它时，会显示一个完整的菜单。

（7）浅色的命令。菜单项灰化，表示该菜单命令暂不可用。

图 3-21 "查看"菜单

3.4.6 任务栏个性化设置

为了帮助用户更好地使用任务栏，系统允许用户根据自己的需要定义任务栏。

将鼠标指针指向任务栏的空白处，右击，在弹出的快捷菜单中选择"任务栏设置"命令，出现任务栏设置界面，如图 3-22 所示。

在"任务栏"选项列表中，用户可以通过"开关"按钮启动或关闭相关命令。

（1）锁定任务栏：如果没有启动该项，可以调整任务栏的位置，改变任务栏的大小。调整任务栏位置的方法是：将鼠标指针指向任务栏的空白处，按下鼠标左键并拖动任务栏至桌面的上、下、左、右四边。改变任务栏大小的方法是：将鼠标指针指向任务栏边界，当鼠标指针变成双向箭头时，拖动。若打开"锁定任务栏"开关，则不能改变其位置和大小。

（2）在桌面模式下自动隐藏任务栏：如果启动该项，可以通过自动隐藏任务栏来显示整个桌面，使用时将鼠标指针移动到桌面下任务栏的位置，任务栏会自动显示出来。

（3）使用小任务栏按钮：Windows 10 任务栏上的快捷图标相对来说比较大，如果要用较小的图标，可以让任务栏上的快捷图标变小，在图 3-22 中启动该项即可。

（4）任务栏在屏幕上的位置：可在此下拉列表可选择底部、靠左、靠右和顶部。

任务栏

锁定任务栏

⬤ 关

在桌面模式下自动隐藏任务栏

⬤ 关

在平板模式下自动隐藏任务栏

⬤ 关

使用小任务栏按钮

⬤ 关

当你将鼠标移动到任务栏末端的"显示桌面"按钮时，使用"速览"预览桌面

⬤ 关

当我右键单击"开始"按钮或按下 Windows 键+X 时，在菜单中将命令提示符替换为 Windows PowerShell

⬤ 开

在任务栏按钮上显示角标

⬤ 开

任务栏在屏幕上的位置

| 底部 | ⌄ |

合并任务栏按钮

| 始终合并按钮 | ⌄ |

图 3-22　任务栏设置界面

3.5　中文输入法

中文输入法是为了将汉字输入计算机或其他媒介而采用的一种编码方法，中文输入法技术从 20 世纪 80 年代初，由最初的单词录入，发展到现在的词语甚至是整句输入，其编码方法上千种，民间开发的各种版本更是不计其数，掌握中文输入法已成为日常使用计算机的基本要求。

中文输入法主要有形码输入法（包括万能五笔、极品五笔等）和音码输入法（包括微软拼音 ABC 输入法、搜狗拼音等）。除此之外，还有 OCR（光学文字识别）、手写输入、语音输入等非键盘输入法。这些都是中文信息处理过程中的重要技术，目前，音码和形码仍是中文输入法的主流。

在中文文字处理过程中要输入汉字，用户可以通过选择不同的输入法完成中文字符的输入。可以单击"输入法"指示器按钮，在弹出的菜单中选择所需的中文输入法，会出现对应的输入法状态栏，如图 3-23 所示为"微软拼音 ABC"输入法的状态栏。状态栏由"中 / 英文切换""全 / 半角切换""中 / 英文标点切换"和"软键盘"等按钮组成。

（1）输入法切换：单击"输入法"指示器按钮，在弹出的菜单中选择所需的中文输入法；反复按 Ctrl+Shift 组合键，在各种输入法之间切换，直到出现用户所需的输入法图标。

图 3-23 "微软拼音 ABC"输入法的状态栏

（2）中英文切换：在输入中文时，若需要加入英文，可单击"中 / 英文切换"按钮，这时"中"字会变为"英"字，切换至英文输入状态。英文输入完成，再次单击此按钮，返回到中文输入状态。也可以通过 Ctrl+Space 组合键进行中 / 英文输入法的切换，此方法是通过关闭或打开中文输入法实现的。

（3）全 / 半角切换：通常在输入中文或中文标点符号时，需要进入全角模式；在输入英文或数字时，则要求在半角模式下完成。因此涉及全角和半角切换，此时只需单击"全 / 半角切换"按钮，或按 Shift+ Space 组合键就可进行全 / 半角状态的切换。在全角模式下，一个字符占两个半角字符的位置。

（4）中英文标点切换：单击"中 / 英文标点切换"按钮，或按 Ctrl+.（小数点）组合键便可进行中文和英文标点状态的切换，在中文标点符号输入过程中，请注意和表 2-2 键盘符号的对应。

表 3-2 中文标点所对应键盘符号

中文标点	对应的键	中文标点	对应的键
、顿号	\	！感叹号	!
。句号	.	（左小括号	(
·实心点	@	）右小括号	)
——破折号	_	，逗号	,
一连字符	&	：冒号	:
……省略号	^	；分号	;
'左引号	'（单数次）	？问号	?
'右引号	'（双数次）	{左大括号	{
"左双引号	"（单数次）	}右大括号	}
"右双引号	"（双数次）	[左中括号	[
《左书名号	<	]右中括号	]
》右书名号	>	￥人民币符号	$

（5）软键盘：单击此按钮可打开软键盘，单击软键盘上的键位可输入相应的字符，再次单击此按钮可关闭软键盘。

3.6　文件系统与目录结构

计算机中的信息是以文件的形式组织和存储的。在计算机中存放着很多文件，为了便于管理，操作系统把它们以一定的结构组织起来，通常把文件归类存放在文件夹中。文件夹是系统组织和管理文件的一种形式，是为了方便用户查找、维护和存储而设置在磁盘上的一个位置。在文件夹中可以存放所有类型的文件和下一级文件夹，用户把相关的文件分类存储在不同的文件夹中。

计算机资源可以是文件、硬盘、键盘、CPU、内存等，将计算机资源统一通过文件夹来进行管理，可以规范资源的管理。用户不仅通过文件夹来组织管理文件，也可以用文件夹管理其他资源。例如："开始"菜单是一个文件夹，设备也被认为是一个文件夹。文件夹中除了包含程序、文档、打印机等外，还可以包含下一级文件夹。

在操作系统中，负责管理和存取文件信息的部分称为文件系统或信息管理系统。在文件系统的管理下，用户可以根据文件名访问文件，而不必考虑各种外存储器的差异，不必了解文件在外存储器上的具体物理位置以及存放方式。文件系统为用户提供了一种简单、统一的访问文件的方法，因此它也被称为用户与外存储器的接口。

3.6.1　文件系统

1. 文件

文件是指记录在存储介质上的一组相关信息的集合，文件可以是文本、图形、图像、声音、视频、程序和数据等。任何一个文件都有文件名，文件名是存取文件的依据，即按名存取。

2. 文件和文件夹的命名

在计算机中，每个文件必须有一个名字。文件名一般由文件主名和扩展名两部分构成，其格式为：< 文件主名 >[. 扩展名]。

文件主名是文件真正的名称，主要用来识别该文件，通常将文件主名直接称为文件名。文件的扩展名用来标识该文件的类型，也称文件的后缀名或副名。一个文件的主名不能省略，给它命名时应该用有意义的词或是数字，即见名知义，以便用户识别。

不同操作系统其文件名命名规则有所不同，在 Windows 10 中，主文件名最多可以包含 255 个字符，可以是字母（不区分大小写）、空格、数字、下划线及一些特殊字符（"@""#""$""&""！"等），但不能出现的字符是 "<"">"":"""""*""？""\""|""/" 等。系统规定在同一文件夹内部不能有相同的文件名，而在不同的文件夹中则可以重名。

3. 文件的类型

文件的扩展名一般用来标识文件的类型。系统通过扩展名来识别应该用什么应用程序来打开该文件。而保存文件时，应用程序也会自动添加正确的扩展名。一些常见的扩展名见表 2-3。

表 3-3 常用文件扩展名

扩展名	文件类型	扩展名	文件类型
.exe、.com	可执行程序文件	.wmv、.rm、.qt	流媒体文件
.txt	文本文件	.bak	备份文件
.doc、.docx	Word 文档文件	.html、.htm、.asp	网页文件
.ppt、.pptx	PowerPoint 演示文稿	.xls、.xlsx	Excel 电子表格文件
.wav、.mp3、.mid	音频文件	.sys	系统配置文件
.jpg、.gif、.bmp	图像文件	.zip、.rar	压缩文件

4. 文件的属性

文件除了文件名外，还有大小、占用空间等，这些信息称为文件属性。文件或文件夹包含三种属性：只读、隐藏和存档。若将文件或文件夹设置为"只读"属性，则该文件或文件夹不允许修改。若将文件或文件夹设置为"隐藏"属性，则该文件或文件夹在常规显示中看不到。若将文件或文件夹设置为"存档"属性，则表示该文件或文件夹已存档，有些应用程序用此来确定哪些文件需做备份。

要设置文件的属性，只须右击文件或文件夹，在弹出的快捷菜单中选择"属性"命令，再在弹出的对话框中进行设置。

5. 文件名中的通配符

在对一批文件进行操作时，系统提供了通配符，即用来代表其他字符的符号，通配符有两个："？"和"*"。其中通配符"？"用来表示任意的一个字符，通配符"*"表示任意的多个字符。

3.6.2 目录结构

1. 磁盘分区与格式化

一个新硬盘安装到计算机后，往往要将磁盘划分成若干个分区（也称为卷）。磁盘若不分区，则整个磁盘就是一个卷。如果磁盘被分为多个分区，则系统会按字母顺序为每个分区编号，其编号由字母和冒号来标定，如"C:"。这样，一个磁盘驱动器就被划分成几个逻辑上独立的驱动器，如图 3-24 所示，用户在访问这些驱动器时就好像它们是独立的驱动器。

对磁盘分区的目的是：

● 硬盘容量很大，分区后便于管理。

● 有利于在不同分区安装不同的系统，如 Windows 10、Linux 等。

磁盘分区后还不能直接使用，必须进行格式化，格式化的主要目的是安装文件系统，建立根目录。在图 3-24 中，选定 E 盘，在弹出的快捷菜单中选择"格式化"命令，弹出"格式化 资料 (E:)"对话框，如图 3-25 所示，在"文件系统"下拉列表框中选择 NTFS 文件系统格式（NTFS 文件系统的磁盘性能更强大，安全性更高）。在"分配单元大小"下拉列表框中可以选择实际需要的分配单元大小；在"卷标"文本框中，可以输入卷标名称，即给要格式化的磁盘命名。对话框还可以选择是否使用快速格式化，快速格式化只能删除磁盘上的文件，不能扫描磁盘是否有坏扇区，并非真正意义上的磁盘格式化。参数设置完成后，单击"开始"

按钮，系统再一次警告"格式化将删除该磁盘上的所有数据"。格式化会把分区中的所有数据删除，因此格式化操作要格外慎重，当单击"确定"按钮，磁盘就开始格式化了。

图 3-24　"此电脑"窗口

图 3-25　"格式化 资料 (E:)"对话框

　　格式化完成后，文件系统建立的同时，根目录也随即被创建，如打开"此电脑"窗口，双击 C 盘就进入 C 盘的根目录，双击 D 盘就进入 D 盘的根目录。创建根目录的目的是存储子目录（也称为文件夹）或文件的目录项。

　　2．目录结构

　　一个逻辑磁盘驱动器只有一个根目录，磁盘上有着成千上万的文件，如果把这些文件都存放在根目录下会造成许多不便，为了有效地管理和使用文件，大多数文件系统允许用户在根目录下建立子目录（在 Windows 中称为文件夹），在子目录（子文件夹）下再建立子目录（子文件夹），将文件分门别类地存放在不同的目录中，这就是目录结构，它像一颗倒置的树，树根为根目录，树中每一个分支为子目录，树叶为文件，这样的目录结构称为树状目录结构，如图 3-26 所示。图 3-27 所示为树状目录结构中 notepad.exe 和 nrpsrv.dll 两文件所在的文件夹窗口。

图 3-26　树状目录结构

图 3-27　树状目录结构所对应的窗口

在树状目录结构中，往往将与项目相关的文件放在同一个子目录中，同名文件可以放在不同的目录中，但不能放在同一目录中。

在 Windows 的文件夹树状结构中，处于顶层（树根）的文件夹是桌面，计算机上所有的资源都组织在桌面上，从桌面上可以访问任何一个文件和文件夹，桌面上的"此电脑""回收站"等都是系统专用的文件夹，不能改名，称为系统文件夹。计算机中所有的磁盘及控制面板也以文件夹的形式组织在"此电脑"中。

3. 目录路径

目录结构被创建后，文件存放在不同的目录（文件夹）中，要访问这些文件，不但要给出它的文件名，还必须指定文件在目录树中的位置即路径，以便文件系统根据路径查找所需要的文件或文件夹。路径是指从根目录（或当前目录）出发到达要查找的文件或子目录所必须经过的所有子目录的路线，子目录之间用字符斜杠"\"隔开，路径中最后一个目录名就是文件所在的子目录（子文件夹）。因此路径的结构通常包括本地磁盘名称、文件夹名称和文件名称等，它们中间用反斜杠"\"隔开。

路径有两种：绝对路径和相对路径。

- 绝对路径：从根目录出发直到文件的一条路径。以"\"开头，后跟若干用"\"分隔的目录名。如图 3-26 中的 notepad.exe 文件的绝对路径是 C:\Windows\System32\notepad.exe，就是图 3-27 窗口所选定文件 notepad.exe 在地址栏上显示的文件位置。

- 相对路径：从当前目录出发直到文件的一条路径。相对路径中第一个目录名必须是当前目录下的一个子目录。图 3-26 中 Test.doc 文件，若当前目录为 User，其相对路径为：我的文档 \Test.doc。

3.7 文件和文件夹的管理

在使用 Windows 10 的过程中，用户往往是通过"此电脑""文件资源管理器""库"来管理文件和文件夹的。

3.7.1 此电脑

双击桌面上的"此电脑"图标，打开"此电脑"窗口，如图 3-24 所示。窗口内容的浏览方式默认为"导航窗格"，可以通过"查看"选项卡中的工具栏来修改内容的显示方式。如果单击左边窗口的"库"目录，就转换成"文件资源管理器"窗口了。

Windows 10 系统一般用"此电脑"窗口来查看磁盘、文件和文件夹等计算机资源，用户主要通过窗口工作区、地址栏、导航窗格 3 种方式进行查看，其中地址栏显示了当前文件或文件夹在计算机中的位置，如图 3-28 所示。

（a）窗口工作区查看　　　　　　（b）地址栏查看　　　　　　（c）导航窗格查看

图 3-28　3 种查看资源的方式

3.7.2 文件资源管理器

"文件资源管理器"是 Windows 操作系统内置的文件管理实用程序，用于对文件和文件夹进行各种常规操作与管理，也是 Windows 的重要功能之一，如图 3-29 所示。使用"文件资源管理器"可以方便地对文件进行浏览、查看以及移动、复制等操作，在一个窗口里用户就可以浏览所有的磁盘、文件和文件夹，可见它是用来组织、管理文件和文件夹的一个重要工具。其组成部分和前面介绍的"此电脑"窗口相似，此处不再赘述。

图 3-29　文件资源管理器

文件资源管理器的打开通常有以下 3 种方法：

● 选择"开始"→"文件资源管理器"命令。

● 右击"开始"按钮，在弹出的快捷菜单中选择"文件资源管理器"命令。

● 按 Windows +E 组合键。

整个计算机的资源被划分为四大类，即快速访问、库、此电脑和网络，这些使得用户能更好地组织、管理及应用资源，提高了操作效率。如在"快速访问"中可以查看到最近打开过的文件，方便再次使用；在网络中，可以直接快速组织和访问网络资源。

3.7.3　库

在以前版本的 Windows 中，管理文件意味着在不同的文件夹和子文件夹中组织这些文件。在 Windows 7 以后，还可以使用库组织和访问文件，而不管其存储位置如何，库是 Windows 文件管理模式的重大革新。

所谓"库"，就是专用的虚拟视图，用于管理文档、音乐、图片和其他文件。用户可以将磁盘上不同位置的文件夹添加到库中，并在库这个统一的视图中浏览不同的文件夹内容。"库"倡导的是通过建立索引和使用搜索快速地访问文件，而不是按传统的文件路径的方式访问。建立的索引也并不是把文件真的复制到"库"里，而只是给文件建立了一个快捷方式而已，文件的原始路径不会改变，库中的文件也不会额外占用磁盘空间。"库"里的文件还会随着原始文件的变化而自动更新。这就大大提高了工作效率，管理那些散落在各个角落的文件时，就不必一层一层打开它们的路径了，只需要把它添加到"库"中。

可见，Windows 中的"库"非传统意义上的存放用户文件的文件夹，它其实是一个强大的文件管理器。"库"的出现为用户访问与管理分散在多个位置上的文件提供了极大的方便。无论文件存储在什么位置，都可以通过库进行集中访问。只要将经常访问的文件夹添加到库中，以后就可以在库中统一对这些文件夹进行访问，而不再需要在所有可能的位置上反复打开文件夹以查找文件。例如，如果在 U 盘中保存了一些图片，那么可以将 U 盘中包含这些图片的文件夹添加到库中，以后每次将 U 盘连接到计算机时，都可以从库中直接访问 U 盘中的该文件夹中的图片。

可以使用"库"来访问文件和文件夹并且可以采用不同的方式组织它们，Windows 10 操作系统默认包含 4 个库，分别是文档、音乐、图片和视频。通过库的名称可能会认为每个库中只能包含对应类型的内容。例如，图片库中只能包含图片，音乐库中只能包含音乐。实际上并不是这样，每个库都可以包含任何类型的内容。但是如果将相应类型的内容添加到同类型的库中，则可以为操作库中的文件带来方便。

除了系统默认提供的 4 个库以外，用户还可以根据实际需要创建新的库，然后将需要经常访问的文件夹添加到创建的库中。

1. 创建新库

如果用户觉得系统默认提供的库目录还不够使用，可以新建库目录。

打开资源管理器，在导航栏里"库"所在栏单击左上角的"新建库"，也可以在右边空白处，右击，在弹出的快捷菜单中选择"新建"命令。给库取好名字，如"资料"，一个新的空白库就创建好了，如图 3-30 所示。

图 3-30　新建库

接下来，就是把散落在不同磁盘的文件或文件夹添加到库中。单击"资料"库，在其窗口中再单击"包括一个文件夹",如图 3-31 所示,找到需要添加的文件夹,选中它,单击"包含文件夹"就可以了。重复这一操作,就可以把很多文件加入到库中了,其实质就是把索引建立好,当然这个索引是随时可以更新的,可以自己添加或者删除。

图 3-31　将文件夹添加到库中

2. 更改库的默认保存位置

默认保存位置是确定将项目复制、移动或保存到库时的存储位置。更改库的默认保存位置的步骤如下:

(1)在导航窗格中,右击要更改的库,如图 3-32 所示,在弹出的快捷菜单中选择"属性"命令,弹出"图片 属性"对话框,如图 3-33 所示。

图 3-32　"库"窗口

图 3-33　"图片 属性"对话框

（2）在"库位置"列表框中选择要改变库的默认保存位置的文件夹，再单击"设置保存位置"或"设置公共保存位置"，最后单击"确定"或"应用"按钮即可。

如果删除库，会将库自身移动到"回收站"。在该库中访问的文件和文件夹因存储在其他位置，故不会删除。如果意外删除 4 个默认库（文档、音乐、图片或视频）中的一个，可以在导航窗格中将其还原为原始状态，方法是：右击"库"，然后选择"还原默认库"命令。

3.8　文件和文件夹的浏览

1. 文件夹和文件的查看方式

默认情况下，Windows 采用两个分组以字母顺序对图标进行排序，文件夹为一个分组排在前面，其余的文件图标为另一个分组排在后面。如果对默认方式不满意，Windows 系统提供了多种对文件和文件夹的查看方式，主要以超大图标、大图标、中等图标、小图标、列表、详细信息、平铺和内容来显示图标。可以在"此电脑""文件资源管理器""库"中对文件和文件夹的查看方式进行设置，如图 3-34 所示。

（1）选择"查看"选项卡，在"布局"组中就会显示文件和文件夹的查看方式，如图 3-34（a）所示。

（2）在需要查看的窗格中右击，弹出快捷菜单，在"查看"级联菜单中选择所需的查看方式，如图 3-34（b）所示。

（a）"查看"选项卡　　　　　　　　（b）"查看"级联菜单

图 3-34　二种查看方式

2. 文件夹和文件的排序方式

排序选项不会更改文件的显示方式，只会将文件重新排列。通常文件根据文件名的字母顺序排列，但这种常规的排序不一定有意义。例如，查看用数码相机拍摄的一组照片，可能会发现类似"IMG_0450"这种难记的文件名。但如果对照片进行标记，则会发现按照标记对照片排序比按字母排序可能更有意义。为了让文件排序更符合用户的要求，往往会改变排序方式，这时打开要排序的文件夹或库，在空白处右击，弹出快捷菜单，在"排序方式"级联菜单中单击一个选项（比如"名称"），如图 3-35 所示。

图 3-35 "排序方式"级联菜单

如果在"排序方式"级联菜单中没有所需的选项，请单击"更多"添加其他选项到菜单中供选择，也可在"查看"选项卡的"当前视图"组中单击"排序方式"按钮，在弹出的下拉列表中选择排序方式。

3. 设置文件夹选项

"文件夹选项"对话框是 Windows 系统提供给用户设置文件夹属性的界面。在"此电脑"窗口中选择"查看"选项卡，单击"选项"按钮，即可弹出"文件夹选项"对话框。

（1）"常规"选项卡：用于设置文件夹的常规属性，如图 3-36 所示。

- "浏览文件夹"选项组：可设置文件夹的浏览方式，在打开多个文件夹时是在同一窗口中打开还是在不同的窗口中打开。
- "按如下方式单击项目"选项组：用来设置项目的打开方式，可设定项目通过单击打开，还是通过双击打开。
- "隐私"选项组：若要在"快速访问栏"中显示最近使用的文件或常用文件夹，请勾选其前面的复选框。若要清除文件资源管理器历史记录，请单击"清除"按钮。

（2）"查看"选项卡：用来设置文件夹的显示方式，在默认情况下，某些文件和文件夹被赋予"隐藏"属性，也不显示常见文件类型的扩展名，这些可以通过如图 3-37 所示的"高级设置"列表框来设置。

（3）"搜索"选项卡。用户可以设置搜索方式和在搜索没有索引的位置时的操作。

4. 文件与应用程序的关联

Windows 可以用多个程序（如记事本、写字板和 Word）打开扩展名为 .txt 的文本文件。也可以用多个程序（如画图、图片查看程序、IE 浏览器）打开扩展名为 .jpg 的图片文件。那当用户双击一个 .txt 或 .jpg 文件时，系统如何确定用哪个应用程序打开呢？

图 3-36　"常规"选项卡　　　　　图 3-37　"查看"选项卡

在 Windows 中，将某一种类型的文件与一个可以打开它的应用程序建立一种关联关系，叫作文件关联。当双击该类型文件时，系统就会先启动这一应用程序，再用它来打开该类型文件。一个文件可以与多个应用程序发生关联，用户可以利用文件的"打开方式"进行关联程序的选择。具体操作是：在要建立关联的文件上右击，在弹出的快捷菜单中选择"打开方式"→"选择默认程序"命令，在"打开方式"对话框中选择一个应用程序与之建立关联。

3.9　文件和文件夹的操作

文件与文件夹的操作是 Windows 的一项重要功能，包括新建、重命名、复制、移动、删除、快捷方式的建立、查找等。

1. 选定文件或文件夹

对文件或文件夹进行操作之前，先选定要进行操作的文件或文件夹，即"先选择后操作"。

（1）选定单个文件或文件夹：单击要选择的文件或文件夹，使其为高亮度显示。

（2）选定连续的多个文件或文件夹：先单击第一个文件或文件夹图标，按住 Shift 键，再单击最后一个文件或文件夹图标，这样，从第一个到最后一个连续的文件或文件夹被选中。

（3）选定不连续的多个文件或文件夹：先单击第一个文件或文件夹图标，按住 Ctrl 键，再依次单击要选定的文件或文件夹。

（4）选定全部文件和文件夹：选择"编辑"菜单中的"全部选定"命令，或者按 Ctrl+A 组合键，即可选定该对象下所有文件和文件夹。

2. 新建文件或文件夹

在"此电脑""桌面""文件资源管理器"的任一文件夹中都可以新建文件或文件夹。

要新建一个文件夹，首先确定创建文件夹的位置，然后在"主页"选择"新建文件夹"，或者右击，在弹出的快捷菜单中选择"新建"→"文件夹"即可。新建文件夹时，系统一般会自动命名为"新建文件夹""新建文件夹（2）"等，用户可以修改这些默认的文件夹名字。

文件通常是由应用程序来创建的，启动一个应用程序后就进入到创建新文件的过程。也可使用新建文件的方法创建：首先确定创建文件的位置，然后在"主页"选项卡中单击"新建项目"按钮，在出现的菜单中选择新建文件类型，或者单击鼠标右键，在快捷菜单中选择"新建"菜单，在出现的下一级菜单中选择新建文件类型，即可创建一个新文件。

使用上述方法新建文件时，系统并不启动相应的应用程序。可双击文件图标启动应用程序进行文件编辑工作。

3. 重命名文件或文件夹

根据需要经常要对文件或文件夹重新命名。重命名的方法有以下几种：

（1）单击要重命名的文件（文件夹），选择"主页"选项卡中的"重命名"命令。在文件（文件夹）名称输入框里输入名称，然后按 Enter 键，或在空白处单击即可。

（2）选中文件（文件夹）后右击，在弹出的快捷菜单中选择"重命名"命令。

（3）选中文件（文件夹）后，直接按 F2 键，也可进行重命名。

（4）将鼠标指针指向某文件（文件夹）处，单击后稍停一会，再单击，即可进行重命名。

在 Windows 中，每次只能修改一个文件或文件夹的名字，重命名文件时，不要轻易修改文件的扩展名，以便使用正确的应用程序来打开。

4. 复制文件或文件夹

复制文件或文件夹是指为文件或文件夹在某个位置创建一个备份，而原位置的文件或文件夹仍然保留。有以下几种方法可实现复制操作。

（1）利用"剪贴板"复制文件或文件夹。选择要复制的文件或文件夹，在"主页"选项卡中选择"复制"命令（或右击，在弹出的快捷菜单中选择"复制"命令，或按 Ctrl+C 组合键），此时系统会将当前选定的文件信息复制到"剪贴板"（临时存放信息的内存区域）中，然后定位到文件复制的目标位置，再次在"主页"选项卡中选择"粘贴"命令（或右击，在弹出的快捷菜单中选择"粘贴"命令，或按 Ctrl+V 组合键），完成复制。

（2）使用鼠标"拖拽方式"复制文件或文件夹。若要复制的文件或文件夹与目标位置在同一驱动器中：选择要复制的文件或文件夹，按住 Ctrl 键，使用鼠标拖拽到目标位置，完成复制。若要复制的文件或文件夹与目标位置在不同的驱动器中：选择要复制的文件或文件夹，直接使用鼠标拖拽到目标位置，完成复制。

5. 移动文件或文件夹

移动文件或文件夹是指将对象移到其他位置。有以下几种方法可实现移动操作。

（1）利用"剪贴板"移动文件或文件夹。选择要移动的文件或文件夹，在"主页"选项卡中选择"移动到"命令，在弹出的下拉列表中选择所要移动到的目标位置，或右击，在弹出的快捷菜单中选择"剪切"命令，或按 Ctrl+X 组合键，然后定位到目标位置，右击，在弹出的快捷菜单中选择"粘贴"命令，或按 Ctrl+V 组合键，完成移动操作。

（2）使用鼠标"拖拽方式"移动文件或文件夹。若要移动的文件或文件夹与目标位置在同一驱动器中：选择操作对象，直接使用鼠标拖拽到目标位置，完成移动操作。若要移动的文件或文件夹与目标位置在不同的驱动器中：选择操作对象，按住 Shift 键，使用鼠标拖拽到目标位置。

6. 删除文件或文件夹

删除文件或文件夹的方法有以下几种：

（1）选择要删除的文件或文件夹，按 Delete 键。

（2）选择要删除的文件或文件夹，右击，在弹出的快捷菜单中选择"删除"命令。

（3）选择要删除的文件或文件夹，在"主页"选项卡中选择"删除"命令。

删除文件或文件夹，通常是将删除的对象放入到"回收站"。如果不小心误删了文件或文件夹，可以利用"回收站"恢复被删除的文件或文件夹。如果要真正删除文件或文件夹，可在回收站中进行进一步删除（彻底删除）。

从可移动磁盘（如 U 盘、软盘等）或网络驱动器删除的文件项目不受"回收站"保护，将被永久删除。在删除对象时，按住 Shift 键，对象也将直接删除，不放入"回收站"。

7. 快捷方式

（1）快捷方式的含义。在桌面上除了"此电脑"等系统图标外，其他的图标有些左下角有"弧形箭头"，有些没有"弧形箭头"。有"弧形箭头"的称为快捷图标，它是一个指向其他对象（文件、文件夹、应用程序等）的可视指针。快捷方式并不能改变应用程序、文件、文件夹、打印机或网络中计算机的位置，它也不是副本，而是一个指针，使用它可以更快地打开项目，并且删除、移动或重命令快捷方式均不会影响原有的项目。没有"弧形箭头"的则说明文件本身就在桌面上，如果删除，则文件也就没有了。

（2）快捷方式的建立与删除。在桌面建立快捷方式的方法有以下几种。

1）选中对象，右击，从快捷菜单上选择"发送到→桌面快捷方式"命令。

2）选中对象，右击，从弹出的快捷菜单中选择"创建快捷方式"命令，再将创建的快捷图标移动到桌面上，即可建立对象的桌面快捷方式。

8. 文件夹或文件的搜索

计算机有着庞大的文件系统，有时不知道某个文件或对象在什么地方，甚至不知道要查找的文件的全名，这时可利用系统提供的"搜索"功能来查找文件。Windows 10 的"搜索"功能十分强大，不仅可以搜索文件和文件夹，还可搜索网络上的某台计算机或某个用户名等。

Windows 提供了多种查找文件或文件夹的方法，可以通过以下方式进行搜索：

（1）使用任务栏上的搜索框。任务栏中的搜索框有着非常强大的搜索功能，它不仅可以搜索计算机中的文件和文件夹，还可以搜索系统中的设置和应用，以及浏览器的历史记录，如图 3-38 所示。用户既可以在本地计算机中进行搜索，也可以使用默认的网页浏览器在 Internet 中搜索。尤其是在 Windows 10 操作系统开启 Cortana 功能后，搜索将会变得更加智能和强大。

在任务栏的搜索框中输入搜索内容时，系统会自动进行动态匹配。这意味着从用户输入第一个字符开始，系统就开始查找与其匹配的内容了。随着用户继续输入更多内容，系统会继续匹配并不断更新搜索结果列表中显示的内容。

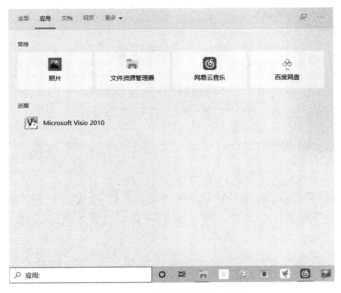

图 3-38　任务栏上的搜索框

　　Windows 系统对搜索结果列表中显示的与用户输入的搜索内容所匹配的所有项目自动进行了分类，包括"最佳匹配""应用""设置""网络"等类别。"最佳匹配"类别中显示的项目是系统根据用户输入的搜索关键字而猜测出的用户可能想要查找的内容。如果用户输入文件、应用、设置或命令的完整名称，那么"最佳匹配"类别中显示的肯定就是用户想要查找的内容；如果用户只输入了查找内容的不完整名称，那么"最佳匹配"类别中的内容就不一定是用户真正想要查找的内容了。

　　如果只想在搜索结果列表中显示某一类内容，而不是显示匹配的所有文件、应用、设置等多种类型的内容，那么可以单击搜索结果列表顶部的选项卡，如图 3-38 所示。每个选项卡代表一类内容，从左到右为"应用""文档""网页"等，单击某个选项卡后将会在搜索结果列表中显示对应类别中所匹配的内容。

　　（2）在"文件资源管理器"中进行搜索。除了在任务栏的搜索框中进行搜索以外，用户还可以在"文件资源管理器"中进行搜索。在以往的使用中可能已经发现，在"文件资源管理器"和"控制面板"窗口中的右上角有一个搜索框，可以在其中输入想要搜索的内容。搜索内容的范围取决于当前在"文件资源管理器"中打开的文件夹。例如，如果在"文件资源管理器"中打开了磁盘分区 D，那么在搜索框中输入的内容将会在 D 盘中进行搜索。虽然在"文件资源管理器"的搜索框中输入的搜索内容有增减，但系统也会进行动态匹配以显示最新搜索结果。所有找到的匹配内容会自动在"内容"显示方式下显示，每一项结果中包含的搜索关键字会自动使用黄色底纹进行标记。

　　如果要清除所有搜索结果，只需单击搜索框右侧的 ✖ 按钮。如果搜索的范围过大，比如在整个计算机中搜索，则会耗费较长的时间。如果希望在未完成搜索时就结束本次搜索，则可以单击"文件资源管理器"中地址栏右侧的 ✖ 按钮立刻结束搜索，但是会显示直到停止之前已完成的搜索结果。

3.10　系统设置

控制面板是对 Windows 外观和计算机软硬件进行设置的一组工具集，使用控制面板可进行个性化环境设置，使之更符合个人工作习惯，提高工作效率。

3.10.1　Windows 10 设置中心

常用的打开"Windows 设置"窗口的方法如下：

（1）单击"开始"菜单，再单击菜单最左侧"设置"按钮，即可打开"Windows 设置"窗口。

（2）单击"开始"菜单，在菜单中间的界面找到"设置"选项，单击"设置"就可以进入"Windows 设置"窗口了。

（3）右击桌面左下角"开始"按钮，在弹出的快捷菜单中选择"设置"命令即可打开"Windows 设置"窗口。

用以上任意一种方法，都可打开"Windows 设置"窗口，如图 3-39 所示。"Windows 设置"窗口界面清晰简洁，菜单布局合理，统一的蓝色图标、黑色文字，体现了现代化的设置风格。

图 3-39　"Windows 设置"窗口

3.10.2　外观和个性化设置

桌面的外观和主题元素是用户个性化工作环境的最明显体现，用户可以根据自己的喜好和需求来改变桌面背景和图标、设置主题、更改系统操作声音、设置用户账户、设置桌面小工具等，以方便用户操作和美化计算机的使用环境。这些设置使用户能够创建一个完全属于自己的操作环境，使计算机更显个性化和快捷化。

桌面主题是指由桌面背景、窗口颜色、桌面图标样式、鼠标指针形状、系统声音等多个部分组成的一套桌面外观和音效的方案。可以通过使用主题立即（根据需要随时）更改计算机的桌面背景、窗口边框颜色和声音等。

Windows 10 提供了几种预置的主题方案，通过选择不同的方案可以在不同主题之间快速切换。其预置主题名称分别为"Windows""Windows 10"和"鲜花"。Windows 10 默认使用的是名为 Windows 的主题。用户还可以创建新的主题，从而像使用预置主题一样快速切换到自己创建的主题中。切换到其他主题的具体操作步骤如下：

（1）在"Windows 设置"窗口中单击"个性化"选项，如图 3-39 所示。

（2）打开"设置"窗口中的"个性化"设置界面，在左侧选择"主题"选项，如图 3-40 所示。

图 3-40　Windows 主题

（3）在"更改主题"类别下多个 Windows 预置主题中选择一种，即可一次性改变 Windows 桌面背景、窗口颜色、桌面图标样式、系统声音等。

3.10.3　用户管理

用户是计算机中的主体，当用户向计算机发出指令时计算机才会开始执行相应的操作。更确切地说，用户是操作系统中的主体，因为在一台计算机中可能安装不止一种操作系统，不同操作系统中的用户是相对独立的，因此用户依赖于操作系统而非计算机本身。在操作系统中通过为每个用户创建一个用户账户来标识不同用户的身份。如果想要使用操作系统并完成不同类型的任务，那么每个用户都必须在操作系统中拥有自己的用户账户，以便通过该账户登录操作系统并执行各种操作。

登录计算机的用户都必须拥有一个账户，用户账户代表用户在操作系统中的身份。用户在启动计算机并登录操作系统时，必须使用有效的用户账户才能进入操作系统。登录操作系统后，系统会根据用户账户的类型为用户分配相应的操作权利和权限，从而可以限制不同类型的用户所能执行的操作。Windows 操作系统中的用户账户可以分为以下 3 种类型，每种类型为用户提供不同的计算机控制级别。

- 本地账户：操作系统的一般用户，拥有对系统使用的绝大多数权限。账户配置信息保存在本地机中。
- Administrator 管理员账户：超级管理员账户，拥有最高权限。
- Microsoft 账户：创建一个微软账户，即通过一个邮件地址和密码，就可以登录所有的 Microsoft 网站和使用各种服务了。

Windows 10 支持创建本地用户账户和 Microsoft 账户并使用它们登录系统。下面将分别介绍创建这两类账户的方法。

1. 创建本地用户账户

在安装 Windows 10 操作系统的过程中，系统会要求用户创建一个管理员账户，在完成安装后会自动使用该账户登录 Windows 10。以后可以使用该管理员账户创建新的用户账户，创建的用户账户可以是管理员账户，也可以是标准账户。在 Windows 10 中创建新的本地用户账户的具体操作步骤如下：

（1）在打开的"Windows 设置"窗口中选择"账户"选项，在进入的界面左侧选择"家庭和其他用户"选项，如图 3-41 所示，然后在右侧单击"将其他人添加到这台电脑"按钮。

图 3-41　添加新用户账户

（2）在图 3-42 所示的界面中，单击左下方的"我没有这个人的登录信息"链接。

图 3-42　单击"我没有这个人的登录信息"链接

（3）进入如图 3-43 所示的界面，由于要创建的是本地账户，因此单击左下方的"添加一个没有 Microsoft 账户的用户"链接。

图 3-43　单击"添加一个没有 Microsoft 账户的用户"链接

（4）进入如图 3-44 所示的界面，输入用户账户的名称，是否设置密码根据用户的使用环境而定。如果新建的用户账户用于多人共用同一台计算机，那么应该为其设置密码。如果设置了密码，那么必须设置"密码提示"内容，该内容主要用于帮助用户回忆所设置的密码。设置好以后单击"下一步"按钮。

（5）关闭用于创建账户的对话框并返回"Windows 设置"窗口，其中显示了新建的用户账户。

如果为账户设置了密码，那么在使用该账户登录系统时，只有输入正确的密码才能成功登录系统。如果没有为用户账户设置密码，那么该账户只能在本地计算机中登录，而不能在网络中的其他计算机中使用该账户进行登录。使用新创建的用户账户首次登录系统时，系统将会进行短暂的配置，完成后才能进入 Windows 系统。

为这台电脑创建一个帐户

如果你想使用密码，请选择自己易于记住但别人很难猜到的内容。

谁将会使用这台电脑?

| 用户名 |

确保密码安全。

| 输入密码 |

| 重新输入密码 |

下一步(N)　　上一步(B)

图 3-44　设置用户账户的名称和密码

2．创建 Microsoft 账户

可以使用现有的电子邮件地址创建一个 Microsoft 账户，也可以注册新的 Microsoft 账户。如果已经拥有了 Microsoft 账户，但是还没有在 Windows 10 中使用过，那么需要先将该 Microsoft 账户添加到 Windows 10 中。

使用与创建本地用户账户类似的方法在"Windows 设置"窗口中单击"将其他人添加到这台电脑"按钮，如图 3-41 所示。

打开图 3-43 所示的界面，在文本框中输入 Microsoft 账户的电子邮件地址，如图 3-45 所示，然后单击"下一步"按钮。在图 3-46 所示的界面中输入密码，单击"下一步"按钮。

图 3-45　输入 Microsoft 账户的电子邮件地址

图 3-46　输入 Microsoft 账户密码

接着用户根据导航进入用户名字的输入界面，出生日期输入界面，最后将发到自己邮箱中的验证码填写到如图 3-47 所示的界面中。这样就可将新建的 Microsoft 账户添加到 Windows 10 中了，以后就可以使用该账户登录 Windows 10 了。

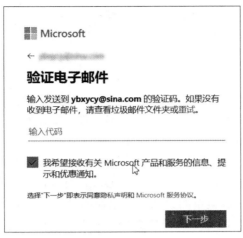

图 3-47　输入邮件验证码

　　无论使用以上哪种方式，设置完成后都需要单击"下一步"按钮，然后按照向导操作即可使用已有的电子邮件地址或新注册的电子邮件地址创建一个 Microsoft 账户

习题 3

一、选择题

1. Windows 的整个显示屏幕称为（　　　）。
   A. 窗口　　　　　　B. 桌面　　　　　　　C. 工作台　　　　　　D. 操作台
2. 在"资源管理器"中，按（　　　）键后，再用鼠标可选定多个连续的文件。
   A. Shift　　　　　　B. Ctrl　　　　　　　C. Alt　　　　　　　D. Esc
3. Windows 中，要移动窗口，可用鼠标（　　　）。
   A. 双击菜单栏　　B. 双击标题栏　　　C. 拖动菜单栏　　　D. 拖动标题栏
4. 一个应用程序窗口被最小化后，该应用程序窗口的状态是（　　　）。
   A. 继续在前台运行　　　　　　　　B. 被终止运行
   C. 被转入后台运行　　　　　　　　D. 暂停执行
5. 将 Windows 的窗口和对话框作一比较，窗口可以移动和改变大小，而对话框（　　　）。
   A. 既不能移动，也不能改变大小　　B. 仅可以移动，不能改变大小
   C. 仅可以改变大小，不能移动　　　D. 既能移动，也能改变大小
6. 在 Windows 中，欲将整幅屏幕内容复制到剪贴板上，应使用（　　　）键。
   A. PrintScreen　　　　　　　　　　B. Alt + PrintScreen
   C. Shift + PrintScreen　　　　　　　D. Ctrl + PrintScreen
7. 一个文档被关闭后，该文档可以（　　　）。
   A. 保存在外存中　　　　　　　　　B. 保存在内存中
   C. 保存在剪贴板中　　　　　　　　D. 即保存在外存中也保存在内存中

8．用快捷键切换中英文输入应按（　　）键。

    A．Ctrl+Space　　　　B．Shift+Space　　　　C．Ctrl+Shift　　　　D．Alt+Shift

9．在"回收站"窗口中选择了某一对象后，执行"文件"菜单的"删除"命令，则该对象将（　　）。

    A．被放在桌面上　　　　　　　　　B．被放在"我的文档"文件夹下

    C．被恢复到原来位置　　　　　　　D．被彻底删除

10．有关 Windows 屏幕保护程序的说法不正确的是（　　）。

    A．它可以减少屏幕的损耗　　　　　B．它可以保障系统安全

    C．它可以节省计算机内存　　　　　D．它可以设置口令

11．在下面有关 Windows 菜单的说法中，错误的是（　　）。

    A．带省略号（...）的命令执行后会打开一个对话框，要求用户输入信息

    B．命令前有符号（√）表示该命令已经被选择

    C．菜单项呈灰颜色，表示相应的程序被破坏

    D．菜单中有向右黑三角形符号，表示有下级子菜单

12．文件的属性不包括（　　）。

    A．系统　　　　　　B．运行　　　　　　C．隐藏　　　　　　D．只读

13．若想用键盘关闭所打开的应用程序，可以按下（　　）键。

    A．Ctrl+F4　　　　B．Alt+ F4　　　　　C．Ctrl+Shift　　　　D．Esc

14．下面各种程序中，不属于"附件"的是（　　）。

    A．记事本　　　　　　　　　　　　B．计算器

    C．磁盘整理程序　　　　　　　　　D．增加新硬件

15．Windows 的文件夹组织结构是一种（　　）。

    A．表格结构　　　　B．树形结构　　　　C．网状结构　　　　D．线性结构

16．Windows 任务管理器不可用于（　　）。

    A．启动应用程序　　　　　　　　　B．修改文件属性

    C．切换当前应用程序窗口　　　　　D．结束应用程序运行

17．根据文件命名规则，下列字符串中合法的文件名是（　　）。

    A．ADC*.FNT　　B．#ASK%.SBC　　C．CON.BAT　　　D．SAQ/.TXT

18．将存有文件的 U 盘格式化后，下列叙述中正确的是（　　）。

    A．U 盘上的原有文件仍然存在

    B．U 盘上的原有文件全部被删除

    C．U 盘上的原有文件没有被删除，但增加了系统文件

    D．U 盘上的原有文件没有被删除，但清除了计算机病毒

二、填空题

1．操作系统是控制和管理计算机中的 _____ 和 _____，合理地组织计算机的工作流程，控制程序运行并为用户提供交互操作界面的程序集合。

2．分时操作系统工作时，用户交互式地向系统提出命令请求，系统接受每个用户的命令，

采用 ＿＿＿＿＿＿ 方式处理服务请求，并通过交互方式在终端上向用户显示结果。

3. 计算机中的信息是以 ＿＿＿＿＿＿ 的形式组织和存储的。

4. 可执行文件的扩展名是 ＿＿＿＿＿＿。

5. Windows 有四个默认库，分别是视频、图片、＿＿＿＿＿＿ 和音乐。

6. 在 Windows 中，关闭窗口的组合键是 ＿＿＿＿＿＿。

7. 在 Windows 中，系统为用户提供了文件与文件夹的多种显示方式，其中有图标、列表、
＿＿＿＿＿＿、平铺和内容。

三、思考题

1. 简述操作系统概念、操作系统的作用和功能。

2. 简述窗口的组成元素。

3. 简述控制面板的功能和作用。

4. 删除文件和卸载程序有何不同？

5. 简述文件路径的作用及表示方式。

第 4 章　WPS 文字应用

本章导读

　　文字处理软件是办公软件的一种，一般用于文字的格式化和排版，文字处理软件的发展和文字处理的电子化是信息社会发展的标志之一。现有的中文文字处理软件主要有 Microsoft 公司的 Word、金山公司的 WPS、永中 Office 和以开源为准则的 OpenOffice 等。在办公过程中，文字处理软件常应用于编制文章、简历、信函、公文、报纸和书刊等字处理工作中。本章以 WPS 字处理软件为例，介绍其功能、基本操作、文档排版、表格制作、图文混排以及目录生成、邮件合并等高级应用。

本章要点

- 字处理软件相关概念
- WPS 文档的建立与编辑
- WPS 文档的基本排版
- WPS 文档中表格和图文混排
- 目录与邮件合并

4.1　WPS 文字概述

　　WPS（Word Processing System，文字处理系统）是金山软件公司的一款办公软件，主要用于办公过程中的文档处理以及电子表格制作和演示，其文档处理集文字录入、编辑、制表、绘图、版面设计、图文混排、邮件合并、打印等操作为一体，使用户能轻松、便捷地开展文字处理工作，创建出图文并茂、具有专业水准的文档。WPS 曾是中国最流行的文字处理软件，最初出现于 1989 年，比 Microsoft 公司正式发布的第一个版本 Office 1.0 早一年，WPS 的正式发布，开创了中文文字处理时代。1994 年，WPS 用户超过千万，占领了中文文字处理市场的 90%。

　　现在 WPS 内存占用低、运行速度快、精巧好用、具有强大的插件平台支持、免费提供海量在线存储空间及文档模板、全面兼容微软公司的 Microsoft Office 文档（后文简称 MS Office），拥有强大的文档处理能力，符合现代中文办公的需求。WPS 在国内办公软件市场上的份额也越来越大，目前 WPS 全球月活跃用户至少为 4 亿，虽然这个用户量跟 Microsoft 公司的十几亿相比仍然有很大的差距，但在国内办公软件市场当中，WPS 跟 MS Office 已经不相上下，甚至已经超过 MS Office；目前 WPS 国内月活跃用户已经超过 2.6 亿，这个活跃用户甚至已经超过 MS Office 国内活跃用户。全球各国对互联网安全开始越来越重视，在这种背景之下，我国也在积极推进互联网以及计算机国产化，包括操作系统、软件系统都积极进行国产化。我国的政府、机关很多都装有 WPS Office 办公软件。

　　本章将全面介绍 WPS 2019 文字的功能组件的使用，由于 WPS 软件更新较快，可能存在个别界面与命令的细微差别，属正常现象，不影响学习与使用。

4.1.1　WPS 文字的启动与退出

WPS Office 的首页是 WPS 文字、WPS 表格、WPS 演示等各个组件的集合平台，在启动其组件前，需要先启动 WPS 并认识 WPS 首页，WPS 的启动或退出与常用应用程序的启动与退出相似。

　　1. WPS 的启动与退出

（1）启动 WPS。启动 WPS 的常用方法有三种：

1）通过"开始"菜单启动。选择"开始"→"所有程序"→ WPS Office → WPS 2019 命令，启动 WPS 软件。

2）通过桌面 WPS 快捷方式启动。双击桌面的 WPS 快捷图标 。

3）通过打开 WPS 相关组件文档启动。

（2）WPS 首页窗口。启动 WPS 后，出现如图 4-1 所示的"首页"窗口。

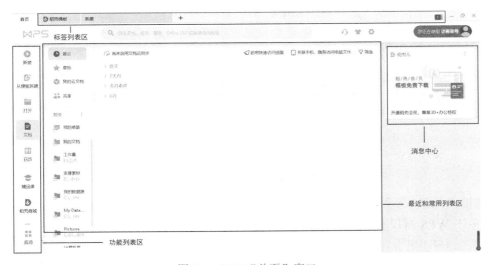

图 4-1　WPS"首页"窗口

　　1）标题栏：标题栏位于窗口的顶端，包括"首页"按钮、标签列表区和"最小化""最大化 / 还原""关闭"按钮。其中标签列表区包括"稻壳"模版（可以进入稻壳商城搜索所需的 Office 模版）、新建按钮 （可以新建 WPS 的各组件文档）。

　　2）功能列表区：该区域位于"首页"窗口的最左侧，包括"新建"按钮 、"打开"按钮（打开本机中保存的 Office 文档）、"文档"按钮（显示最近访问的文档相关信息）、日历等 WPS 提供的应用功能按钮。默认情况下，"文档"按钮为选中状态。

3）最近和常用列表区：当"文档"按钮被选中时，该区域位于"首页"窗口的中间，用于显示用户最近访问的文档信息和常用文档的存放位置。可在该区域的右上方对文档列表的显示方式、文件类型、所在设备等进行设置。

4）消息中心：该区域位于"首页"窗口的右侧，用于显示当前待完成的任务或其他的由用户自己设置的信息。

（3）退出 WPS。退出 WPS，会退出当前 WPS 窗口中所有打开的 WPS 组件文档，并关闭当前窗口。退出 WPS 的常用方法有以下两种：

1）单击窗口右上角的"关闭"按钮关闭当前窗口

2）按 Alt+F4 组合键关闭当前窗口。

2. WPS 文字的启动与退出

（1）启动及新建 WPS 文字窗口。可以通过 WPS 启动 WPS 文字，也可以通过双击 WPS 文档直接启动 WPS 文字。

启动 WPS 后，单击 WPS"首页"窗口"功能列表区"中的"新建"按钮或"标签列表区"中的 + 按钮，在弹出的窗口上方的组件列表中，选择"文字"组件，出现 WPS 文字新建窗口，如图 4-2 所示。选择"新建空白文档"，将新建一个 WPS 文字文档。

图 4-2　WPS 文字新建窗口

（2）退出 WPS 文字。退出 WPS 文字的常用方法有 5 种：

1）单击 WPS 窗口右上角的"关闭"按钮×退出 WPS。

2）按 Alt+F4 组合键退出 WPS。

3）使用 Ctrl+W 组合键关闭当前 WPS 文字。

4）右击窗口标题栏上对应的文档名，在弹出的快捷菜单中选择"关闭"命令，退出当前 WPS 文字。

5）单击窗口标题栏上文档名右侧的"关闭"按钮 ⊗ ，退出当前 WPS 文字。

4.1.2　WPS 文字的工作界面

WPS 文字工作界面由标题栏、"文件菜单"、快捷访问工具栏、功能选项卡和功能区、智能搜索框、编辑区、状态栏和视图栏等组成，如图 4-3 所示。

图 4-3　WPS 文字工作界面

1. 标题栏

标题栏位于窗口顶部，用来显示 WPS 首页、稻壳模板、文件名、"新建标签"按钮、工作区标签、会员账号及"最小化""最大化 / 还原""关闭"按钮。

2. "文件"菜单

"文件"菜单 ≡ 文件 主要用于执行与该组件相关的文档的新建、打开、保存、输出、打印、分享、加密等基本操作。选择菜单最下方的"选项"命令（图 4-4），在打开的"选项"对话框中，可以进行视图、编辑、常规与保存、修订、自定义功能区等多项设置。

3. 快速访问工具栏

快速访问工具栏中常用的功能按钮如下：

（1）保存 ⊟。用于保存当前文档。

（2）输出为 PDF ⊡。该功能为会员功能，将当前文档按需要输出为 PDF 文档。

（3）打印 ⊟。可对打印做详细设置，如选择打印机、打印页数、打印份数或缩放等。

（4）打印预览 ⊠。查看文档打印输出后的效果。

（5）撤销 ↶ ·。在对文档进行了一系列操作后，若对之前的操作不满意，需要恢复到以前的状态，则单击该按钮或使用 Ctrl+Z 组合键。"撤销"命令可以执行多次，把所做的操作从后往前一个一个地撤销。如果需要撤销多项操作，可以单击"撤销"按钮右端的下三角按钮，在打开的列表选项中选择要撤销的多项操作即可。

（6）恢复 ↷。单击该按钮或使用 Ctrl+Y 可恢复被撤销的各种操作。要重复多项操作，可多次单击"重复"按钮或按 Ctrl+Y 组合键。

快速访问工具栏上的按钮可以根据需要进行添加。操作步骤是：单击快速访问工具栏右侧的下三角按钮 ▽，在弹出的下拉菜单中，如图 4-5 所示，单击菜单中无"√"的命令项，将对应的功能按钮添加到快速访问工具栏中，单击带"√"的命令项则在工具栏中取消该命令按钮。其中，选择"其他命令"选项，在打开的"选项"对话框中，如图 4-6 所示，可以将下拉菜单以外的命令按钮添加到"自定义快速访问工具栏"下拉菜单中。

图 4-4　"文件"菜单

图 4-5　快速访问工具栏下拉菜单

图 4-6　"选项"对话框中的"自定义快速访问工具栏"

4．功能选项卡和功能区

功能选项卡和功能区是对应的关系，默认的有"开始""插入""页面布局""审阅""视图""章节""开发工具""特色功能"等选项卡。单击某个选项卡即可打开相应的功能区，在功能区中有许多自动适应窗口大小的工具栏（功能组），其中提供了常用的命令按钮或列表。有的组右下角会有一个功能扩展按钮⌐，单击扩展按钮，可以打开相应的对话框或任务窗格进行更详细的设置。

在 WPS 文字工作界面，选择"文件"→"选项"命令，在打开的"选项"对话框中单击左侧的"自定义功能区"，可以根据需要显示或隐藏主选项卡、创建新选项卡、在功能区创建组、在组中添加命令、删除自定义功能区等，如图 4-7 所示。

图 4-7　"选项"对话框中的"自定义功能区"

5. 智能搜索框

智能搜索框在选项卡右侧，通过该搜索框可以实现操作命令搜索和模板搜索。如在搜索框中输入"目录"二字，则会显示目录的相关信息、操作技巧以及包含目录的模板。

6. 编辑区

文档编辑区是 WPS 文字窗口中最大也是最重要的部分，所有的关于文本编辑的操作都在该区域中完成，用户对文件进行的各种操作结果都显示在该区域中。文档编辑区中有个闪烁的光标叫做文本插入点，用于定位文本的输入位置。在"视图"选项卡的功能区中选中"标尺"选项时，在文档编辑区的左侧和上侧将出现标尺；在"视图"选项卡的功能区中选中"导航窗格"选项，会在编辑区左侧出现用于实现查找、替换等功能的导航窗格。

7. 状态栏和视图栏

状态栏和视图栏位于操作界面的最下方，状态栏主要用于显示与当前工作有关的信息。视图栏主要用于切换文档视图的版式。

在视图栏中有五个按钮 ⊟ ≣ ◫ ⊕ ✐，分别对应"页面视图""大纲视图""阅读版式""Web版式"和"写作模式"（单击该按钮，可以进入为写作提供方便的文本编辑环境），其右侧有最佳显示比例按钮 ⫾、"缩放比例工具" 100%▾ ─ ─────○ ＋和全屏显示按钮 ⛶ ；通过拖动比例条上的滑块○可以缩放当前文档的显示比例。

各种视图的特点如下：

（1）页面视图。页面视图可以显示文档的打印结果外观，主要包括页眉、页脚、图形对象、分栏设置、页面边距等元素，是最接近打印结果的页面视图。

（2）大纲视图。大纲视图主要用于设置文档的层级结构，可以方便地折叠和展开各种层级的文档。大纲视图广泛用于长文档的快速浏览和设置中。当使用大纲视图时，功能区中会出现"大纲"选项卡，通过该选项卡中的"大纲工具"功能组，可以方便地设置和修改文本的级别、按级别移动文本以及按级别显示文本。

（3）阅读版式。阅读版式以图书的分栏样式显示文档。此时，出现 目录导航 批注 突出显示 查找 自适应 按钮组，用户可以根据需要选用相应功能。在阅读版式中，用户通过单击窗口右上角的"退出"按钮，退出阅读版式，进入页面视图状态。

（4）Web 版式。Web 版式以网页的形式查看文档，适用于发送电子邮件和创建网页。

4.2 WPS 文字基本操作

和 WPS 文字文档相关的操作可以通过"文件"菜单实现。如进行文档的新建、打开、保存，查看文档信息，进行选项设置。在"文件"菜单的右侧有一个折叠按钮，单击折叠按钮会弹出一个级联菜单。该级联菜单中有包含了图 4-4 所示"文件"菜单大部分功能的"文件""编辑""视图""插入""格式"等子菜单，如图 4-8 所示。通过子菜单的下级菜单项完成文档的相关操作，如同通过功能区中的命令按钮实现文档的操作一样。

注意：通过"文件"菜单的折叠按钮，选择"文件"子菜单中的"属性"菜单项，在弹出的属性对话框中，可以实现文档相关属性的设置和查看，如图 4-9 所示。

图 4-8 "文件"折叠菜单

图 4-9 WPS 文字属性对话框

4.2.1 新建 WPS 文字

启动 WPS 后，可以用不同的方法创建各种各样的文档。常用的方法有以下两种：

（1）单击标题栏标签列表中的"+"按钮或执行 WPS"首页"→"新建"命令，在如图 4-2 所示的 WPS 文字新建窗口中选择需要的模板新建 WPS 文字文档。

（2）在 WPS 文档窗口中，通过快速启动工具栏上的"新建"按钮或执行"文件"→"新建"命令直接新建一个空白的 WPS 文字文档。

注意：WPS 2019 创建的文档根据使用的组件不同，具有各自专用的扩展名和文件图标。WPS 文字创建的文档扩展名为 .wps，在不同的查看方式下，图标显示有所不同，如图 4-10 所示。WPS 对 MS Office 有很好的兼容性，可以新建、打开、编辑或保存为对应 MS Office 组件扩展名的文档，并配以专用的文件图标。如 WPS 文字兼容扩展名默认为 .docx 的 Word 文档，在将 WPS 设置为"默认应用程序"后，以专用文件图标进行显示，如图 4-10 所示。

（a）中等图标　　　　　　　　　　　　（b）小图标

图 4-10　WPS 文字文档的扩展名与图标

4.2.2　保存与关闭文档

对文档进行编辑后，只有通过保存，该文档才能在以后被用户打开。

1. 手动保存文档

通过快速访问工具栏中的"保存"按钮、Ctrl+S 组合键或"文件"→"保存"命令都能实现文档的保存。对于新建文档将打开"另存文件"窗口，如图 4-11 所示。通过该窗口，在确定"文件名"和保存的"文件类型"后，单击"保存"按钮，完成文档的保存，对于重要的文档，可以通过窗口中的"加密"按钮 加密(E)... 进行加密设置。

图 4-11　"另存文件"窗口

2. 文档另存

当需要将当前文档改变文件名、路径、文件类型等属性另存为一个新文档，旧文档依然存留时，执行"文件"→"另存为"命令，在如图 4-11 所示的窗口中进行设置后保存。

3. 关闭文档

选择"文件"→"关闭"命令可以将文档关闭。除此以外，可以采用 WPS 文字退出的方式关闭文档。

注意：当新建的文档或进行了修改的文档未保存直接关闭时，WPS 会提醒用户进行保存，如图 4-12 所示。单击"保存"按钮，将在保存后关闭文档；单击"不保存"按钮，则不进行保存直接关闭文档；单击"取消"按钮，将取消本次关闭操作，返回文档。

图 4-12　提醒保存对话框

4.2.3　打开文档

在阅读或修改文档内容前，需要先将文档打开，打开文档的方法如下：

（1）可以直接双击需要打开的文档。

（2）启动 WPS，单击 WPS "首页"左侧的"打开"按钮。

（3）在当前 WPS 文字窗口，使用 Ctrl+O 组合键或执行"文件"→"打开"命令。在"打开文件"窗口中，进入文档所在位置，选择对应的文档，单击"打开"按钮，如图 4-13 所示。

图 4-13　"打开"窗口

注意：如果是打开最近编辑或访问过的文档，可以通过 WPS 首页，在图 4-1 所示的"首页"窗口的常用位置中打开需要的文档。

4.2.4　文本编辑

在打开文档后，可以进行文本的编辑。

1. 文本定位

移动光标可以确定文本或对象将要插入的位置，具体的方法如下：

（1）使用鼠标定位。将鼠标指针移到需要插入文本的位置后单击。

（2）使用键盘定位，见表 4-1。

表 4-1　常用文本定位操作键

操作键	功能	操作键	功能
↑	上移一行	Ctrl+ ↑	移至当前段段首
↓	下移一行	Ctrl+ ↓	移至下一段段首
←	左移一个字符	Ctrl+ ←	左移一个词
→	右移一个字符	Ctrl+ →	右移一个词
Home	移至插入点所在行行首	Ctrl+Home	移至文档首
End	移至插入点所在行行尾	Ctrl+End	移至文档尾
PgUp	上移一屏	Ctrl+PgUp	移至上一页起始位置
PgDn	下移一屏	Ctrl+PgDn	移至下一页起始位置

（3）使用"编辑"组中的"查找"命令（Ctrl+G 组合键）定位，将插入点移到较远的位置。

2. 文本录入

选择适当的输入法，完成文本的输入，可通过键盘直接完成键盘上可见符号的输入，对于其他特殊符号的输入，可通过以下两种方法完成：

（1）使用"软键盘"进行特殊符号的输入。如在搜狗输入法工具条 🐶中 🌙 °₁⌨ ♨ 🎁 🔧 中右击软键盘 ⌨，在其子菜单中选择需要输入的字符类别项，如"特殊符号"，则可在"特殊符号"软键盘中选择需要的字符，如图 4-14 所示。

图 4-14　软键盘快捷菜单和"特殊符号"软键盘

（2）单击 WPS"插入"选项卡，再单击"符号"→"其他符号"，弹出"符号"对话框，如图 4-15 所示，也可以实现符号的插入。选中所需符号后，在"符号"对话框中单击"插入"按钮即可。同样对于特殊的编号，可通过"插入"选项卡中的"编号"按钮完成录入。

3. 文本的选取

在 WPS 文字中，对文档中的文本进行任何操作，都必须先选择相应的文本对象。

（1）鼠标选取。

1）双击鼠标选取当前鼠标所在位置的一个单词。

2）拖拽选取：将插入点移动到要选择文本的起始位置，拖拽鼠标至要选择文本的结束位置，则选择部分呈选定状态。

图 4-15 "符号"对话框

3）利用选定区：在文档窗口的左侧有一空白区，称为选定区，移到这个区域的鼠标形状为 ⬩。此时可利用鼠标对文本的行和段落进行选取操作。

- 单击鼠标左键：选定箭头所指向的一行。
- 双击鼠标左键：选定箭头所指向的一段。
- 三击鼠标左键：全选整个文档。

（2）键盘选取。

1）使用 Shift 键。将插入点定位到要选择文本的起始位置，按住 Shift 键的同时，通过 ↑、↓、←、→ 等操作键移动插入点到选择文本的结束位置，则选择部分呈选定状态。

- Shift+ ↑ ：向上选定。
- Shift+ ↓ ：向下选定。
- Shift+ ← ：向左选定。
- Shift+ → ：向右选定。
- Ctrl+A ：选定整个文档。

2）组合选取。

- 选定一句：将光标移动到该句的任何位置，按住 Ctrl 键单击。
- 选定连续区域：先将插入点移动到要选择文本的起始位置，按住 Shift 键的同时，再将插入点移到要选择文本的结束位置，则选择部分呈选定状态。
- 选定矩形区域：按住 Alt 键，利用鼠标拖拽出要选择的矩形区域。
- 选定不连续区域：按住 Ctrl 键，再选择不同区域。
- 选定整个文档：将鼠标指针移至文本选定区，按住 Ctrl 键单击。

（3）使用"选择"按钮选取。在"开始"选项卡的功能组右侧有一个"选择"按钮 ⬩，单击后出现如图 4-16 所示的四个命令项。

- 全选：使用该命令项，可以实现全文档选择。
- 选择对象：用于选择文本外的其他对象。
- 虚框选择表格：在选择表格或者表格单元格时，会出现虚框，通过鼠标拖拽虚框可以进行选择范围的调整。

● 选择窗格：使用该命令项，将在编辑窗口的右方弹出"选择和可见性"任务窗格，在任务窗格中显示插入点所在页的图片及形状等对象，供用户准确选择。

4. 文本的移动、复制和删除

（1）文本的移动和复制。

1）使用鼠标。先选中要移动的文本块，直接拖拽到目标位置实现文本移动，在拖动的过程中使用 Ctrl 键实现文本复制。

2）使用命令按钮。先选中要移动的文本，再单击"开始"→"剪贴板"组中的"剪切"按钮或"复制"按钮，然后定位插入点到目标位置，最后单击"剪贴板"→"粘贴"按钮。

在操作过程中，完成"剪切"操作也可以使用 Ctrl+X 组合键；完成"粘贴"操作也可以使用 Ctrl+V 组合键。

注意：单击"粘贴"按钮旁的功能扩展按钮，如图 4-17 所示，通过该命令组可以进行选择性粘贴和默认粘贴的设置。

图 4-16 "选择"选项

图 4-17 "粘贴"选项

3）使用剪贴板。单击"开始"选项卡"剪贴板"组的功能扩展按钮，在文档编辑区的左侧出现"剪贴板"任务窗格，在该窗格中可以看到最近剪切或复制操作的对象存放在剪贴板中，这些内容能在 WPS 的各应用程序中共享使用。

（2）文本的删除。在键盘上有两个具有删除功能的操作键：Delete 键和 Backspace 键。

1）单击 Delete 键可以删除选中的文本块，也可以删除插入点右侧的一个字符。

2）单击 Backspace 键可以删除选中的文本，也可以删除插入点左侧的一个字符。

5. 格式刷

使用"开始"→"剪贴板"组中的格式刷 可以复制字符、段落的格式，也可以复制非"嵌入型"图形对象（包括自选图形）的格式，如边框和填充，从而提高排版效率。操作步骤如下：

（1）选中具有某种格式的文本或段落。

（2）单击"剪贴板"组中的格式刷。

（3）按住鼠标左键选取要应用此格式的文本或段落。

若同一格式需要多次复制，则可在第（2）步操作的时候改单击为双击。若退出多次复制状态，则单击格式刷按钮或按 Esc 键。

6. 查找与替换

在编辑文档时，经常需要对某些内容进行查找和替换的操作。

（1）查找。执行"开始"→"编辑"→"查找"命令，或使用 Ctrl+F 组合键，将弹出"查找和替换"对话框，此时默认是"查找"选项卡，如图 4-18 所示。

若需要查找满足某些条件的匹配项或非文字匹配项，需要在"查找和替换"对话框中单击"高级搜索""格式""特殊格式"等按钮，进行相应设置。

图 4-18 "查找"选项卡

（2）替换。Word 的替换功能，不仅可以将需要替换的文本全部替换掉，也可以有选择地部分替换。如图 4-19 所示，在打开"替换"选项卡后，操作步骤如下：先在"查找内容"下拉列表框中输入要查找的内容，在"替换为"下拉列表框中输入要替换的内容。然后单击"全部替换"按钮，则满足条件的内容将全部替换；若单击"替换"按钮，只替换当前一个，同时转到下一个匹配项处；若单击"查找下一处"按钮，将不替换当前找到匹配项，继续转到下一处匹配项。

图 4-19 "替换"选项卡

查找和替换功能除了能用于一般文本外，也能通过"更多"按钮查找并替换带有格式的文本和符号等。

（3）定位。使用"定位"命令，可以快速定位要访问的位置，操作步骤如下：

1）执行"开始"→"编辑"→"查找"→"定位"命令或按 Ctrl+G 组合键，打开"查找和替换"对话框的"定位"选项卡，如图 4-20 所示。

2）在"定位目标"列表框中选择要查找的目标，如"页"，在右侧的文本框中输入页码即可精确定位。

图 4-20　"定位"选项卡

注意：在编辑区左侧导航窗格中选择"查找和替换"按钮 Q ，可以实现查找和替换。

4.3　文档排版

在对文档进行文本录入和编辑后，就可以进行排版设计了。排版设计包括对字体格式、段落格式和页面格式的设计。

字体格式和段落格式的设计主要在"开始"选项卡中进行，WPS 将这些功能进行了分组，如图 4-21 所示。每个组由具有不同功能的命令按钮、功能扩展按钮 ⌐ 组成，选中对象后，单击命令按钮则对选中的对象实现相应的操作；单击扩展按钮，则弹出对应的对话框或任务窗格，可以进行更详细的设置。

图 4-21　"开始"选项卡

4.3.1　字体格式

对字体进行格式化设计时，首先要选中需要进行格式设置的"文本"，再对字体、字号、字形、颜色、字符间距、文字效果等进行设置。设置操作可在"字体"功能组中完成，如图 4-21 所示；也可在"字体"对话框（通过"字体"组功能扩展按钮或右击操作对象，选择"字体"命令弹出）中完成。

1. 字体相关设置

（1）字体。在对话框中或单击"字体"组合框 宋体 右侧的下三角按钮，可为选中的文本设置"宋体""隶书"等字体。

（2）字形。包括常规、加粗、倾斜、加粗倾斜四种，可在对话框中或通过"字体"组中的 B 和 I （或按 Ctrl+B 和 Ctrl+I 组合键）分别进行加粗和倾斜的设置。

（3）字号。对字的大小进行设置，通常可以用点数制（也称为磅数制）如"10"，和号数制如"五号"来表示。

单击"字号"组合框 五号 右侧的下三角按钮，可为选中的文本设置字符大小，也可直接在组合框中输入需要的字符大小。使用"字体"组中的 A⁺ A⁻ 两个按钮可以实现字号的增大或缩小。

（4）字体颜色。可通过对话框或 A· 按钮进行设置，直接单击按钮，则选用当前色，若单击字体颜色按钮右侧的下三角按钮，在弹出的下拉菜单中可进行颜色更换或进行渐变色设置。

（5）下划线。可通过对话框或下划线按钮 U· 设置，单击该按钮，选用当前下划线，单击按钮旁的下三角按钮，可进行线型的更换。

（6）着重号及其他效果。通过对话框进行设置，同时在"字体"组中，A· x² x₂ 这三个按钮分别表示添加删除线、添加上标和添加下标。

2. 字符的间距、缩放和位置

字符的间距、缩放、位置等可以通过单击"字体"组的功能扩展按钮，在弹出的"字体"对话框中选择"高级"选项卡进行设置，设置效果能在对话框的预览区域显示，如图 4-22 所示。对话框中常用的是"字符间距"选项卡中的"缩放""间距""位置"。

图 4-22　"字符间距"选项卡

（1）缩放。缩放是指在字号不变的情况下在水平方向进行字符的缩放。操作步骤为：选中要设置缩放效果的文本，在"字符间距"选项卡中单击"缩放"下拉列表框右侧的 ﹀ 按钮，选择需要缩放的比例，或在该下拉列表框中直接进行缩放百分比的设置。

（2）间距。间距是在水平方向上进行字符之间距离的设置。有"标准""加宽""紧缩"三种格式。可以通过磅值微调按钮对加宽、紧缩的程度进行进一步设置。

（3）位置。位置是在垂直方向上参照字符标准位置进行提升和降低设置。在设置的时候先选择位置类型（标准、提升、降低），再进行具体的磅值设置。

3. 文本效果格式

在"字体"对话框底部，有一个"文本效果"按钮，单击后弹出如图 4-23 所示的对话框。

在该对话框中，可以通过"填充与轮廓"选项卡进行文本填充和文本边框的设置，通过"效果"选项卡进行文本效果相关设置。

4. 其他命令按钮

在"字体"组中还有其他的命令按钮，如下：

（1）清除格式按钮 ：清除所选内容的所有格式，只留下纯文本。

（2）拼音指南按钮 ：为文字加注拼音，以明确发音。

（3）字符边框按钮 ：在所选字符或句子周围加上边框。

（4）突出显示文本按钮 ：以不同颜色突出显示文本，使文字看上去像是用荧光笔标记了一样。

在 WPS 中，除了可以用上述方法进行字体格式的相关设置，还可以选中文本后，通过选中文本右上方出现的浮动"字体"组进行设置，或者右击选中的文本，在出现的浮动工具栏和快捷菜单中进行相关设置，如图 4-24 所示。

图 4-23　"设置文本效果格式"对话框　　　图 4-24　快捷菜单（上）和浮动工具栏（下）

4.3.2　段落格式

在 WPS 文档中，段落指两个段落标记（由用户输入产生的硬回车符↵）之间的文本内容。同一个段落中文本如需换行显示，可通过 Shift+Enter 键产生一个手动换行符（软回车符↓）来实现。段落的格式化是指对段落的整体布局进行格式设置，如段落的对齐方式、缩进、间距、行距、制表位、项目符号与编号、边框与底纹、中文版式、样式等。

WPS 中通过"开始"选项卡中的"段落"组来实现段落格式的设置，如图 4-25 所示。单击组中的功能扩展按钮或右击文本，在弹出的快捷菜单中选择"段落"命令，再在弹出的"段落"对话框中进行进一步设置，如图 4-26 所示。

图 4-25　"段落"组功能区

在进行各种段落格式设置时，先将插入点置于要进行格式设置的段落，再单击"段落"组中的相关命令按钮或在"段落"对话框中进行设置。

1. 对齐方式

在"段落"对话框的"缩进和间距"选项卡中，单击 对齐方式(G): 两端对齐 ▾ 中的下三角按钮，在弹出的下拉列表中选择需要的对齐方式，单击"确定"按钮即可实现段落对齐方式的设置。也可通过"段落"组中的按钮进行设置。

图 4-26　"段落"对话框

段落的对齐方式有 5 种：两端对齐、居中对齐、右对齐、分散对齐和左对齐。它们的具体用途如下：

（1）两端对齐：可将插入点所在段落或所选段落的文字按正常向两端排列整齐，并根据需要增加字间距（Ctrl+J 组合键）。

（2）居中对齐：可将插入点所在段落或所选段落的文字居中对齐（Ctrl+E 组合键）。

（3）右对齐：可将插入点所在段落或所选段落的文字右对齐（Ctrl+R 组合键）。

（4）分散对齐：可将插入点所在段落或所选段落的文字均匀地分布在一行上向两端分散对齐（Ctrl+Shift+J 组合键）。

（5）左对齐，可将插入点所在段落或所选段落的文字向左对齐（Ctrl+L 组合键）。

默认情况下，WPS 采用的是两端对齐方式。

2. 段落缩进

段落缩进是指改变段落两侧与页边距之间的距离。在 WPS 中有 4 种段落缩进方式。

● 首行缩进：段落第一行的左页边距向右缩进一段距离，其余行的左边界不变。

● 悬挂缩进：段落的第一行的左页边距不变，其余行的左边界向右缩进一段距离。

● 左缩进：整个段落的左页边距向右缩进一段距离。

● 右缩进：整个段落的右页边距向左缩进一段距离。

（1）通过对话框进行段落的缩进。通过"段落"对话框中"缩进"区域实现缩进的设置，如图 4-26 所示。在"特殊格式"中可以选择"首行缩进"和"悬挂缩进"进行设置。"度量值"可以通过微调按钮设置，也可以直接在微调框中录入，可以选择"磅""英寸""厘米""毫米"或"字符"为单位。

　　其中左缩进也可以通过"段落"组中的"增加缩进量"⫶三或"减少缩进量"三按钮进行设置。每单击一次，插入点所在段落的整段文字将向右或左推移 1 个字符的距离。

　　（2）使用标尺快速缩进。通过拖动标尺上对应的滑块可快速实现段落的 4 种缩进，如图4-27 所示。

图 4-27　缩进滑块

3.　行距和间距的设置

　　行距是指行与行之间的距离；间距是两个相邻段落间的距离。默认情况下，行距为单倍行距，间距为 0 行。

　　（1）行距。行距可以通过"格式"组和"段落"对话框进行设置。

　　1）通过"段落"组设置：在进行文本输入时如要调整行距，可在"段落"组中单击行距按钮⫶右侧的下三角按钮，在弹出的下拉菜单中选择合适的行距即可，如 1.5、2、3 等。

　　2）通过"段落"对话框设置：在"段落"对话框中单击"行距"下拉列表框右侧的下三角按钮，弹出一个下拉列表，在下拉列表中可以按需要进行选择。如要自定义行距，则选择"固定值"，并在右侧的"设置值"微调框输入相应的数值或单击微调框右侧的按钮调整数值设置。

　　（2）间距。间距的设置与行距基本相同，在"段落"对话框的段前、段后微调框中进行设置。

4.　制表符和制表位

　　制表位是指对应水平标尺（"视图"选项卡里打开或关闭）上的某个位置，用于指定文字缩进的距离或一栏文字开始之处，在不使用表格的情况下，按列对齐文本。制表位有 4 种对齐方式，分别对应左对齐制表符⫼、居中对齐制表符⫿、右对齐制表符⫼、小数点对齐制表符⫿。

　　设置好制表位后，输入文本内容时，每按一次制表键（Tab 键），光标会跳到下一个制表位。用户可以通过标尺、图 4-26 中对话框底部"制表位"按钮或功能区中的制表位按钮进行设置。

　　通过水平标尺设置制表位的方法如下：在水平标尺最左端有一个"制表符"按钮，单击"制表符"按钮可以在 4 种制表位之间切换。选定对齐方式后单击标尺上某一位置，则在相应位置上就会出现这种类型的制表位标记，如图 4-28 所示。

产品号	产品名	生产厂家	出厂日期	单价
001	电视机	四川长虹	2009.8.20	3008.75
002	冰箱	青岛海尔	2010.9.23	5009.85

图 4-28　制表位示例

5.　项目符号与编号

　　在文档中使用项目符号和编号，可以使文档内容的条理更加清晰，便于阅读理解。WPS可以自动为文本添加项目符号和编号，也可以将项目符号和编号快速添加到现有的文本段落中。其中，项目符号可以是字符，也可以是图片；编号是连续的数字和字母。WPS 具有自动编号的功能，当增加或删除段落时，系统会自动调整相关的编号顺序。

项目符号、编号可以通过"段落"组中的项目符号按钮≡·、编号按钮≡·进行设置。操作步骤如下：

（1）选中要添加项目符号（或项目编号）的段落。

（2）在"开始"选项卡的"段落"组中，单击项目符号按钮（或项目编号按钮），可使用当前的符号（或项目编号）作为项目符号（或项目编号）；单击项目符号按钮（或项目编号按钮）右侧的下三角按钮，可更改或自定义项目符号（或项目编号）。

6. 边框和底纹

WPS 中，通过"段落"组中的"边框"按钮⊞·和"底纹"按钮◇·可实现文本和段落的边框及底纹的添加。

（1）边框。设置边框的步骤如下：

1）选中要添加边框的文本或段落。

2）单击"边框"按钮右侧的下三角按钮，选择需要的边框类型即可，如图 4-29 所示。

若要进一步进行线条样式、宽度、颜色以及页面边框等设置，可选择边框下拉菜单中的"边框和底纹"菜单项，在弹出的"边框和底纹"对话框中进行操作，如图 4-30 所示。

图 4-29　"边框"下拉菜单　　　　图 4-30　"边框和底纹"对话框

（2）底纹。为文本或段落设置底纹的步骤如下：

1）选中要添加底纹的文本或段落。

2）单击"段落"组"底纹"按钮右侧的下三角按钮，选择底纹颜色即可。

若要进行进一步的底纹设置，可以在图 4-30 所示的"边框和底纹"对话框的"底纹"选项卡中进行进一步设置。

图 4-31　"中文版式"下拉菜单

7. 中文版式

通过"段落"组中的"中文版式"按钮✕·，可以实现合并字符、双行合一、字符缩放等中文版式设置，如图 4-31 所示。

（1）合并字符。合并字符就是将一行字符折成两行，并显示在一行中。这个功能在名片制作、出版书籍或发表文章等方面可以发挥其作用，如王方校长教授。

（2）双行合一。当需要合并更多的字符的时候，需使用 WPS 提供的"双行合一"功能。双行合一可以实现压缩现有文字，也可以在文档中插入新的压缩文字。

8. 显示 / 隐藏编辑标记

在 WPS 中，进行文档编辑后会产生一些编辑标记，如段落标记 ↵、段落布局标记 ⬚ ，以标明所进行的编辑操作，对于这些编辑标记可以显示也可以隐藏。单击"段落"组中 ↵· 按钮可以实现这一功能。

执行"文件"→"选项"→"视图"命令，可以对编辑标记进行显示或隐藏设置。

9. 样式

样式是一组针对 WPS 各种对象的格式特征，例如字体名称、字号、颜色、段落对齐方式和间距。某些样式甚至可以包含边框和底纹。WPS 提供了多种样式类型：

● 字符样式和段落样式：用于字符和段落，决定大多数文档中的文本外观，可以通过"开始"→"样式"进行设置，如图 4-32 中的"样式"组。

● 表格样式：表格样式确定表格的外观，包括标题行的文本格式、网格线以及行和列的强调文字颜色等特征。

除此以外，还有图片样式、形状样式、艺术字样式、智能样式、图表样式等。这些样式可以直接应用系统内置的样式，也可以进行更改或自定义。

（1）使用样式。"开始"选项卡的"样式"组中提供了多种内置样式，如图 4-32 所示。

图 4-32　"样式"组

操作步骤如下：

1）选中需要应用样式的文本或段落。

2）在"样式"组的内置样式列表框中选择所需样式即可。

（2）更改样式。操作步骤如下：

1）单击图 4-32 中的其他按钮 ▾ ，在内置样式列表框中右击需要修改的某种样式。

2）在弹出的快捷菜单中选择"修改样式"命令后，将弹出"修改样式"对话框，如图 4-33 所示，在对话框中根据需要修改各项后，单击"确定"按钮。

图 4-33　"修改样式"对话框

10. 新建样式

操作步骤如下：

（1）单击"样式"组（图 4-32）中的其他按钮 ，在弹出的"样式"下拉菜单中选择"新建样式"菜单项。

（2）在弹出的"新建样式"对话框中，根据需要设置好各项后，单击"确定"按钮，如图 4-34 所示。

图 4-34　"新建样式"对话框

4.3.3　页面格式

1. 页面设置

要设置整篇文档的格式，包括设置文档的主题、页边距、纸张方向、纸张大小、分栏、文字方向、分隔符等，可使用"页面布局"选项卡的功能组相应命令按钮实现，如图 4-35 所示。

图 4-35　"页面布局"选项卡

（1）主题设置。"主题"组用于整个文档的总体设计，包括主题颜色、主题字体（包括标题字体和正文字体）和主题效果。单击"页面布局"选项卡中的"主题"按钮，在如图 4-36 所示的列表中选择需要的主题，则文档的主题设置成功。若要单独调整文档的颜色、字体或效果风格，则通过对应的"颜色""字体""效果"按钮进行设置，其中"颜色"主题还可以通过颜色主题列表底部的"更多颜色"命令项 更多颜色　进行自定义设置。

（2）"页边距"。"页边距"是指文档内容与页面之间的距离。可以通过按钮 选择预定义的页边距或者进行自定义设置，如图 4-37 所示，还可以直接在该按钮右侧的组合框中直接设置。通过如图 4-38 所示的"上""下""左""右"组合框也可以设置相应的页边距。

（3）"纸张方向"与"纸张大小"。"纸张方向"有纵向、横向两种，可以在"页面设置"组中设置，也可以在图 4-38 中进行设置。改变纸张方向可以改变文档的整体风格。

图 4-36　"主题"列表　　　图 4-37　"页边距"命令项　　　图 4-38　页面设置"页边距"选项卡

"纸张大小"根据文档需要，可以在"页面设置"或者图 4-38 所示的"纸张"选项卡中设置纸张的高度和宽度。

（4）"分栏"。"分栏"可以按需将文档分栏显示，如图 4-39 左图所示，单击"更多分栏"将出现图 4-39 右图所示的对话框。通过"分栏"对话框能够进一步对栏宽、间距等属性进行设置。

图 4-39　"分栏"命令项及"分栏"对话框

（5）"文字方向"。"文字方向"可自定义所选文档或所选文本框中文字的方向，主要包括"水平方向""垂直方向从右往左""垂直方向从左往右""所有文字顺时针旋转 90°""所有文字逆时针旋转 90°""中文字符逆时针旋转 90°"。

单击"页面设置"组右下角的"⌐"图标，弹出如图 4-38 所示的对话框，在此对话框中也可完成上面介绍的各种设置。

2. 稿纸设置

WPS 提供了网格、行线、边框 3 种网格稿纸格式。选择"页面布局"→"稿纸设置"命令，在弹出的"稿纸设置"对话框中，勾选顶部的"使用稿纸方式"复选框后，可以对稿纸的规格、网格、颜色进行设置，如图 4-40 所示。

图 4-40　"稿纸设置"对话框

3. 页面背景及页面边框

页面背景及页面边框可以设置文档的页面背景颜色、背景图片、水印及边框，用以改变整篇文档的风格。

（1）页面颜色。单击"页面布局"选项卡中的"背景"按钮，在下拉菜单中可以选择各种颜色或者图片设置页面。通过"其他背景"还可以选择"渐变""纹理""图案"3 种填充方式设置页面，如图 4-41 所示。

图 4-41　"背景"下拉菜单及其他背景中的"填充效果"对话框

（2）文档水印。WPS 提供了 6 种常用的预设水印，如图 4-42 所示。执行"页面布局"→"背景"→"水印"命令，在下拉菜单中可以选用系统内置的"预设水印"，也可以进行"自定义水印"以及"删除文档中的水印"等操作。单击下拉菜单中"自定义水印"下的 + 和"插入水印"均会出现如图 4-43 所示的"水印"对话框，可以进行"图片水印""文字水印"的自定义操作，以及取消水印的操作。

图 4-42　"水印"下拉菜单

图 4-43　"水印"对话框

注意：通过"插入"选项卡中"水印"按钮也可以和以上所述一样进行水印的设置。

（3）页面边框。"页面边框"用于对本节或整篇文档设置边框。执行"页面布局"→"页面边框"命令，弹出如图 4-44 所示的"边框和底纹"对话框，可设置或取消边框。在"设置"中选择方框类型；在"线型""颜色""宽度"中完成方框对应的设置；在设置过程中，可在预览区域查看边框设置的效果，也可进一步选择要设置边框的位置和应用范围（"整篇文档"或"本节"等）。该对话框还可以在"边框"和"底纹"选项卡对段落或文档设置边框和底纹。

图 4-44　"边框和底纹"对话框

4. 页眉和页脚

页眉和页脚的作用是说明文档的一些属性：一般页眉可以添加文档的名称、章节的名称等，而页脚可用于添加文档的页码。WPS 提供了多种内置的页眉、页脚格式，用户可根据自己的需要选择系统内置的格式，也可以在编辑模式自定义格式。页眉和页脚的设置可通过"插入"选项卡的"页眉页脚"按钮或"页码"按钮完成，如图 4-45 所示。

图 4-45　"插入"选项卡

（1）快速设置页码。单击"插入"选项卡"页码"按钮右下角的下三角按钮，出现如图 4-46 所示的"页码"下拉菜单及"页码"对话框，通过下拉菜单和对话框，可以快速地插入（或删除）简易的页码，并进行页码的样式设置。

图 4-46　"页码"下拉菜单及"页码"对话框

（2）在编辑模式设置页眉和页脚。执行"插入"→"页眉页脚"或"页码"命令，将插入点定位在当前页的页眉位置，窗口上方出现"页眉和页脚"选项卡，此时文档进入页眉和页脚的编辑模式，如图 4-47 所示。

图 4-47　页眉和页脚的编辑模式

4.4　表格

WPS 文字中的表格操作包括创建表格、编辑表格、格式设置、数据的排序与计算。

4.4.1　创建表格

选择"插入"→"表格"命令，在如图 4-48 所示的下拉菜单中可以创建规则表格，也可以创建不规则表格（或复杂表格）。一个表格中只有横线和竖线，所有行的单元格个数和行宽都相同的表格称为规则表格，否则称为不规则表格。

1. 规则表格的创建

规则表格的创建有三种方法。

（1）使用表格网格创建表格。创建步骤如下：

1）将光标定位到要插入表格的位置。

2）选择"插入"→"表格"命令，在如图 4-49 的表格网格上拖动鼠标选定新表格需要的行数和列数。

3）松开鼠标，在插入点处出现一个 4 行 4 列的表格。

图 4-48　"表格"下拉菜单

图 4-49　表格网格

这种方法创建的表格最大可以达到 8 行 17 列。

一个表格创建好后，插入点会出现在表格第一行第一列的单元格中，此时在选项功能区自动出现"表格工具"选项卡和"表格样式"选项卡，如图 4-50 和图 4-51 所示。默认显示"表格工具"选项卡。可通过这两个选项卡完成表格相关操作。

（2）使用"插入表格"对话框创建。创建步骤如下：

1）定位插入点位置。

2）选择"插入"→"表格"→"插入表格"命令，弹出如图 4-52 所示的"插入表格"

对话框。

3）在对话框中进行相应设置，单击"确定"按钮后在光标位置将出现相应表格。

图 4-50 　"表格工具"选项卡

图 4-51 　"表格样式"选项卡

图 4-52 　"插入表格"对话框

（3）文本转换成表格。文本转换成表格是先逐行输入表格内的文本部分，然后由系统根据文本的具体情况自动确定表格的行数和列数，形成表格，文本自动填充到表格中，要求这些文本按照一定的形式输入，每行使用特定的分隔符如段落标记、空格、逗号、制表符等。如将图 4-53（a）中以 Tab 键位为间隔的文本转换成表格。

转换步骤如下：

1）选中要转换的文本。

2）选择"插入"→"表格"→"文本转化成表格"命令。

3）在弹出的如图 4-53（b）所示的对话框中核实文本的列数和行数，确定分隔符等选项后，单击"确定"按钮。

4）最终得到如图 4-53（c）所示的表格。

注意：对已有的表格，将光标插入到表格任意位置后，可以通过"表格工具"→"转换成文本" 转换成文本将表格转换成文本。

（a）文本　　　　　　　　　（b）"将文字转换成表格"对话框

产品号	产品名	生产厂家	出厂日期	单价
001	电视机	四川长虹	2009.8.20	3008.75
002 冰箱	青岛海尔	2010.9.23	5009.85	

（c）表格

图 4-53　将文字转换成表格示例

2. 复杂表格的创建

使用"表格"下拉菜单中的"绘制表格"命令项，可以创建复杂的不规则表格或是在表格中绘制斜线。

创建方法如下：

（1）确定创建表格的位置。

（2）选择"插入"→"表格"→"绘制表格"命令，鼠标指针形状此时变为"笔尖"形状。

（3）根据需要直接用鼠标绘制表格。结合"表格工具"选项卡中的"绘制表格"按钮和"擦除"按钮进行复杂表格的绘制。

4.4.2　编辑表格

对表格进行编辑可以通过快捷菜单也可以通过"表格工具"选项卡功能区中的各项命令实现。

1. 选择单元格、行、列以及表格。

（1）表格控制块和选定表格。当移动鼠标指针在表格范围内活动时，表格左上角和右下角会出现两个控制块，如图 4-54 所示：表格移动控制块和表格大小控制块。通过拖拽这两个控制块可以分别实现表格的移动和表格大小的调整。

图 4-54　表格及表格控制块

当单击任意一个控制块时，可以选定整个表格。

（2）选定某个单元格。当鼠标指针指向要选定的单元格左侧，鼠标形状呈 ➤ 形状时，单击可以选定指定的单元格，单元格以阴影显示。

（3）选定行和列。当鼠标指针移到要选定表格行的左侧，指针形状变成 ↗ 时，单击可选择指向的整行，此时纵向拖动鼠标可以连续选定多行，选定的行以阴影显示。

当鼠标指针移到表格上方，指针形状变成 ↓ 时，单击可以选择指定列，此时横向拖动鼠标可以连续选定多列，选定的列以阴影显示。

通过"表格工具"选项卡中的"选择"按钮 ⇲ 可以选择插入点所在的单元格、列、行以及整个表格，如图 4-55 所示。

2. 对行或列的操作

（1）插入或删除行、列、单元格。在选中某行某列或某个单元格后，右击选中区域，在弹出的快捷菜单中选择"插入"或"删除"命令，可以实现行、列或单元格的插入、删除。当选中多行、多列后进行前述操作，会实现同等数量的多行、多列的插入或删除。

（2）合并和拆分单元格。对单元格进行合并和拆分后，表格将变成不规则的复杂表格。

选定需要合并的单元格，右击选定区域，在快捷菜单中选择"合并单元格"命令，选中的单元格合并成一个单元格。

右击要拆分的单元格，在弹出的快捷菜单中选择"拆分单元格"命令，在弹出的对话框中设置好要拆分的行数、列数，则完成单元格的拆分。

（3）改变行高和列宽。通常情况下，WPS 会根据单元格中输入的内容多少自动调整每行的高度和每列的宽度，也可以根据需要自行调整。

使用鼠标拖拽：将鼠标移向需要调整宽（高）度的列（行），当鼠标指针形状变成 ╫（╪）时，按下鼠标左键，横向（纵向）拖动鼠标，调整整列（整行）列（行）宽（高）。

使用功能区命令按钮：选定要调整的对象，通过"表格工具"选项卡功能区的"宽度"按钮 ⊟ 宽度、"高度"按钮 ⊺⊦ 高度、"自动调整"按钮 ⊞ ，可以实现行高和列宽的调整。

通过"表格属性"命令：选择"表格工具"→"表格属性"命令，在如图 4-56 所示的对话框中，选择"行"或"列"选项卡，进行逐行或逐列的精确设置。

图 4-55　"选择"下拉菜单

图 4-56　"表格属性"对话框

（4）改变单元格的列宽。选中单元格时，拖动单元格两侧的竖线，则仅改变当前单元格及左（或右）侧单元格的列宽，当前列所在其他行单元格宽度不发生变化。

3. 重复标题行

当表格内容超过一页，希望在其他页的续表中也包括表格的标题行时，可以选中标题行后，选择"表格工具"→"标题行重复"命令。

4. 表格属性

表格属性除了对"行""列"属性进行设置外，还可以对"表格""单元格"属性进行设置。

操作步骤如下：

（1）将插入点置于表格的任意单元格内。

（2）选择"表格工具"→"表格属性"命令，弹出"表格属性"对话框，在各选项卡中进行相应设置后，单击"确定"按钮，如图 4-56 所示。

1）"表格"选项卡。该选项卡对整个表格的属性进行设置。

"尺寸"：勾选此复选框后，可以在右边的数值框中输入表格总宽度的具体数值。

"对齐方式"：设置表格在页面中的位置，有"左对齐""居中""右对齐"，以及"缩进"设置。

"文字环绕"：可以设置是否将文字环绕表格。

在该选项卡中，通过"边框和底纹"按钮，还可以对表格的边框和底纹进行设置。

2）"单元格"选项卡。"表格属性"对话框的"单元格"选项卡主要用于设置单元格文字在单元格中垂直方向上的"顶端对齐""居中""底端对齐"三种对齐方式。在水平方向的对齐方式可通过段落对齐方式设置，也可以直接通过"表格工具"选项卡中的对齐方式按钮 进行设置。

4.4.3　设置表格格式

WPS 表格格式包括预设主题样式、边框、底纹、斜线表头，主要在"表格样式"选项卡中进行设置。

1. 表格样式

表格样式包括表格的字符、颜色、底纹、边框等，WPS 可以根据用户对行、列的填充要求提供相应的表格样式，方便用户查找表格中的数据。

操作步骤如下：

（1）先将插入点定位在需要套用样式的表格中。

（2）在"表格样式"选项卡左侧区域进行行列填充选择。

（3）在"主题样式"列表中选择所需样式，如图 4-51 所示。

2. 边框和底纹

使用边框和底纹可以让表格更生动，在选中需要设置边框的单元格或表格后，可以使用"表格样式"选项卡中的"底纹"按钮 和"边框"按钮 进行快速设置，也可以在如图 4-57 所示的"边框和底纹"对话框中进行详细设置。此时的对话框和设置文本的"边框和底纹"对话框相比，应用对象在"文字""段落"的基础上增加了"表格"和"单元格"。

3. 单元格的文本格式

单元格中文本的字体、字号、颜色等设置与字符格式的设置一样；单元格中文本段落的格式设置与段落格式设置一样。与非表格中的文本不同的是，单元格中的文本可以进行对齐方式设置，水平方向上有左、中、右 3 种，垂直方向上有上、中、下 3 种，共有 9 种对齐方式。

4. 绘制斜线表头

WPS 提供了斜线表头样式，如图 4-58 所示，操作步骤如下：

（1）将光标定位在要添加斜线表头的单元格中。

（2）选择"表格样式"→"绘制斜线表头"命令，在弹出的对话框中选择斜线单元格类型，最后单击"确定"按钮。

图 4-57　"边框和底纹"对话框　　　　图 4-58　"斜线单元格类型"对话框

4.4.4 数据的排序与计算

1. 排序

通常表格中的第一行对应每列的其余行表示的含义，称为标题行（也可以没有标题行），其余各行称为记录，排序是按照表中某一列或某几列的顺序重新调整表中每条记录的顺序。

【例 1】对表 4-2 成绩表中的数据按语文成绩降序排，语文成绩相同的按学号升序排。

表 4-2　成绩表

学号	姓名	语文	数学	总分
1001	刘飞	80	85	
1002	张海	88	90	
1003	王平	80	88	

操作步骤如下：

（1）将插入点定位在表 4-2 的任一单元格中。

（2）单击"表格工具"选项卡中的"排序"按钮，弹出"排序"对话框，如图 4-59（a）所示。

（3）选择是否有标题行。根据题意，本表有标题行，在列表属性中选中"有标题行"，此时关键字列表框中分项显示标题行中的各列。

（4）设置主要关键字、排序类型及选择升序或降序。

本题中，"主要关键字"为"语文"，"类型"为"数字"，选择"降序"；"次要关键字"为"学号", "类型" 为 "数字", 选择 "升序"。排序结果如图 4-59（b）所示。

（a）"排序"对话框   （b）排序结果

图 4-59   "排序"对话框及排序后的成绩表

表 4-2 成绩表

学号	姓名	语文	数学	总分
1002	张海	88	90	
1001	刘飞	80	85	
1003	王平	80	88	

2. 计算

在 WPS 中可以对表格中的数据进行简单的计算，如求和、平均值等。

【例 2】为表 4-2 计算每个同学的总成绩，以及每门课程的平均分。

图 4-60   "公式"对话框

操作步骤如下（为方便演示，将排序后的表 4-2 的数据复制到表 4-3 中进行操作）：

（1）增加一行，在第一列录入 "平均分"。

（2）计算总分。

1）定位计算结果所在单元格：将光标插入第 2 行第 5 列单元格。

2）插入公式计算：在 "表格工具" 选项卡中单击 "公式" 按钮 fx公式，弹出 "公式" 对话框，如图 4-60 所示。对话框中的 SUM 表示求和，LEFT 表示当前单元格向左连续的所有数字单元格。单击 "确定" 按钮，得出计算结果。在第 5 列第 3、4 行重复进行以上操作。

（3）计算平均分。

1）将光标定位于第 5 行第 3 列单元格。

2）在 "表格工具" 选项卡中单击 "公式" 按钮 fx公式，弹出 "公式" 对话框，此时 "公式" 对话框中显示 "=SUM(ABOVE)"，其中 ABOVE 表示当前单元格向上连续的所有数字单元格，由于是计算平均分，因此将公式改为 "=AVERAGE(ABOVE)"，单击 "确定" 按钮。

在第 5 行第 4 列重复以上操作。最后结果见表 4-3。

表 4-3   计算总分和平均分

学号	姓名	语文	数学	总分
1002	张海	88	90	1180
1001	刘飞	80	85	1166
1003	王平	80	88	1171
平均分		82.6666666666667	87.6666666666667	

4.5　图文混排

在 WPS 中，通过插入图片、形状、图标、智能图形、文本框、艺术字、公式等对象（图
4-61），并对这些对象进行编辑，实现图文混排，丰富了 WPS 文字文档内容。

图 4-61　"插入"选项卡

4.5.1　图片

WPS 可以将本地图片、扫描仪图片、手机传图或网络分类图片素材加入文档，并通过"图
片工具"选项卡为插入的图片设置样式，调整图片颜色、亮度、艺术效果，按需排列位置，
设置大小。

1. 插入图片和截屏

WPS 中插入图片的步骤：选择"插入"→"图片"命令，在如图 4-62 所示的"图片"
下拉菜单中选择"本地图片"选项，弹出"插入图片"窗口，如图 4-63 所示。通过该窗口，
选择所需的图片，单击"插入"按钮即可完成图片插入。

图 4-62　"图片"下拉菜单

图 4-63　"插入图片"窗口

WPS 中插入屏幕截图的步骤：选择"插入"→"截屏"按 Ctrl+Alt+X 组合键，此时当前
窗口处于截屏状态，在截屏范围顶部出现截图形状的选项列表，如图 4-64 所示，可根据需要
选择截图形状，默认情况为"矩形区域截图"。

图 4-64　截图形状选择列表

选择屏幕上需要截屏的范围，在如图 4-65 所示的列表中按需进行操作，单击"完成"按
钮即可结束截屏。

图 4-65　截屏编辑列表

注意：单击"截屏"按钮右下角的下三角按钮，在弹出的截屏下拉菜单中，如图 4-66 所示，可以使用更多的截屏相关功能。选择"截屏时隐藏当前窗口"选项可以对其他窗口内容进行截图。

图 4-66　"截屏"下拉菜单

2. 设置图片大小和位置

对图片进行操作前需要先单击图片，此时窗口选项卡区域会出现"图片工具"选项卡，如图 4-67 所示，可以通过该选项卡中的命令按钮对图片进行编辑，同时在图片周围出现 8 个白色小圆圈（称为"控点"）、一个叫旋转手柄的旋转箭头以及包含布局选项按钮的快速工具栏，如图 4-68 所示。

图 4-67　"图片工具"选项卡

（1）改变图片方向、大小和位置。单击图片，将鼠标指针指向旋转手柄，按下左键旋转，可以对图片进行任意角度的旋转或翻转操作。

单击图片后，用鼠标拖动控点，可以改变图片的大小。其中拖动 4 个角控点（在图片 4 个角的控点）可以同时改变图片水平尺寸和垂直尺寸，拖动上下左右 4 个边控点（在图片 4 条边上的控点），可以改变图片垂直或水平尺寸。

改变图片方向和大小可以通过如图 4-67 所示"图片工具"选项卡中对应的"旋转"按钮和"高度""宽度"按钮完成，还可以通过单击"图片工具"选项卡中的"大小和位置"功能扩展按钮 ⌐ 打开"布局"对话框，然后在"大小"和"位置"选项卡中精准实现图片大小、翻转及角度旋转、位置的设置，如图 4-69 所示。

（2）移动、复制和删除图片。与字符等其他对象的移动、复制和删除操作一样：选中以后，使用鼠标拖动或剪贴板进行剪切、复制、粘贴；使用 Delete 或 Backspace 键进行删除。

（3）裁剪图片。裁剪是改变图片显示区域大小及形状的操作，可以向内裁剪也可以向外裁剪。具体的操作步骤如下：

1）选中图片。

2）单击如图 4-68 所示快速工具栏中的"裁剪"按钮 ⛶，此时图片周边出现黑色裁剪图柄及裁剪任务窗格，如图 4-70 所示。

图 4-68　控点、旋转手柄及快速工具栏

图 4-69　"布局"对话框

图 4-70　裁剪图柄及裁剪任务窗格

3）通过拖拽裁剪图柄，将图片需要的部分保留在图柄圈内，通过"裁剪"按钮右侧的任务窗格选择裁剪的形状或比例。

4）单击其他地方或按 Enter 键，确定裁剪。

注意：使用"图片工具"选项卡中的"裁剪"按钮也可完成上述操作。

（4）压缩图片。当文档用于"网页或屏幕"或打印时，需要减小图片尺寸，修改图片大小时，通过压缩图片实现。单击"图片工具"选项卡中的"压缩图片"按钮 ▧，在对应的对话框中

进行相应设置，完成图片压缩。

3．设置图片形状格式

使用 WPS "图片工具"选项卡"设置形状格式"功能组的按钮可以对图片外观进行微调，如图 4-71 所示。

图 4-71　"设置形状格式"功能组

（1）使用 ☾ ☾ 按钮调整图片的对比度，使用 ☾ ☾ 调整图片的亮度。

（2）使用 ☒ 按钮可以自动消除不需要的图片背景，以强调或突出图片的主题或消除杂乱的细节。

（3）使用"颜色"按钮 ☒ 可以为图片设置"自动""灰度""黑白""冲蚀"四种颜色效果。

（4）使用"图片轮廓"按钮 ☐图片轮廓 可以为图片设置颜色、粗细和线型。

（5）使用"图片效果"按钮 ☒图片效果 可以为图片设置"阴影""倒影""发光""柔化边缘""三维旋转"等效果，通过单击各效果右侧的三角形按钮可进行进一步选择，完成设置，如图 4-72 所示。

（6）更改图片：更改为其他图片，但保存当前图片的格式和大小。

（7）重设图片：放弃对此图片所做的全部格式的更改。

4．文字环绕方式

文字环绕所选图片的方式一共有 7 种：嵌入型、四周型环绕、紧密型环绕、衬于文字下方、浮于文字上方、上下型环绕、穿越型环绕。其中，"嵌入型"是将图片作为文本放置在段落中，图片将随着文字的添加或删除而改变位置，选择其他方式可在页面任意移动图片，除衬于文字下方、浮于文字上方两种方式外，文字将排列在图片周围。

设置文字环绕方式的操作步骤如下：

（1）单击图片。

（2）选择"图片工具"→"环绕"命令，在弹出的下拉菜单中进行设置，如图 4-73 所示；也可以选中图片后，通过在图片右上方出现的"布局选项"按钮 ☲ 进行设置。

图 4-72　"图片效果"下拉菜单

图 4-73　"环绕"下拉菜单

注意：将图片的文字环绕方式设置为非嵌入型时，可以设置图片"随文字移动"或"固定在页面上"。默认情况下，图片"随文字移动"。可通过选中图片后在图片右上方出现的"布局选项"按钮快速设置，也可以在如图 4-69 所示"布局"对话框的"位置"选项卡中进行设置。

5. 图片上移一层、下移一层、对齐与组合

（1）上移一层、下移一层。当图片的文字环绕方式为嵌入型时，无法实现上移一层、下移一层操作。"图片工具"选项卡"排列"组中的相关命令按钮呈灰色，不可使用。

当图片设置为非嵌入型的文字环绕方式后，在图片和其他对象发生重叠时，选中图片进行上移一层、下移一层操作。操作步骤：①单击图片；②选择"图片工具"→"上移一层" （或"下移一层" ）命令；③在弹出的下拉菜单中选择需要的命令，如图 4-74 所示。

图 4-74　"上移一层"和"下移一层"下拉菜单

（2）对齐。图片设置为非嵌入型的环绕方式，可以和其他图片或对象同时选中后，进行对齐操作。

设置对齐的操作步骤：①按住 Ctrl 键，连续单击需要对齐的非嵌入型图片或对象；②选择"图片工具"→"对齐"命令，在弹出的下拉菜单中选择需要使用的对齐命令，如图 4-75 图所示。

（3）组合。组合是将多个非嵌入型图片或对象组合成一个对象，此时可以用"图片工具"选项卡对该对象进行格式设置。组合后的对象也可以在非嵌入型文本环绕方式下，取消组合。

组合（或取消组合）的操作步骤：①按住 Ctrl 键，连续单击需要组合（或取消组合）的非嵌入型图片或对象；②选择"图片工具"→"组合"命令，在弹出的下拉菜单中选择"组合"（或"取消组合"）命令。

图 4-75　"对齐"下拉菜单

4.5.2　形状

WPS 提供了线条、矩形、基本形状、箭头总汇、流程图、星与旗帜、标注等形状。

1. 绘制形状

插入形状的步骤如下：

（1）执行"插入"→"形状"命令，在弹出的下拉菜单中可以查看并选择需要的形状，如图 4-76 所示。

（2）单击选择好的形状，当光标变成"+"形状时，用户在文档中需要绘制形状的位置按下鼠标左键拖拽即可绘制出相应形状，同时，在选项卡区域出现与"图片工具"选项卡有所不同的"绘图工具"选项卡，如图 4-77 所示。

操作要点如下：

（1）画直线、带箭头的直线时，如果绘制水平、垂直、斜 45° 方向，按 Shift 键 + 鼠标拖动。

图 4-76　"形状"下拉菜单

图 4-77　"绘图工具"选项卡

（2）使用矩形、椭圆按钮画正方形、圆形时，按 Shift 键 + 鼠标拖动。

2．形状基本操作

（1）形状的选择。和图片一样，形状在操作前需要先选中。选中形状后，选项卡区域出现能对其进行操作的相应"格式"选项卡。

单击可以选择单个的形状；按住 Ctrl 键后，则可以逐次单击，选中多个形状。

（2）形状的大小和旋转。如图 4-78 所示，被选中的单个形状周围均有白色控点、一个旋转手柄和一个"布局选项"按钮。需要注意的是：有的形状被选中后还有黄色控点（如图 4-78 中被圈的控点）出现。黄色控点用于形状的局部微调，微调时不改变白色控点的位置。

形状大小的调整方法：拖动白色控点。也可以在"绘图工具"选项卡"大小和位置"组中手动录入或使用微调按钮进行调整。

形状的旋转或翻转方法：拖拽旋转手柄。也可以使用"绘图工具"选项卡"大小和位置"组中"旋转"按钮进行调整。

多个形状被选中后，对任一形状做大小调整或旋转时，其他形状做同步变化。

（3）形状的移动、复制、删除。形状的移动、复制和删除操作与图片相似。

3．编辑顶点

编辑顶点的步骤如下：

（1）右击形状。

（2）在快捷菜单中选择"编辑顶点"命令，此时形状周边出现小黑块，如图 4-79 所示。

（3）拖动小黑块进行调整。

4．在形状中添加文字

对于封闭的自选图形可以向其中添加文字。操作步骤：右击需要添加文字的形状，在弹出的快捷菜单中选择"添加文字"命令，光标将出现在形状中，此时可以向形状中添加文字。

图 4-78 形状的单选与多选

图 4-79 编辑顶点

5. 设置形状样式

形状的样式是一组形状填充、形状轮廓、形状效果等格式设置组合，通过添加边框、填充、阴影、发光、映像、柔化边缘等效果来增强形状的感染力。用户可以使用 WPS 内置的形状样式，也可以对形状的这三种格式分别进行设置。

形状样式的设置步骤如下：

（1）选中形状。

（2）在"绘图工具"选项卡的"形状样式"列表框 ▪■■■■■■ 中选择需要的样式，或者分别进入"填充""轮廓""形状效果"的下拉菜单中进行设置。

6. 形状的"排列"

形状的"排列"包括"位置""文字环绕方式""上移一层""下移一层""对齐""组合""旋转"等项。其设置和非嵌入型图片操作相同。

4.5.3 智能图形

智能图形是将文字和结构图形结合起来，完成直观交流的综合应用。在 WPS 中提供了多种智能图形，包括列表、流程、循环、层次结构、关系、矩阵、棱锥图、图片等，各种类型适用情况见表 4-4。

表 4-4 智能图形适用情况

智能图形类型	简易形状	适用情况
组织结构图		用于显示组织中的分层信息或上下级关系。此布局包含辅助形状和组织结构图悬挂布局
基本列表		用于显示非有序信息块或者分组信息块。可最大化形状的水平和垂直显示空间
垂直项目符号列表		用于显示非有序信息块或分组信息块。适用于标题较长的列表或顶层信息
垂直框列表		用于显示多个信息组，特别是带有大量级别 2 文本的组。适用于带项目符号的信息列表
垂直块列表		用于显示信息组，或者任务、流程或工作流中的步骤

智能图形类型	简易形状	适用情况
表格列表		用于显示等值的分组信息或相关信息。第一行级别 1 文本与顶层形状相对应，其级别 2 文本用于后续列表
水平项目符号列表		用于显示非顺序或分组信息列表。适用于大量文本。整个文本强调级别一致，且无方向性含意
垂直图片列表		用于显示非有序信息块或分组信息块。左侧小形状用于存放图片
梯形列表		用于显示等值的分组信息或相关信息。适用于大量文本
分离射线		用于显示循环中与中心观点的关系
基本流程		在流程或时间线中显示步骤
聚合射线		用于显示循环中与中心观点的概念关系或组成关系
重点流程		用于显示行进、日程表，或者任务、流程或工作流中的顺序步骤
射线维恩		用于显示重叠关系，以及循环中与中心观点的关系
循环矩阵		用于显示循环行进中与中央观点的关系

1. 插入智能图形

插入智能图形的步骤如下：

（1）定位图形插入位置。

（2）选择"插入"→"智能图形"命令。

（3）在弹出的"选择智能图形"对话框中，如图 4-80（a）所示，先选择需要的类型，如组织结构图。

（4）单击"确定"按钮。此时，插入一层次结构的智能图形，同时选项卡区域新增"设计"选项卡，如图 4-80（b）顶部所示。

2. 编辑智能图形

（1）文本信息录入。插入智能图形后，需要用具体的信息内容填充图形中的文本占位符，如图 4-80（b）所示，选中智能图形，将插入点定位在第一个文本占位符中，该文本占位符处于编辑状态即可录入文本信息。

（2）设计和格式化。在录入文本信息前或后均可进行图形的设计和格式化。当图形的某一占位符处于编辑状态时，该占位符右侧会出现快速工具列表，通过工具列表上的按钮，可以完成对应的"添加项目""更改布局""更改位置""添加项目符号""形状样式"等设置。也可以通过"设计"选项卡上的命令按钮实现上述操作。

（a）"选择智能图形"对话框 　　　　　（b）组织结构图

图 4-80　"选择智能图形"对话框与组织结构图

选择智能图形，通过智能图形右上角出现图形快捷工具栏也可以实现对智能图形的"文字环绕方式"和"文本框"的设置。

4.5.4　图表

在 WPS 文字中可以引入 WPS 表格中的如柱形图、折线图、饼图、条形图、面积图、散点图等 10 种图表，如图 4-81 所示。

图 4-81　"插入图表"对话框

1. 插入图表

插入图表步骤如下：

（1）定位图表位置。

（2）选择"插入"→"图表"命令，出现如图 4-81 所示的对话框。

（3）选择需要的图表，如簇状柱形图，然后单击"确定"按钮，出现"图表工具""文本工具"和"绘图工具"三个选项卡，如图 4-82、图 4-83、图 4-79 所示，用以完成图表的相关设计与格式化操作。

图 4-82　"图表工具"选项卡

图 4-83　"文本工具"选项卡

在"图表工具"选项卡中，用户可以编辑和选择图表数据、添加图表元素、更改图表类型、实现图表快速布局以及图表颜色和图表主题样式的设置。

在"文本工具"选项卡中，用户可以对图表中的文本进行预设样式、格式的设置。

在"绘图工具"选项卡中，用户可以对图表中的图形进行个性化设置。

2. 更新图表数据

插入图表后，选择"图表工具"→"编辑数据"命令，WPS 启动 WPS 表格，并显示当前图表的数据源，用户可以在该 WPS 表格中更新自己的图表数据。

4.5.5　文本框、艺术字和首字下沉

在 WPS 中，文本类对象包括文本框、文档部件、艺术字、首字下沉、签名行、日期和时间、其他文件中的文字等。此处对文本框、艺术字、首字下沉进行介绍。

1. 文本框

文本框是放入文本或图片等对象的一个容器，是插入的对象和形状的结合。一般 WPS 设置的形状是矩形框。当采用文本框编辑文本或填充图片时，这些文本或图片可以根据用户需要随着文本框放到文档的任何一个地方。

插入文本框的步骤如下：

（1）选择"插入"→"文本框"命令，弹出如图 4-84 所示的下拉菜单。

图 4-84　"预设文本框"下拉菜单

（2）选用"横向""竖向""多行文字"等 WPS 预设文本框或推荐的会员文本框。

（3）当鼠标指针形状变为"十"字时，在要插入文本框的起始位置按下鼠标左键拖拽至所需大小后松开鼠标。

用户也可以先插入一个封闭的形状，然后在形状中添加文字。此时，插入的这个形状可以看作一个有特殊效果的文本框。

单击文本框，可以通过"绘图工具"和"文本工具"选项卡对文本框的形状和文本进行格式设置和美化操作。多个文本框之间可以通过"文本工具"选项卡中的"创建文本框链接"按钮和"断开链接"按钮实现文本框之间的链接与断开。

2. 艺术字

艺术字是将文字做成特殊的图形效果，也是文本和形状的一种结合。

插入艺术字的步骤如下：

（1）选择"插入"→"艺术字"命令，弹出如图4-85所示的下拉菜单。

图4-85　"艺术字"下拉菜单

（2）选择其中一种艺术字，根据提示录入要设置为艺术字格式的文本。

（3）将艺术字拖拽到适当的位置。

在WPS中，可以通过"绘图工具"和"文本工具"选项卡对艺术字进行设计和格式化操作。其中，"文本工具"选项卡中的"文本效果"按钮对艺术字进行"阴影""倒影""发光""三维旋转""转换"以及更多设置，如图4-86所示。

图4-86　"文本效果"下拉菜单

3. 首字下沉

首字下沉是指将段落的首字做成文本框效果。

设置首字下沉的步骤如下：

（1）将插入点定位在要设置首字下沉的段落。

（2）选择"插入"→"首字下沉"命令，显示如图 4-87 所示的对话框。

（3）进行下沉的"位置""字体"及"下沉行数"等设置，最后单击"确定"按钮。

图 4-87　"首字下沉"
对话框

4.5.6　封面

WPS 内置了一个封面页库，文档通过使用这些时尚封面，可给人留下良好的第一印象。

使用封面的步骤如下：

（1）选择"插入"→"封面页"命令，弹出如图 4-88 所示的下拉菜单。

（2）在下拉菜单中选择需要的封面模板，该封面将被添加到文档首页。

（3）完善封面各项内容的填充。

（4）根据需要对封面对象进行格式设置。

图 4-88　"预设封面页"下拉菜单

4.6　高级应用

在使用 WPS 编辑处理长文档时，为方便查阅，需要进行适当的引用和文档的分节；召开大型会议时，需要处理大量的信函；重要文档进行编辑时需要反复多次的审阅。这些需要使用 WPS 的高级应用，本节内容将介绍以上情况的处理办法。

4.6.1　引用

目录、脚注和题注应用了 WPS 文档的引用功能，即在目录或脚注中引用了原文中的信息，当原文中的内容发生变化时，目录或脚注中对应的信息也随着变化。在长文档的编排过程中，引用可以让前后信息保持一致，是简化工作的有效措施。通常在"引用"选项卡中完成引用，如图 4-89 所示。

图 4-89　"引用"选项卡

1. 目录

文档的目录内容是文档中提纲挈领的小标题的集合，在建立文档目录前，需要确定好文档各小标题的级别，并在文档中完成设置后，再插入目录。创建文档目录的步骤如下：

（1）为各级标题设置大纲级别。可以单击"开始"选项卡中的"段落"功能扩展按钮，打开"段落"对话框，在"缩进和间距"选项卡中设置大纲级别，也可以在大纲视图中设置大纲级别。在大纲视图中设置大纲级别更适用于长文档操作，本书以此方法为例进行讲解。

将整个文档置于大纲视图下，显示所有级别，将光标定位在某个小节文字中，在级别列表中选择该段文字对应的级别，即可完成该段文字大纲级别的设置，如图 4-90 所示。

图 4-90　设置大纲级别

（2）插入目录。将光标定位在要插入目录的位置，在如图 4-91 所示的"目录"下拉菜单中可以选择内置的目录样式插入目录；或选择"自定义目录"选项，在如图 4-92 所示的"目录"对话框中做相应的设置后，单击"确定"完成目录的插入。

图 4-91　"目录"下拉菜单　　　　　　　图 4-92　"目录"对话框

当正文的内容有所修改，需要更新目录时，单击目录，如图 4-93 所示，单击目录上方的"更新目录"按钮，在"更新目录"对话框中选择"更新整个目录"，单击"确定"按钮即可。若要对目录进行重新设置，则单击该图中的"目录设置"按钮，进行重新设置。

图 4-93　目录的更新和设置

2．脚注和尾注

脚注和尾注都是对文档某处做一个注释，只是注释的位置不同。脚注是在页面底部对本页某处的名词进行注释，用编号进行区分。尾注是在文档或节的末尾添加注释。通过"引用"选项卡中的"插入脚注"和"插入尾注"按钮可以实现脚注和尾注的插入。

3．题注

在 WPS 文字文档中进行图、表、公式等图文混排时，可以插入对应的图、表等不同类型的题注进行自动编号并描述，方便在正文中进行引用。

（1）插入题注。操作步骤：①单击"引用"选项卡中的"题注"按钮；②在弹出的"题注"对话框中，如图 4-94 所示，先选择"图""表""公式"等标签类型；③在"题注"文本框中自动出现标签类型和当前标签序号后,为当前标签填入注释,如"'题注'对话框";④单击"确定"按钮。

在图4-94中,单击"新建标签"可以根据需要新建标签名,单击"编号"可以进行"编号格式""章节起始样式"等项的设置。当图、表等的位置发生变化时,右击题注序号,选择"更新域"命令,可以自动更新题注中的序号。

（2）交叉引用。交叉引用是指在正文中需要对图、表进行描述时,直接引用其对应的题注,对题注进行交叉引用后,当题注中的序号随着图、表的位置发生变化时,右击交叉引用中的序号,选择"更新域"命令,可更新交叉引用中的序号。

操作步骤：①选择插入引用的位置；②单击"引用"选项卡中的"交叉引用"按钮；③在弹出的"交叉引用"对话框中,选择要引用的类型,如"图"；④在"引用内容"下拉列表框中选择要引用的内容,如"只有标签和编号"；⑤在题注列表框中选择需要引用的题注,如图4-95中,箭头所指的一行；⑥单击"插入"按钮。此时单击就出现带底纹的标签和序号"如图 4-94"。

图4-94　"题注"对话框

图4-95　"交叉引用"对话框

4.6.2　分节

在WPS文字长文档的编辑过程中,当同一篇文档要呈现多种页眉页脚内容或格式、多种页面设置（如纸张大小、方向、页边距）时,需要进行分节操作,将这些文档内容放置在不同的节中,以节为单位进行相关设置。

分节的方法常用的有以下两种：

（1）通过"插入"选项卡分节。确定分节位置后,单击"插入"选项卡中的"分页"按钮,在如图4-96所示的下拉菜单中选择分节符的类型。

图4-96　"分页"下拉菜单

（2）通过"章节"选项卡进行分节，如图 4-97 所示。确定分节位置后，单击"章节"选项卡中的"新增节"按钮，在如图 4-98 所示的下拉菜单中选择分节符的类型。

在"章节"选项卡中，可以新增节、删除节，以"节"为单位进行封面、目录、页边距、纸张方向、纸张大小、页眉、页脚的设置。单击"章节导航"按钮，打开"章节"任务窗格，可以通过"展开章节"按钮☑、"收缩章节"按钮☒、"插入下一页分节符"按钮⊞、"删除本节"按钮⊟，以及每一节右侧的扩展按钮中的各菜单项实现对章节的操作，如图 4-99 所示。

图 4-97　"章节"选项卡

图 4-98　"新增节"下拉菜单

图 4-99　"章节"任务窗格

4.6.3　邮件合并

"邮件合并"是在一个主控文档中引用另一个数据源文档中的内容，用以处理大量主要内容不变，只有具体数据变化的日常报表和信件。

1. 邮件合并的思路

（1）创建主控文档：输入主控文档内容，做好文档排版。

（2）创建或打开数据源，存放可变的数据。

（3）编辑主控文档，在主控文档中需要的位置插入合并域名字。

（4）执行合并操作，将数据源中的可变数据通过合并域和主控文档的共有文本进行合并，生成一个合并文档或打印输出。

在 WPS 中，单击"引用"选项卡中的"邮件"按钮，在"邮件合并"选项卡中实现邮件合并，如图 4-100 所示。

图 4-100　"邮件合并"选项卡

2. 邮件合并的操作步骤

以表 4-5 为例，每位同学打印成绩通知单。

表 4-5　成绩

学号	姓名	语文	数学	科学	音乐	美术
1001	刘飞	80	85	95	85	88
1002	张海	88	90	89	88	82
1003	王平	80	88	92	83	89

具体的操作步骤如下：

（1）创建主控文档，输入成绩通知单模板内容。

新建 WPS 文字空白文档，输入成绩通知单模板内容。选择"引用"→"邮件"命令，出现"邮件合并"选项卡，单击"开始邮件合并"按钮，输入成绩通知单模板内容，如图 4-101 所示。

图 4-101　主控文档

（2）创建并指定数据源。

1）新建一个文档，文档以"成绩.docx"为名，录入表 4-5 中的数据后保存在"我的文档"文件夹下的 My Data Sources 文件夹中。

2）在主控文档中选择"引用"→"邮件"命令，在"邮件合并"选项卡中单击"打开数据源"按钮，在弹出的"选取数据源"对话框中选择"成绩.docx"，单击"打开"按钮，如图 4-102 所示。

（3）在主控文档中插入合并域。将插入点定位在主控文档中需要插入数据源的位置，再单击"插入合并域"按钮 ，选择需要的数据源名称。插入合并域后效果如图 4-103 所示。

（4）预览结果。单击"查看合并数据"按钮，可以通过"首记录""上一条""下一条"等预览合并情况，如图 4-104 所示。

图 4-102　使用指定数据源

成绩通知单

«姓名»同学（学号«学号»）:

你在 2021-2022-2 期各科成绩如下:

语文	数学	科学	音乐	美术
«语文»	«数学»	«科学»	«音乐»	«美术»

特此通知!

XXXX 小学校

2022 年 7 月 12 日

图 4-103　插入合并域

成绩通知单

刘飞同学（学号 1001）:

你在 2021-2022-2 期各科成绩如下:

语文	数学	科学	音乐	美术
80	85	95	85	88

特此通知!

XXXX 小学校

2022 年 7 月 12 日

图 4-104　预览合并结果

（5）完成合并。预览后，可以根据需求设置合并结果去向。如图 4-105 所示，可以"合并到新文档""合并到不同新文档"等，根据提示完成下一步操作。

图 4-105　设置合并结果去向

注意：数据源文档也可以是 WPS 表格文档或 Excel 文档。

4.6.4　文档审阅

文档从编辑到定稿的过程中，常常会涉及校对、批注、修订、比较等操作，WPS 的"审阅"选项卡就包含了这样一些功能，如图 4-106 所示。

图 4-106　"审阅"选项卡

（1）"拼写检查"。用于检查当前文档中的拼写错误。

（2）"文档校对"。快速对文档内容进行专业校对，解决错词、遗漏现象。

（3）"字数统计"。确定文档的页数、字数、字符数以及段落数。在状态栏中也能查看到字数信息。

（4）中文简繁转换。通过"中文简繁转换"组可以实现汉字在繁体字和简体字之间的转换。

（5）批注。在修改文档时，使用批注，不影响文档原有排版。具体操作步骤如下：

1）选定要进行批注的文本。

2）单击"审阅"选项卡中的"插入批注"按钮 。

3）在出现的"批注"文本框中输入批注信息。

批注的显示或隐藏：选择"审阅"→"显示标记"→"批注"命令。

批注的删除：选中批注，单击"审阅"选项卡中的"删除"按钮 。

批注的切换：通过"审阅"选项卡中的"上一条"按钮 、"下一条"按钮 实现批注的切换。

（6）修订。在修改文档的过程中，使用修订可以保留修改痕迹。

1）修订的启用与结束。单击"审阅"选项卡中的"修订"按钮 ，当按钮被选中时，进入修订状态；反之，则退出修订状态。

2）选择显示标记。单击"审阅"选项卡中的"显示标记"按钮 可以选择要在文档中显示的标记的类型，如批注标记、插入和删除标记、格式设置标记以及其他类型的标记。

3）审阅窗格。单击"审阅"选项卡中的"审阅"功能扩展，打开"审阅窗格"，可以选择以垂直或水平的方式在单独的窗口中显示修订。在"审阅窗格"中显示了文档中当前出现的所有更改、更改的总数以及每类更改的数目。

当审阅修订和批注时，可以接受或拒绝每一项更改。

4）接受修订。单击"接受"按钮，接受当前修订建议，并移到下一条修订建议。单击"接受"按钮下方的下三角按钮，还可以选择只接受当前修订、接受所有显示的修订和接受所有的修订。

5）拒绝修订。单击"拒绝"按钮，拒绝当前修订建议，并移到下一条修订建议。单击"拒绝"按钮下方的下三角按钮，还可以选择只拒绝当前修订、拒绝所有显示的修订和拒绝所有的修订。

6）按顺序审阅修订。利用"审阅"选项卡上的"下一条"或"上一条"实现按顺序审阅修订。

（7）文档的保护。WPS 通过"审阅"选项卡的"限制编辑""文档权限""文档认证"功能对文档实施保护。

1）限制编辑。单击"限制编辑"按钮，启动"限制编辑"任务窗格，如图 4-107 所示。在任务窗格中，通过勾选"限制对选定的样式设置格式"复选框可以对样式设置进行限制；通过"设置文档的保护方式"可以将文档设置为只读、修订、批注等，还可以设置允许对文档内容进行编辑的用户；通过"启动保护"按钮进行保护密码的设置。

2）文档权限。当用户注册并登录 WPS 后，可设置"私密文档保护"，并指定可以查看或编辑的用户，如图 4-108 所示。

图 4-107 "限制编辑"任务窗格

图 4-108 "文档权限"对话框

3）文档认证。当用户注册并登录 WPS 后，使用现阶段免费使用的"文档认证"，可以按时间对文档追溯，查看文档是否有篡改情况，如图 4-109 所示。

图 4-109 "文档认证"对话框

习题 4

一、单选题

1. 在 WPS 文字中，对于一段左对齐的文本，只选定其中一行，单击"开始"选项卡第三组中的"居中"按钮，则（ ）。

    A. 格式不变，操作无效   B. 整个段落均变成居中格式

    B. 只有被选定的行变成居中格式   D. 整个文档变成居中格式

2. 在 WPS 文字中，要删除当前选定的文本并将其放在剪贴板上的操作是（ ）。

    A. 清除   B. 复制   C. 剪切   D. 粘贴

3. 为未满一行的文本加边框，下面说法正确的是（　　　）。

    A．边框大小紧紧围绕文本

    B．边框大小以页边距为左右边界

    C．不能同时为这行文本加字边框和段落边框

    D．可以用字体工具栏上的"字符边框"按钮为段落加边框

4. 格式刷可用于复制文本或段落的格式，若要将选择的文本或段落格式重复应用多次，应（　　　）。

    A．单击格式刷　　　B．双击格式刷　　　C．右击格式刷　　　　D．拖拽格式刷

5. 在 WPS 文字中，编辑文档时，在某段内（　　　）鼠标左键，则选定该段文本。

    A．单击　　　　　　B．双击　　　　　　C．三击　　　　　　　D．拖拽

6. 在 WPS 文字中编辑文档时，单击文档窗口标题栏最右侧的按钮后，会（　　　）。

    A．关闭窗口　　　　　　　　　　　　B．最小化窗口

    C．使文档窗口独占屏幕　　　　　　　D．使当前窗口缩小

7. 在 WPS 文字编辑状态下，打开计算机中的"防控手册 .docx"文档，若要把编辑后的文档以文件名"疫情防控手册 .wps"存盘，则可以执行"文件"菜单中的（　　　）命令。

    A．"保存"　　　　　B．"另存为"　　　　C．"全部保存"　　　　D．"保存并发送"

8. 在 WPS 文字中不能实现选中整篇文档的操作是（　　　）

    A．按 Ctrl+C 组合键

    B．在"开始"选项卡中单击"选择"按钮，在打开的下拉列表中选择"全选"选项

    C．将鼠标指针移至文档左侧边缘，当其变为 ⬀ 时，按住 Ctrl 键的同时单击

    D．将鼠标指针移至文档左侧边缘，当其变为 ⬀ 时，连续单击鼠标左键 3 次

9. WPS 文字 2019 文档的默认扩展名为（　　　）。

    A．.txt　　　　　　B．.docx　　　　　C．.xlsx　　　　　　D．.doc

10. 在 WPS 文字窗口的编辑区，闪烁的一条竖线表示（　　　）。

    A．鼠标位置　　　B．光标位置　　　　C．拼写错误　　　　D．文本位置

11. 在 WPS 文字中选定一行文本的方法是（　　　）。

    A．将鼠标指针置于目标处并单击

    B．将鼠标指针置于此行左侧的选定栏，出现箭头形状时单击

    C．在此行的选定栏处连续单击鼠标左键 3 次

    D．将鼠标指针定位到该行中，当出现闪烁的光标时，连续单击鼠标左键 3 次

12. 将插入点定位于句子"风吹草低见牛羊"中的"草"与"低"之间,按 Backspace 键，则该句子为（　　　）

    A．风吹草见牛羊　　　　　　　　　　B．风吹见牛羊

    C．整句被删除　　　　　　　　　　　D．风吹低见牛羊

13. 在 WPS 文字中，输入的文本默认的对齐方式是（　　　）。

    A．左对齐　　　　　B．右对齐　　　　　C．居中对齐　　　　D．两端对齐

14. "左缩进"和"右缩进"调整的范围是（　　　）。

    A．非首行　　　　　B．首行　　　　　　C．整个段落　　　　D．段前距离

15. 修改字符间距的方法是（　　　）。

    A．在"段落"对话框的"缩进与间距"选项卡中

    B．两端对齐

    C．在"字体"对话框的"字符间距"选项卡中

    D．分散对齐

16. 为选定的文本加上下划线，可通过（　　　）实现。

    A．"字符"对话框　　　　　　　　B．"段落"对话框

    C．"字体"对话框　　　　　　　　D．"符号"对话框

17. 选择文本，按 Ctrl+I 组合键后，字体会（　　　）。

    A．加粗　　　　　B．倾斜　　　　　C．加下划线　　　　　D．设置成上标

18. 若要在 WPS 文字中删除表格中的某单元格所在行，则应选择"删除单元格"对话框中的（　　　）选项。

    A．"右侧单元格左移"　　　　　　B．"下方单元格上移"

    C．"删除整行"　　　　　　　　　D．"删除整列"

19. 下列关于在 WPS 文字中拆分单元格的说法，正确的是（　　　）。

    A．只能把表格拆分为多行　　　　B．只能把表格拆分为多列

    C．可以把表格拆分成设置的行列数　D．拆分的单元格必须是合并后的单元格

20. 在改变表格中某列宽度时，不会影响其他列宽度的操作是（　　　）。

    A．直接拖动某列的右边线

    B．直接拖动某列的左边线

    C．拖动某列右边线的同时，按住 Shift 键

    D．拖动某列右边线的同时，按住 Ctrl 键

21. 在 WPS 文字中，"页码"格式是在（　　　）对话框中设置的。

    A．"页面设置"　　　　　　　　　B．"页眉和页脚"

    C．"稿子设置"　　　　　　　　　D．"页码"

22. 在 WPS 文字中使用模板创建文档的过程是（　　　），然后选择模板类型。

    A．选择"文件"→"打开"命令

    B．选择"文件"→"选项"命令

    C．选择"文件"→"新建模板文档"命令

    D．选择"文件"→"新建"命令

23. 在 WPS 文字中预览文档打印后的效果，需要使用（　　　）功能。

    A．打印预览　　　　　　　　　　B．虚拟打印

    C．提前打印　　　　　　　　　　D．屏幕打印

24. 以下关于 WPS 文字页面布局的功能，说法错误的是（　　　）。

    A．页面布局功能可以为文档设置首字下沉

    B．页面布局功能可以设置文档分隔符

    C．页面布局功能可以设置稿纸效果

    D．页面布局功能可以设置页面边框效果

25．对于 WPS 文字中表格的叙述，正确的是（　　　）。

A．表格中的数据可以进行公式计算

B．表格中的文本只能垂直居中

C．表格中的数据不能排序

D．只能在表格的外框画粗线

二、多选题

1．在 WPS 文字的编辑状态下，为文档设置页码，可以使用（　　　）。

A．"引用"选项卡中的"目录"按钮

B．"章节"选项卡中的"页码"按钮

C．"插入"选项卡中的"插入编号"按钮

D．"插入"选项卡中的"页眉和页脚"按钮

2．下列操作中，可以打开 WPS 文档的操作有（　　　）。

A．双击已有的 WPS 文档　　　　　　B．选择"文件"→"打开"命令

C．按 Ctrl+M 组合键　　　　　　　　D．按 Ctrl+O 组合键

3．下面关于 WPS 文字样式的叙述，正确的有（　　　）。

A．修改样式后，将自动修改使用该样式的文本格式

B．样式可以简化操作，节省更多的时间

C．样式不能重复使用

D．样式是 WPS 文字中最强有力的工具之一

4．在 WPS 文字中，在文档中插入图片对象后，可以通过设置图片的文字环绕方式进行图文混排。下列属于 WPS 文字提供的文字环绕方式有（　　　）。

A．四周型环绕　　　　　　　　　　　B．衬于文字下方

C．嵌入型　　　　　　　　　　　　　D．浮于文字上方

5．下面关于 WPS 文字中表格处理的说法，正确的有（　　　）。

A．可以通过标尺调整表格的行高和列宽

B．可以将表格中的一个单元格拆分成几个单元格

C．WPS 文字提供了绘制斜线表头的功能

D．可以用鼠标调整表格的行高和列宽

6．采用（　　　）做法，能增加标题与正文之间的段间距。

A．增加标题的段前间距　　　　　　　B．增加第一段的段前间距

C．增加标题的段后间距　　　　　　　D．增加标题和第一段的段后间距

7．在 WPS 文字中，以下有关"项目符号"的说法正确的有（　　　）。

A．项目符号可以是汉字

B．项目符号可以改变颜色

C．项目符号可以是计算机中的图片

D．项目符号可以自动生成

8．编号可以是（　　　）。

   A．带圈数字　　　B．汉字数字　　　　C．英文字母　　　　D．罗马数字

9．在 WPS 文字中，可以将边框添加到（　　　）中。

   A．文字　　　　　B．段落　　　　　　C．页面　　　　　　D．表格

10．以下各项中，属于引用的有（　　　）。

   A．目录　　　　　B．脚注　　　　　　C．题注　　　　　　D．邮件合并

三、判断题

1．在 WPS 文字中允许同时打开多个文档。　　　　　　　　　　　　　（　　）

2．在 WPS 文字中可以为加注的文字拼音设置格式。　　　　　　　　　（　　）

3．使用"文件"菜单中的"打开"命令可以打开一个已存在的文档。　（　　）

4．保存已有文档时，程序不会做任何提示，而是直接将修改保存下来。（　　）

5．首行缩进就是左缩进，是段落向右缩进一段距离。　　　　　　　　（　　）

6．在按住 Ctrl 键的同时滚动鼠标滚轮可以调整显示比例，滚轮每滚动一格，显示比例增大或减小 10%。　　　　　　　　　　　　　　　　　　　　　　　（　　）

7．在 WPS 文字中，图片只能从系统自带的剪辑库中获取。　　　　　（　　）

8．使用"文件"菜单中的"打开"命令可以打开一个已存在的 WPS 文档。（　　）

9．文本可以转换为表格内容，表格内容不能转换为文本内容。　　　　（　　）

10．在 WPS 文字中，在大纲视图下不能显示页眉和页脚。　　　　　　（　　）

四、填空题

1．在 WPS 文字中按 _____ 组合键，可以将光标快速移至文档的开端。

2．在 WPS 文字操作过程中能够显示总页数、页号、页数等信息的是 _____。

3．通过"页面布局"选项卡中的"_____"按钮，可以为文档设置水印。

4．对选中的表格进行删除时，可以使用的功能键是 _____。

5．全选文档的快捷键是 _____。

五、简答题

1．如何查看和设置 WPS 文字文档属性？

2．WPS 的"批量删除"可以删除的对象有哪些？

3．WPS 的智能格式整理可以完成哪些操作？

第 5 章　WPS 表格应用

本章导读

　　WPS 表格是一款数据分析处理软件，是金山 WPS Office 的核心组件之一。使用 WPS 表格可以对各种数据进行处理、统计分析和辅助决策等操作，能制作出各种形象直观的图表，便于用户进行分析和处理，提高日常办公效率，它被广泛地应用于财务、统计、金融、审计和统计等各个领域。本章将以 WPS 表格为蓝本，介绍电子表格的创建、编辑工作表和工作簿、格式化工作表、数据的管理和分析等功能。

本章要点

- 工作簿、工作表与单元格的基本概念与组成
- WPS 数据类型及输入要点
- 公式的建立与编辑，常用函数的使用
- 数据清单及排序、筛选、分类汇总和数据透视表等数据管理
- 图表的制作与编辑

5.1　WPS 表格概述

　　WPS 提供了丰富的电子表格模板，可制作各类美观实用的表格，具有丰富多彩的图表功能，依据表格中的数据生成各类直观、实用的统计图表，同时提供了丰富的函数和数据分析工具，可以进行复杂的表内及表之间数据运算和统计分析，还具有丰富海量的精美模板，用户可以通过在线素材轻松打造完美文档。

　　WPS 表格提供了丰富的数据处理功能，数据已经成为新的生产要素、新的竞争资源。数据和我们的生活息息相关，渗透到社会方方面面。因此对待数据一定要严谨细致，要在法律规范和行业规范等指引下做好数据合规工作。

5.2　WPS 表格基本操作

5.2.1　工作簿、工作表及单元格

1. WPS 表格工作界面

单击 WPS 应用程序窗口"首页"选项卡中的"新建"按钮，在出现的"新建"选项卡

中单击"表格"按钮，再单击"新建空白文档"按钮，如图 5-1 所示，即可新建一个 WPS 表格文档。其工作界面由选项卡、功能区、编辑栏、工作表区域、工作表标签、快速访问工具栏、状态栏等组成，如图 5-2 所示，以下介绍各个组成部分。

（1）选项卡与功能区。WPS 表格主要有十大功能区，分别是"文件""开始""插入""页面布局""公式""数据""审阅""视图""开发工具"和"特色功能"。每个功能区中收录相应的功能群组，方便用户切换、选用。

图 5-1　新建 WPS 表格

图 5-2　WPS 表格工作界面

"文件"功能区主要用于创建新文件，打开、保存、打印文件，设置选项等。"开始"功能区是用户最常用的功能区，主要对字体格式、对齐方式、单元格格式等进行编辑。"插入"功能区主要用于在 WPS 表格中插入和编辑图表等各种对象。"页面布局"功能区用于设置 WPS 表格页面样式。"公式"功能区用于进行函数应用和各种数据计算。"数据"功能区主要用于进行数据处理相关方面的操作。"审阅"功能区主要用于对 WPS 表格进行校对和修订等操作。"视图"功能区用于用户设置 WPS 表格视图类型，方便操作。"开发工具"功能区用于编辑"宏"和控件。"特色功能"功能区用于 WPS 表格与其他文件格式转换。各功能区具体操作在本章后续内容中会依次介绍，在此不再赘述。

（2）编辑栏。编辑栏由名称框和编辑框两部分组成。左边是名称框，显示活动单元格或区域的地址。右边为编辑框，用于输入或编辑活动单元格的数据或公式。编辑框左边有两个按钮，一个是"插入函数"按钮（*fx*），另一个是"浏览公式结果"按钮（⊕）。若编辑框中输入的是公式，默认是显示公式本身，如果单击"浏览公式结果"按钮（⊕），编辑框中则可转换为显示公式结果。当输入或编辑数据时，编辑栏还会显示两个按钮，分别是"取消"按钮（×）、"输入"按钮（✓）。

（3）工作表区域。工作表区域是用来输入、编辑和计算数据的区域，由列和行相交所形成的单元格组成。工作表区域的第一行为列标，用字母表示，左边第一列为行号，用数字表示。

（4）工作表标签。用于显示当前工作簿中所包含的工作表。当前工作表标签以白底显示，其他工作表标签以灰底显示。单击工作表标签可以实现不同工作表之间的选择和切换。

（5）快速访问工具栏。快速访问工具栏默认放置在 WPS 表格窗口的最上方，有常用的"保存""打印""撤销""恢复"等按钮，如图 5-3 所示。用户若想将其他常用按钮加入到该工具栏，可单击快速访问工具栏右边的"⌄"按钮进行设置。

图 5-3　快速访问工具栏

（6）状态栏。工作界面最下面是状态栏，状态栏右边是视图显示方式、缩放比例与缩放滑块。单击"缩放比例"按钮，弹出"显示比例"对话框，用户可在其中设置显示比例。在状态栏空白处右击，可自定义状态栏。

2．工作簿

工作簿是用于存储并处理数据的文件，也就是通常意义上的 WPS 表格文件，其专属扩展名为 .et。新建 WPS 表格后，系统自动建立一个名为"工作簿 1"的空白工作簿，新建工作簿的默认名称为工作簿 1、工作簿 2 等。每一个工作簿包含若干的工作表，默认情况下可以有 1 ～ 255 个工作表。

同时，WPS 也能兼容 Microsoft Office 的默认扩展名，WPS 表格可以打开和编辑 Excel 软件所创建的扩展名为 .xlsx 的文档。保存文件时，"另存为"窗口中的"文件类型"下拉列表框中默认选择"Microsoft Excel 文件（*.xlsx）"选项，文件图标是 📊。若选择"WPS 表格文件（*.et）"选项，则可将文档保存为 WPS 表格的专属文件格式，其扩展名为 .et，文件图标是 📊。

工作簿的新建、打开、保存、另存为等操作与 WPS 文字处理十分相似，在此不再赘述。

3．工作表

工作表是工作簿的重要组成部分，是 WPS 表格对数据进行组织和管理的基本单位。每张工作表都有一个工作表标签加以区别，如 Sheet1、Sheet2 等。用户可以根据需要在工作表标签处进行工作表的增加、删除、切换、重命名等操作。在同一时刻，用户只能在一个工作表上进行操作，通常把该工作表称为当前工作表，在 WPS 表格中单击某个工作表标签，则该工作表就会成为当前工作表。

4．单元格

每一张工作表由若干个单元格组成，单元格是 WPS 表格中最基本的操作单位。工作表中每一行、列交叉处即为一个单元格，列号用英文字母表示，行号用数字表示。每个单元格地址由所在列号和行号来标识，如 B3 表示位于工作表中第 B 列、第 3 行的单元格。

5．活动单元格

用户把鼠标指针移动到某个单元格上并单击，该单元格的边框线变成粗线框，则该单元格称为活动单元格。活动单元格的地址显示在名称框中，活动单元格的数据同时显示在编辑栏中。

5.2.2　WPS 表格数据类型

WPS 表格有多种类型数据，不同类型的数据属性是不相同的，具体分为数值型数据、文本型数据、日期与时间型数据、逻辑型数据等。WPS 表格对输入的数据会自动区分类型，一般采取默认的对齐格式。

1．数值型数据

数值型数据是表示数量，可以进行数值运算的数据类型，包括数字 0 ～ 9、负号（-）、小数点（.）、千位符（,）、分数线（/）、货币符号（$、￥）和百分号（%）等，如 12，-23，34.6，1.5E+3。科学记数法表示形式为"尾数 E 指数"。默认情况下，数值型数据在单元格中右对齐。

2．文本型数据

文本型数据是指一些非数值型的文字、符号等，包括字母、汉字或其他符号等，如"计算机""ABCD""a#1"等。除此之外，一些不需要进行数值计算的数字也可以看作文本型数据，如电话号码、身份证号码等。默认情况下，文本型数据在单元格中左对齐。

3. 日期与时间型数据

日期与时间型数据的显示方式取决于单元格所用的数字格式，一般情况下，日期输入格式为 yy-mm-dd 或 yy/mm/dd，如 22-01-15 或 22/01/15，单元格中会显示为"2022/1/15"；时间输入格式为 hh:mm（am/pm），如 15:25 或 3:25 pm。默认情况下，日期与时间型数据在单元格中右对齐。

4. 逻辑型数据

在 WPS 表格中，可以直接输入逻辑值 TRUE（真）或 FALSE（假），默认情况下，逻辑型数据在单元格中居中对齐。

5.2.3 在单元格输入数据

在输入数据前，首先选定要输入数据的单元格，输入数据后，按 Enter 键，或单击编辑栏上的"输入"按钮（✔）确定输入。如果按 Esc 键，或单击编辑栏上的"取消"按钮（✘）可以取消输入。若用户想在单元格内换行，可通过 Alt+Enter 组合键实现。

1. 各类型数据输入要点

（1）数值型数据。输入数值型数据时，当输入的数字长度超过 11 位时，WPS 表格自动将数字转化为文本类型（编辑栏中会自动在数字前添加一个前缀单引号"'"），此时若仍希望以数字类型存储，则可以单击单元格右边的黄色感叹号，在出现的下拉选项中选择"转换为数字"，如图 5-4 所示，WPS 表格会以科学记数法表示数据。若单元格宽度无法显示科学记数法，单元格会显示"####"，这时需要增加单元格宽度，以便正常显示数据。

图 5-4　数字文本转换为数字

WPS 表格中可以以分数形式输入数值。为避免被视作日期，输入分数时，要求输入整数和分数两部分，并用一个空格隔开。如输入"1/2"时，先输入一个"0"和空格，再输入分数 1/2，即输入"0 1/2"。再比如输入"2 1/3"。

（2）文本型数据。输入文本时，当字符数超出单元格宽度时，其显示方式由右侧相邻单元格决定，若右侧相邻单元格空白，则跨越到右侧相邻单元格显示，否则超出单元格宽度部分不显示。

如果将数字作为文本输入，可以在数字数据前加上英文标点符号的单引号，如"'123456"，其中单引号是一个文本转换符，仅在编辑栏中出现。

（3）日期与时间型数据。输入当前的系统日期，可使用"Ctrl+;"组合键；输入当前的系统时间，可使用"Ctrl+Shift+;"组合键。

当输入的日期与时间数据长度超出单元格宽度时，也会用"####"表示。用户可以调整单元格宽度，使日期与时间数据能正常显示。

2. 在多个单元格中输入相同内容

在多个单元格中输入相同内容的方法是：首先选择要输入相同内容的单元格，输入数据后，按 Ctrl+Enter 组合键，则刚才所选的单元格都将被填充同样的数据。

3. 采用填充方式输入数据

WPS 表格设置了自动填充功能，利用鼠标拖动填充柄和定义有序系列，用户可以快速方便地输入一些有规律的序列值，如 1、2、3 等。

（1）使用填充柄进行填充。每个选定单元格或区域都有一个填充柄，将鼠标指针移动到选定区域的右下角时，鼠标指针就会变成黑"十"字，这个黑十字就称为填充柄。将鼠标指针指向填充柄，用户根据需要可向上、下、左、右四个方向拖动鼠标完成填充。

例如：利用填充柄在单元格区域 A2:A6 自动填充序列 1,2,3,4,5。操作如下：先在 A2 单元格中输入数字"1"并确认，选中 A2 单元格，然后将鼠标指针移到该单元格的填充柄处，待鼠标指针变成黑"十"字时按住鼠标左键不放拖动至单元格 A6，这时 A2 至 A6 单元格就会填充上 1,2,3,4,5。如果想进一步设置填充选项，可单击"自动填充选项"按钮，在展开的下拉列表中选择相应选项，如图 5-5 所示（如果选择"复制单元格"，则 A2 至 A6 单元格中都是"1"）。

图 5-5　自动填充选项

另外，也可以使用如下方法实现填充序列：分别在 A2 和 A3 单元格中输入数字"1"和"2"并确认，选中这两个单元格，将鼠标指针指向 A3 单元格填充柄，拖动鼠标填充至 A6 单元格，也可得到 1,2,3,4,5 序列。这种方式是利用等差序列进行填充的。

（2）使用"序列"对话框填充数据。采用填充序列方式输入数据，可以输入等差或等比数列的数据，用户还可以进行等差或等比序列的设定。具体操作步骤如下：

1）在第一个单元格中输入起始数据。

2）选择"开始"选项卡功能区，单击"填充"按钮的下三角按钮，如图 5-6 所示，在展开的列表中选择"序列"命令，打开"序列"对话框。

3）在"序列"对话框中，如图 5-7 所示，指定"行"或"列"，指定等差或等比序列等类型，在步长值中输入数列的步长，在终止值中输入最后一个数据。

4）单击"确定"按钮，在行上或列上产生定义的数据序列。

图 5-6　"填充|序列"命令

图 5-7　"序列"对话框

4. 采用自定义序列填充数据

WPS 表格中可以使用自定义序列填充数据。用户可使用系统默认序列填充数据，也可建立自己所需要的序列。选择"文件"→"选项"命令，打开"选项"对话框，选择左边列表中的"自定义序列"，右边显示"自定义序列"列表框，如图 5-8 所示。

图 5-8　"自定义序列"列表框

（1）使用默认序列。具体操作步骤如下：

1）在单元格中输入系统默认自定义序列中的一项数据，如"星期日"。

2）将鼠标指针移到该单元格右下角填充柄的位置，拖动鼠标，即可在拖动范围内的单元格中依次自动输入系统自定义序列的数据，例如：星期一、星期二、星期三等。

（2）用户自定义序列。若用户想自行定义填充序列，如要填充"春季，夏季，秋季，冬季"序列，可以自定义序列。具体操作步骤如下：

1）在图 5-8 的"自定义序列"列表框中，选择"新序列"。

2）在"输入序列"列表框中，依次输入新建序列的每一项，例如依次输入"春季，夏季，秋季，冬季"序列项，每项之间按 Enter 键分隔。

3）单击"添加"按钮，将用户自定义序列添加到"自定义序列"列表框中，最后单击"确定"按钮，用户就可以使用该自定义序列了。

5. 数据有效性

为了输入有效数据，用户可以预先设置某一单元格区域允许输入的数据类型、范围，并可设置数据输入提示信息和出错提示信息。具体操作步骤如下：

（1）选定要定义数据有效性的单元格区域。

（2）在"数据"（选项卡）功能区中选择"有效性"命令，打开"数据有效性"对话框。

（3）在"数据有效性"对话框中，如图 5-9 所示，选择"设置"选项卡进行数据验证条件的设置。

图 5-9　"数据有效性"对话框

（4）在"输入信息"选项卡中设置用户选定该单元格时出现的提示信息。

（5）在"出错警告"选项卡中设置用户输入出错时出现的警告信息。

（6）单击"确定"按钮完成设置。

5.2.4　编辑及格式化单元格

1. 单元格的基本编辑操作

WPS 表格可以对单元格进行选定、复制、移动、粘贴、插入、删除，调整行高和列宽等基本编辑操作。

（1）选定单元格。在执行 WPS 表格命令之前，一般都要选定对其操作的单元格（区域），被选定的单元格（区域）称为活动单元格（区域）或当前单元格（区域），其四周用黑色粗边框进行标明，选定方法见表 5-1。

此外，还可以通过编辑栏中的名称框进行单元格（区域）的选定，如在名称框中输入"X99"，按 Enter 键确认输入后，即可选定"X99"单元格。

（2）复制、移动单元格。移动单元格时，首先应选定要移动的单元格，然后选择"开始"

功能区中的"剪切"命令（或右击，在弹出的快捷菜单中选择"剪切"命令，或使用 Ctrl+X 组合键），此时该单元格会出现一个闪烁的虚线框，选定目标单元格，再选择"开始"功能区中的"粘贴"命令（或使用 Ctrl+V 组合键），即可完成单元格的移动操作，同时闪烁的虚线框消失。

也可以采用鼠标拖动的方法实现单元格的移动操作：将鼠标指针指向该单元格的四边边缘，当鼠标指针变为四向箭头形状时，拖动鼠标左键到目标单元格后释放，即可完成单元格的移动。如果目标单元格已有数据，则系统会弹出询问"此处已有数据。是否替换它"的对话框，选择"确定"或"取消"。

单元格的复制方法与移动方法相似，在选定要复制的单元格后，选择"复制"命令（或使用 Ctrl+C 组合键），此时该单元格也会出现一个闪烁的虚线框，选定目标单元格，再选择"粘贴"命令，即可完成单元格的复制操作。如果此时仍有虚线框，可进行多次粘贴操作，若想取消虚线框，按 Esc 键即可。

同样可以采用鼠标拖动的方法实现单元格的复制操作，只要在拖动鼠标左键的同时按住 Ctrl 键即可。

表 5-1　单元格（区域）选定

选定区域	操作方法
一个单元格	单击某个单元格
整行（列）	单击工作表相应的行号（列标）
整张工作表	单击全选框 ◢（工作表左上角行列交叉处按钮）
相邻行（列）	鼠标拖过相邻的行号（列标）
不相邻行（列）	选定第一行（列）后，按住 Ctrl 键，再选择其他行（列）
相邻单元格区域	单击区域左上角单元格，拖至右下角（或按住 Shift 键后单击右下角单元格）
不相邻单元格区域	选定一个区域后，按住 Ctrl 键，再选择其他区域

（3）选择性粘贴的使用。一个单元格含有多种特性，如内容、格式、公式等，有时在复制单元格时只需复制其中的部分特性，这时就要通过选择性粘贴来实现。先选择要复制的源单元格并执行"复制"命令，然后将鼠标移动到目标单元格，选择"开始"功能区中的"粘贴"命令，在下拉列表中选择要粘贴的相应选项，如图 5-10 所示。也可选择"选择性粘贴"命令，打开"选择性粘贴"对话框，如图 5-11 所示，在该对话框中选择要粘贴的相应选项，单击"确定"按钮。

（4）插入、删除单元格。插入单元格是指在原来的位置插入新的空白单元格，而原位置的单元格按照用户指定的方式顺延到其他的位置上。操作步骤是：首先选定要插入单元格的位置，然后右击，选择快捷菜单中的"插入"命令，在展开的下拉菜单中按需要选择一种插入方式即可，如图 5-12 所示。也可通过"开始"功能区"行和列"中的"插入单元格"命令选择某一种插入方式，如图 5-13 所示。

图 5-10　"粘贴"列表

图 5-11　"选择性粘贴"对话框

图 5-12　"插入"下拉菜单

图 5-13　"插入单元格"下拉菜单

删除单元格与插入单元格相似，先选定单元格（区域），然后右击，在快捷菜单中选择"删除"命令，在展开的下拉菜单中按需要选择一种删除方式即可，如图 5-14 所示。

图 5-14　"删除"下拉菜单

（5）插入、删除行或列。插入行的操作是：单击要插入行的单元格，在如图 5-12 所示的下拉菜单中选择"插入行"，修改插入行数，即可在当前行之前插入指定数目的空白行。若需插入列，同样在如图 5-12 所示的下拉菜单中选择"插入列"，修改插入列数，即可在当前列的左边插入指定数目的空白列。

删除行或列，在如图 5-14 所示的下拉菜单中选择"整行"或"整列"即可。插入或者删除单元格、行、列后，系统会自动调整行号或列标。

（6）调整行高和列宽。在 WPS 表格使用中经常会根据实际需求对行高和列宽进行调整，可以使用鼠标进行调整或在对话框中精确设置。

使用鼠标调整：将鼠标指针指向要调整高度的行所在行号的下边框，当鼠标指针变成 ✚ 形状时，拖动鼠标左键即可改变该行行高，拖动过程中有一条虚线指示此时释放鼠标后该行下框边线的所在位置，同时指针的右上角显示此时的行高。调整列宽也可以采用相似的方法，将鼠标指针指向要调整宽度的列所在列标的右边框，当鼠标指针变成 ✚ 形状时，拖动鼠标左键即可改变该列列宽。

使用对话框精确设置行高或列宽：在"开始"功能区选择"行和列"下拉菜单中的"行高"或"列宽"，打开"行高"（"列宽"）对话框，如图 5-15 所示。在文本框中输入数值后，单击"确定"按钮即可。也可选定行号（或列标）后，右击，选择快捷菜单中的"行高"（"列宽"）命令，弹出对话框进行设置。

（a）"行和列"下拉菜单　　　　　（b）"行高"|"列宽"对话框

图 5-15　使用对话框精确设置行高或列宽

2. 单元格的格式化

对单元格格式进行设置，可以使工作表更加美观、排列更整齐。首先选中需要设置格式的单元格，然后单击"开始"功能区中的"格式"按钮，从下拉菜单中选择"单元格"命令（或在选定单元格后，右击，选择"设置单元格格式"命令），打开"单元格格式"对话框，如图 5-16 所示。该对话框包括"数字""对齐""字体""边框""图案""保护"6 个选项卡，下面简单介绍其中的"数字""对齐""边框""图案"选项卡的功能。

（1）"数字"选项卡，如图 5-16 所示，主要设置单元格数字格式。WPS 表格提供了大量数字格式，并对它们进行分类。用户可以在"分类"列表框中根据需要选择所需的格式，再对右侧的不同属性进行设置，比如将"分类"选择为"数值"，再对小数位数进行设置，设置结束后单击"确定"按钮即可。

（2）"对齐"选项卡，如图 5-17 所示，主要设置单元格对齐格式。WPS 表格对输入的数据会根据类型采取默认的对齐方式，用户也可以自行改变单元格的对齐方式。在"对齐"选项卡中，选择"水平对齐"和"垂直对齐"下拉列表框中的选项可以改变单元格的水平和垂直对齐方式。"文本控制"下的三个复选框用来设定单元格中数据超出单元格宽度时的显示样式，说明如下：

- "自动换行"：对输入的数据根据单元格的宽度自动换行显示。
- "缩小字体填充"：减小数据的字号，使输入数据的宽度与列宽相同。
- "合并单元格"：将多个单元格合并为一个单元格。

　　　图 5-16　"单元格格式"对话框　　　　　　　　图 5-17　"对齐"选项卡

　　单元格对齐功能还可以通过"开始"功能区中的各种对齐按钮实现。合并单元格功能还可以通过单击"开始"功能区中的"合并居中"按钮实现。选择多个单元格后，单击"合并居中"下三角按钮，可以弹出合并选项，如图 5-18 所示。若选择一个合并单元格，再单击"合并居中"下三角按钮，还会显示"取消合并单元格"和"拆分并填充内容"两个选项，如图 5-19 所示。

　图 5-18　"合并居中"下拉菜单　　　图 5-19　"取消合并单元格"和"拆分并填充内容"

合并各选项含义如下：

- "合并居中"：将选择的多个单元格合并为一个单元格，新单元格只保留合并前第一个单元格的内容且对齐方式为垂直水平居中。

- "合并单元格"：将所选单元格合并为一个单元格，新单元格只保留合并前第一个单元格的内容和对齐方式。
- "合并内容"：将所选单元格合并为一个单元格，新单元格保留所有合并单元格的内容。
- "按行合并"：将所选单元格的每行合并为一个更大的单元格，每行新单元格保留所在行第一个单元格的内容。
- "跨列居中"：在不合并旁边单元格的情况下达到合并居中的视觉效果，即将内容跨选中的几列居中显示，每一列还是自己的单元格。
- "取消合并单元格"：取消单元格的合并，变为多个单元格，合并单元格的内容会放置在被取消合并的第一个单元格中。
- "拆分并填充内容"：取消单元格的合并，变为多个单元格，合并单元格的内容会放置在被取消合并的每一个单元格中。

（3）"边框"选项卡，如图 5-20 所示，主要设置单元格边框与底纹。默认情况下，WPS 表格的单元格线都是统一的淡虚线，在打印预览及打印时不会出现。用户可以根据需要通过 "边框"选项卡设置单元格的上、下、左、右、对角或外框，线条样式和颜色可以任意选择。也可以通过单击"开始"功能区的"所有框线"按钮 田 进行设置。

（4）"图案"选项卡，如图 5-21 所示，主要设置单元格底纹。用户设置单元格底纹时可以填充颜色，也可以填充图案，还可以设置填充效果。

图 5-20　"边框"选项卡

图 5-21　"图案"选项卡

3. 条件格式

条件格式是指当指定条件为真时，WPS 表格对选定区域内满足条件的单元格应用预定义的格式，根据条件使用数据条、色阶和图标集，突出显示相关单元格，可以直观地查看和分析数据，发现关键问题以及识别模式和趋势。

单击"开始"功能区中的"条件格式"按钮，展开如图 5-22 所示的"条件格式"下拉菜单，其各选项说明如下：

（1）突出显示单元格规则。使用该规则，可以将选定单元格区域中某些符合特定规则的单元格，以特殊的格式突出显示。通常，突出显示单元格的规则有"大于""小于""介于""等于""文本包含""发生日期"及"重复值"，用户可以根据要设置单元格的数据类型选择最合适的规则。

例：将图 5-23 所示的语文、数学、英语 3 门课成绩大于 80 分的单元格设置为"浅红填充色深红色文本"。

图 5-22　"条件格式"下拉菜单

E	F	G
语文	数学	英语
78	67	72
88	92	93
56	69	71
12	90	92
90	73	69
68	80	71

图 5-23　3 门课成绩

操作步骤如下：

1）选择 E2:G7 单元格，在"条件格式"下拉菜单中选择"突出显示单元格规则"选项，展开下一级菜单，选择"大于"命令，如图 5-24 所示。

2）在弹出的"大于"对话框中，在文本框中输入"80"，在"设置为"下拉列表框中选择"浅红填充色深红色文本"选项，如图 5-25 所示，最后单击"确定"按钮，即可实现大于80 分的单元格用相应格式突出显示。

若要设置其他格式，可在"设置为"下拉列表框中选择"自定义格式"选项，弹出"单元格格式"对话框自定义格式设置。

其他突出显示单元格规则，如"等于""小于""文本包含"等与"大于"规则相似，在此不再赘述。

图 5-24　"突出显示单元格规则"子菜单

图 5-25　"大于"对话框

（2）项目选取规则。用户可以使用该规则来选择满足某个条件的单元格（区域）。通常，作为项目选取规则的有"前 10 项""前 10%""最后 10 项""最后 10%""高于平均值""低于平均值"等。

（3）数据条。用带颜色、长短不一的数据条表示单元格数值的大小。数据条的长度表示单元格中数据值的大小，数据条越长，代表数值越大，反之，数据条越短，代表数据值越小。当需要查看较高和较低数据值时，数据条特别有效。例如：将语文成绩用"渐变填充"中的"红色数据条"表示，可以通过数据条的长短比较醒目地显示数据大小，如图 5-26 所示。

图 5-26　"数据条"效果

（4）色阶。色阶是指用不同颜色刻度来分析单元格中的数据，颜色刻度作为一种直观的提示，可以帮助用户了解数据分布和数据变化。WPS 表格常用的颜色刻度有双色刻度和三色刻度，颜色的深浅表示值的大小，如在绿 - 黄 - 红色阶中，较大值单元格的颜色为绿色，中间值单元格的颜色为黄色，较小值单元格的颜色为红色，最大值单元格颜色是最深的绿色，最小值单元格颜色是最深的红色。

（5）图标集。WPS 表格可以使用图标集对数据进行注释，可以按方向、形状、标记和等级对数据大小进行标注。

（6）新建规则。除了可以用前面的规则项目来分析单元格数据，WPS 表格还支持用户自定义规则来分析数据。在图 5-22 所示的"条件格式"下拉菜单中选择"新建规则"命令，打开"新建格式规则"对话框，用户可在该对话框中设置规则类型并编辑规则说明。

（7）清除规则。用户若需要对某单元格（区域）清除应用的条件格式，可在"条件格式"下拉菜单中选择"清除规则"命令，在下级菜单中选择具体清除的对象即可。

4. 表格样式

表格样式是一组定义好的格式集合，如数字、字体、边框、对齐方式、底纹等。利用表格样式可以快速地将预设格式用于单元格中，简化工作表的格式设置。如果样式发生变化，所有使用该样式的单元格都会自动改变。用户还可以新建样式，修改和删除样式。

应用表格样式的操作步骤如下：

（1）选择需要应用样式的单元格或单元格区域。

（2）单击"开始"功能区中的"表格样式"按钮，弹出"预设样式"下拉菜单，如图 5-27 所示，在菜单中选择要应用的样式。

图 5-27　"预设样式"下拉菜单

5.2.5　管理工作表

工作表是 WPS 表格对数据进行组织和管理的基本单位，用户可以根据需要插入、删除、重命名、复制或移动工作表。

1. 插入工作表

可以用以下方法实现插入工作表的操作。

（1）直接单击工作表标签右侧的"新建工作表"按钮+，系统默认在工作表标签最后插入一张新工作表。

（2）选定一张工作表，在工作表标签上右击，选择快捷菜单中的"插入"命令，在出现的"插入工作表"对话框中输入插入工作表的数目，选择新工作表的位置，单击"确定"按钮即可，如图 5-28 所示。

（3）单击"开始"功能区中的"工作表"按钮，在下拉菜单中选择"插入工作表"命令，如图 5-29 所示，也可出现如图 5-28 所示的"插入工作表"对话框。

新插入的工作表为当前工作表，其名称由系统按 Sheet2、Sheet3 等的顺序自动命名。

2. 删除工作表

删除工作表之前先选定要删除的工作表。用以下方法实现删除工作表的操作。

（1）选择"开始"功能区"工作表"下拉菜单中的"删除工作表"命令，即可删除当前工作表。

（2）在工作表标签上右击，在弹出的快捷菜单中选择"删除工作表"命令。

图 5-28 "插入工作表"对话框 　　　　图 5-29 "工作表"下拉菜单

如果删除的工作表中有数据，会弹出如图 5-30 所示的系统提示对话框。如果确认删除，单击"确定"按钮，完成删除操作。但应注意：工作表被删除后，不可以使用快速访问工具栏上的"撤销"按钮（或 Ctrl+Z 组合键）进行操作的撤销，即不能恢复被删除的工作表。同时，工作簿中至少含有一张可视工作表，如图 5-31 所示。

图 5-30 删除工作表提示对话框 　　　　图 5-31 工作簿中至少含有一张可视工作表

3. 重命名工作表

默认情况下，工作表都是以 Sheet1、Sheet2、Sheet3 等来命名的，为了便于用户直观识别工作表，可以对工作表进行重命名操作。首先选定需要重命名的工作表，用以下方法实现重命名工作表的操作。

（1）选择"开始"功能区"工作表"下拉菜单中的"重命名"命令，如图 5-29 所示。

（2）在工作表标签上右击，在弹出的快捷菜单中选择"重命名"命令。

（3）双击工作表标签。

此时工作表标签变为蓝底白字，输入新的工作表名称，按 Enter 键（或单击工作表任意位置）进行确认。

4. 更改工作表标签的颜色

默认的工作表标签底纹颜色是白色的，用户可以根据自己的爱好将工作表标签设置为其他颜色。首先选定需要更改工作表标签颜色的工作表，用以下方法实现操作。

（1）选择"开始"功能区"工作表"下拉菜单中的"工作表标签颜色"命令，然后从下级菜单中选择需要的颜色即可。

（2）在工作表标签上右击，在弹出的快捷菜单中选择"工作表标签颜色"命令，然后从下级菜单中选择需要的颜色即可。

5. 复制或移动工作表

移动或复制工作表既可以在工作簿内部进行，也可以在工作簿之间进行。操作步骤如下：

（1）选定需要移动或复制的工作表，若在不同工作簿之间进行，则分别打开源工作表与目标工作表所在的工作簿。

（2）选择"开始"功能区"工作表"下拉菜单中的"移动或复制工作表"命令，或在工作表标签上右击，在弹出的快捷菜单中选择"移动或复制工作表"命令，都可打开"移动或复制工作表"对话框。

（3）在如图 5-32 所示的"移动或复制工作表"对话框中，从"工作簿"下拉列表框中选择目标工作簿，从"下列选定工作表之前"列表框中选择插入的位置，若勾选"建立副本"复选框则进行工作表的复制操作，否则进行工作表的移动操作。

（4）单击"确定"按钮完成操作。

6. 隐藏与显示工作表

WPS 表格可以根据需要隐藏和显示工作表。当不希望其他用户看到某个工作表时，可以暂时将它隐藏起来，当需要查看或编辑时，再通过取消隐藏恢复显示工作表。

（1）通过以下方法可以隐藏工作表：

1）选择要隐藏的工作表标签，选择"开始"功能区"工作表"下拉菜单中的"隐藏与取消隐藏"命令，从下级菜单中选择"隐藏工作表"命令，如图 5-33 所示，该工作表就被隐藏了。

图 5-32　"移动或复制工作表"对话框　　　　图 5-33　"隐藏与取消隐藏"子菜单

2）在需要隐藏的工作表标签上右击，选择快捷菜单中的"隐藏"命令，该工作表就被隐藏了。

（2）取消隐藏，恢复显示工作表，可以通过以下方法实现：

1）选择"开始"功能区"工作表"下拉菜单中的"隐藏与取消隐藏"命令，从下级菜单中选择"取消隐藏工作表"命令。

2）在任意工作表标签上右击，选择快捷菜单中的"取消隐藏"命令。

以上方法都打开"取消隐藏"对话框，在其中选择需要取消隐藏的工作表，单击"确定"按钮，隐藏的工作表就被恢复显示了。

行或列的隐藏和显示操作与工作表的隐藏和显示相似，在"开始"功能区"行和列"下拉菜单中选择相应命令即可。

7. 保护工作簿与工作表

（1）保护工作簿。对工作簿进行保护可以防止他人对工作簿的结构进行改动，防止别人进行删除、移动、隐藏、取消隐藏、重命名工作表或者插入工作表等操作。单击"审阅"功能区中的"保护工作簿"按钮，打开"保护工作簿"对话框，输入密码（可选），单击"确定"按钮，再输入一次密码，即可完成保护工作簿的设置，如图 5-34 所示。同时，"保护工作簿"按钮会变成"撤销工作簿保护"按钮。单击"撤销工作簿保护"按钮，即可撤销对工作簿的保护。若设置保护时输入了密码，则会弹出对话框要求输入密码。

（2）保护工作表。保护工作表是指防止别人对工作表进行单元格格式设置、插入或删除行（列）、插入超链接等操作。具体设置步骤如下：

1）选定要设置保护的工作表。

2）单击"审阅"功能区中的"保护工作表"按钮，打开"保护工作表"对话框，如图 5-35 所示。该对话框也可以通过单击"开始"功能区中的"工作表"按钮，在展开的下拉菜单中选择"保护工作表"命令打开。

图 5-34　"保护工作簿"对话框

图 5-35　"保护工作表"对话框

3）在该对话框中，对各复选项进行设置，并根据需要输入密码即可。

当对选定的工作表设置保护后，"审阅"功能区中的"保护工作表"按钮会变成"撤销工作表保护"按钮，只需单击"撤销工作表保护"按钮，即可撤销对工作表的保护。若设置保护时输入了密码，则会弹出"撤销工作表保护"对话框，在"密码"框中输入正确的密码即可。

8．工作表窗口的冻结拆分

如果工作表中的内容过长或过宽，无法在一个窗口中全部显示出来，可以利用 WPS 表格提供的"冻结窗格""拆分窗口"等功能来解决这一问题。

（1）冻结窗格。选定要冻结窗格的单元格，单击"视图"功能区中的"冻结窗格"按钮，弹出如图 5-36 所示的"冻结窗格"下拉菜单，从中选择"冻结窗格"命令，工作表窗口即可出现两条分隔线（默认以所选定的单元格的上边线和左边线作为分界线），把当前窗口分成上、下、左、右四个区域。冻结窗格后，原来的"冻结窗格"变成"取消冻结窗格"命令，选择该命令可以取消冻结窗格操作，并还原成原来的窗口。

图 5-36　"冻结窗格"下拉菜单

（2）冻结首行。在图 5-36 所示的"冻结窗格"下拉菜单中选择"冻结首行"命令，工作表窗口中第一行（首行）下边出现一条分隔线，把当前窗口分成上、下两个区域，其中首行为单独的一个区域且被冻结（固定）了，滚动工作表其余部分时，首行固定。

（3）冻结首列。在图 5-36 所示的"冻结窗格"下拉菜单中选择"冻结首列"命令，工作表窗口中第一列（首列）右边出现一条分隔线，把当前窗口分成左、右两个区域，其中首列为单独的一个区域且被冻结（固定）了，滚动工作表其余部分时，首列固定。

冻结首行或首列后，原来的"冻结窗格"命令也会变成"取消冻结窗格"命令，选择该命令可以取消冻结首行或首列操作，并还原成原来的窗口。

（4）拆分窗口。选定要拆分窗口的单元格，单击"视图"功能区中的"拆分窗口"按钮，当前窗口被分成多个窗口，同时"拆分窗口"按钮会变成"取消拆分"按钮，单击该按钮可以还原成原来的一个窗口。

5.2.6　排版与输出

通常，在打印工作表之前要先进行页面设置，如页边距、页眉／页脚等，通过打印预览查看工作表外观和版面是否符合要求，若符合即可打印输出。

1. 页面设置

页面设置可以改变纸张大小、打印方向，设置页边距、页眉／页脚等。在"页面布局"功能区中，有"页边距""纸张方向""纸张大小""打印区域""打印缩放""打印预览"等各种命令按钮，如图 5-37 所示，用户可单击需要的命令按钮进行相应设置。

图 5-37　"页面布局"功能区

其中，单击"打印标题或表头"按钮，打开"页面设置"对话框，选择"工作表"标签，设置"顶端标题行／左端标题行"，如图 5-38 所示，这样，当打印多页内容时，设置为"顶端标题行／左端标题行"的内容就会在每页重复打印。如果只希望打印部分区域的内容（而非完全打印），可先选中该部分单元格区域，单击"页面布局"功能区中的"打印区域"按钮，在下拉菜单中选择"设置打印区域"命令，如图 5-39 所示，打印时就只会打印该单元格区域。选择"取消打印区域"命令则变成完全打印。

图 5-38　设置"顶端标题行／左端标题行"　　　　图 5-39　"打印区域"下拉菜单

2. 设置页眉和页脚

单击"插入"功能区中的"页眉和页脚"按钮，或"页面布局"功能区中的"打印页眉和页脚"

按钮，都可打开"页面设置"对话框，选择"页眉/页脚"选项卡，WPS 表格文档即可进行页眉和页脚编辑，如图 5-40 所示。系统预定义好了一些页眉和页脚选项，如"第 1 页""第 1 页，共? 页"、文件标签名等信息，在"页眉"或"页脚"下拉列表框中选择需要的信息选项，即可插入页眉或页脚的内容。

如果需要自行定义页眉或页脚内容，可以单击图 5-40 所示对话框中的"自定义页眉"或"自定义页脚"按钮，打开"页眉"或"页脚"对话框，单击其中的各元素按钮可在页眉或页脚中插入页码、页数、作者名、当前日期、当前时间、文件路径、文件名等信息，如图 5-41 所示。用户也可以在编辑区域直接输入要编写的内容，最后单击"确定"按钮即可。编辑完页眉和页脚后，选择打印预览就可以看到页眉和页脚的内容。

图 5-40　"页眉/页脚"选项卡

图 5-41　"页眉"对话框

如果要设置首页或奇偶页页眉和页脚不同，勾选图 5-40 所示对话框中的"奇偶页不同"或"首页不同"复选框，再分别编辑不同的页眉和页脚。

3. 打印预览和打印

在打印之前可利用打印预览功能查看工作表外观和版面，显示打印的设置效果，如果达到理想效果就可执行打印操作。单击"页面布局"功能区中的"打印预览"按钮，或者选择"文件"→"打印"→"打印预览"命令，即可进入打印预览界面。

在"打印预览"界面中查看打印预览的效果，顶端有打印预览工具栏，如图 5-42 所示，可以查看打印机的状态，设置打印份数、方式、顺序等，如果勾选"打印网格线"复选框，则系统会自动对单元格加上虚边框。单击最右边的"关闭"按钮则退出"打印预览"界面。如果单击最左边的"打印"按钮可以打开"打印"对话框，如图 5-43 所示，设置好页码范围、打印内容、份数等打印选项就可以打印文档了。使用 Ctrl+P 组合键也可显示"打印"对话框。

图 5-42　"打印预览"工具栏

图 5-43　"打印"对话框

5.3　公式应用

公式和函数是 WPS 表格重要的组成部分，使用公式可以简化计算的过程，极大地提高工作效率。

5.3.1　公式运算符

WPS 表格公式是以"="开始，由运算符、常量、单元格引用、函数等元素组成的一个表达式。WPS 表格包含算术运算符、比较运算符、文本运算符和引用运算符 4 种类型。

（1）算术运算符。算术运算符用来进行基本的数学运算，其运算结果均为数值，包括 +（加）、-（减）、*（乘）、/（除）、%（百分比）、^（乘方）等。

（2）比较运算符。比较运算符用来比较两个数值的大小，其运算结果为逻辑值 TRUE 或 FALSE，包括 =（等于）、>（大于）、<（小于）、>=（大于或等于）、<=（小于或等于）、<>（不等于）等。

（3）文本运算符。文本运算符只有一个，即 &，其作用是进行文本的连接。文本运算符的操作对象可以是单元格地址，也可以是文本常量。如果是文本常量，则该字符串必须用一对英文双引号 "" 括起来，例如：一个单元格中输入公式 "="WPS 表格 "& "2019 版 ""，其结果为 "WPS 表格 2019 版"。

（4）引用运算符。引用运算符用来将不同的单元格区域合并运算，包括冒号、逗号、空格。

1）冒号（:）：对两个在区域内的所有单元格进行引用。例如："A2:C3"表示 A2 ～ C3 所有 6 个单元格的引用，如图 5-44 所示。

2）逗号（,）：将多个引用合并为一个引用。例如："A2,C3"表示 A2 和 C3 这两个单元格的引用，如图 5-45 所示。

3）空格：只处理各引用区域间相重叠的部分单元格。例如：输入公式 "=SUM(A2:C3 B2:D4)"，即求出这两个区域中重叠的单元格 B2、B3、C2、C3 的和，如图 5-46 所示。

图 5-44　"A2：C3"引用　　图 5-45　"A2，C3"引用　　图 5-46　"A2：C3 B2：D4"引用

在 WPS 表格中，所有的运算符都要遵守一定的运算优先级规则，优先级由高到低为括号、引用运算符、算术运算符、文本运算符、比较运算符。

5.3.2　公式输入

公式输入可以在编辑栏中进行，也可以在单元格中进行。首先选定要输入公式的单元格，输入"="后继续输入公式的其他部分，随后按 Enter 键或单击编辑栏中的"输入"按钮（✓）即可完成，如图 5-47 所示。公式输入完毕，默认情况下，单元格中将显示计算的结果，编辑框中显示公式本身。

	SUM		× ✓ *fx*	=SUM(C2:E2)	
	A	B	C	D	E	F
1	学号	姓名	语文	数学	英语	总分
2	160304019	张利	82	68	89	=SUM(C2:E2)
3	160305039	雷茂	75	78	84	
4	160404001	杨杰	90	88	66	
5	160404020	陈欣	67	98	92	
6	160504033	胡荣	55	86	78	

图 5-47　输入公式

5.3.3　公式编辑

当某个单元格输入公式后，若相邻的单元格也需要进行同类型的计算，这时，用户不必一一输入公式，可进行公式的复制操作。最常用的方法是使用填充柄进行公式复制，操作如下：将鼠标指针放在要复制公式的单元格右下角，当鼠标指针变成填充柄状态时，拖动鼠标到同行或同列的其他单元格上即可。

公式在复制的时候，若公式中包含单元格地址的引用，则在复制过程中根据不同的情况使用不同的单元格引用。

5.3.4　引用单元格地址

单元格地址的引用包括相对引用、绝对引用和混合引用三种。在公式编辑界面，选中单元格地址，再按 F4 键，可在三种引用方式之间切换。

1. 相对引用

相对引用是指当公式复制时，公式中单元格地址引用随公式所在单元格位置的变化而改变，是 WPS 表格中单元格引用的默认方式。相对引用的格式是"列标行号"，如 A1、B2 等。其特点是：当公式被复制时，目标单元格中公式参数的行号与列标会根据源公式所在的单元格和其引用单元格之间的相对位置进行自动变化。下面以图 5-48 为例来进行说明。

（1）在 C1 中输入公式 "=A1+B1"，确认输入。

（2）选择 C1 单元格，将其复制到 D2 单元格。公式从 C1 到 D2 变化为：列标加 1，行号加 1，由于采用了相对引用，因此公式中所引用的单元格地址发生同样的变化，D2 单元格中的公式为 "=B2+C2"。

图 5-48　相对引用

2. 绝对引用

绝对引用是指当公式复制或移动时，被绝对引用的单元格将不随公式位置的变化而改变。绝对引用的格式是 "$ 列标 $ 行号"，即引用时在列标、行号前加 "$" 符号，如 $A$1、$B$2 等。如上例中，若 C1 中输入公式 "=$A$1+$B$1"，则在复制到 D2 后，D2 单元格中的公式仍为 "=$A$1+$B$1"，如图 5-49 所示。

图 5-49　绝对引用

3. 混合引用

混合引用是指单元格引用中，一个地址是绝对引用，一个地址是相对引用，如 $A1、B$2 等。当公式复制时，公式的相对地址部分随位置变化而改变，而绝对地址部分不变。下面以图 5-50 为例来进行说明。

（1）在 C1 中输入公式 "=$A1+B$1"，$A1 和 B$1 单元格都是混合引用，其中，$A1 是列地址采用绝对引用，行地址采用相对引用；B$1 是列地址采用相对引用，行地址采用绝对引用。

（2）将 C1 复制到 D2 单元格。公式从 C1 到 D2 变化为：列标加 1，行号加 1。$A1 变为 $A2；B$1 变为 C$1，D2 单元格中的公式为 "=$A2+C$1"。

图 5-50　混合引用

另外还有三维地址引用。在同一个工作簿中，如果在当前工作表中引用另一个工作表中的单元格地址，引用方法为 "工作表标签名！单元格地址引用"。例如当前工作表为 Sheet1，则公式 "=A1+Sheet2!A2" 表示将 Sheet1 工作表中的 A1 单元格的值和 Sheet2 工作表中 A2 单元格的值相加。

如果引用非当前工作簿中的单元格，引用方式为"[工作簿名字] 工作表标签！单元格地址"，如当前工作簿中某一单元格有公式"=A5+[成绩单]Sheet1!$A$3"，则表示当前工作簿当前工作表中的 A5 单元格与名为"成绩单"的工作簿 Sheet1 工作表中的 A3 单元格求和。

5.4　WPS 表格的函数

5.4.1　函数的概念及输入

1. 函数的概念

函数是系统预定义的公式程序，用户可直接使用。

WPS 表格函数的语法格式为：函数名 (参数 1, 参数 2,...)。其中，函数名用来指明函数要执行的功能和运算；参数是函数运算必需的条件，可以是数字、文本、逻辑值、单元格引用、函数等，各个参数之间用逗号隔开。

根据函数的功能，可以将函数分为财务函数、逻辑函数、文本函数、日期和时间函数、数学和三角函数、查找与引用函数、统计函数、工程函数、信息函数等。

2. 函数的输入

函数输入的方法有两种。第一种是采用直接输入函数的方法，该方法类似于公式的输入。首先选定单元格，输入等号"="后直接输入函数本身即可，如输入"=SUM(C1:D2)"。

第二种是采用函数粘贴法，通过"插入函数"对话框进行函数的输入。例如，用插入函数的方式计算语文和数学的总分，如图 5-51 所示，其操作步骤如下：

（1）选定要输入函数的单元格（本例中选中 C2 单元格）。

（2）单击编辑栏左侧"插入函数"按钮（ fx ），或单击"公式"功能区中"插入函数"按钮 fx ，如图 5-52 所示，打开"插入函数"对话框。

图 5-51　计算总分

图 5-52　"插入函数"按钮

（3）在如图 5-53 所示的"插入函数"对话框中，从"或选择类别"下拉列表框中选择函数类别，本例选择"常用函数"选项。从"选择函数"列表框中选择需要的函数，本例选择SUM() 求和函数。如果在"选择函数"列表框中没有所需函数，可以在"查找函数"文本框中输入函数名或中文描述，系统会推荐出函数，从中选择所需函数即可。

（4）单击"确定"按钮，弹出"函数参数"对话框，如图 5-54 所示，在该对话框中可手动输入参数"A2:B2"，也可以用拖动鼠标选择参数区域的方法输入参数。拖动鼠标选择参数区域的操作步骤是：单击数值 1 文本框右边的"压缩对话框"按钮 ，折叠"函数参数"对话框,在工作表中拖动鼠标选择参数区域"A2:B2"，此时闪烁的虚线框代表该区域为参数区域，再单击"展开对话框"按钮 ，展开"函数参数"对话框。

（5）单击"确定"按钮完成函数的输入。最后将公式通过填充柄复制到其他单元格，完成多位同学的语文和数学的求和操作。

如果想学习该函数的使用，可以单击图 5-54 中的"查看该函数的操作技巧"，打开"WPS学堂"网站，进一步学习了解相关知识和技巧。

图 5-53　"插入函数"对话框　　　　图 5-54　"函数参数"对话框

5.4.2　常用函数的使用

1．SUM() 函数

功能：计算单元格区域中所有数据之和。

语法：SUM(number1,number2,...)

说明：SUM(数据 1, 数据 2,...)

number1、number2 等为 1 ～ 255 个需要求和的参数。单元格中的逻辑值和文本将被忽略。但当作为参数键入时，逻辑值和文本有效。

使用示例：SUM(1,2) 结果等于 3。

若单元格 A1:A3 中有数字 10、20、30，则 SUM(A1:A3) 等于 60，SUM(A1:A2,5) 等于 35。

SUM("3",2,TRUE) 等于 6，因为文本值和逻辑值作为参数键入，将被计算。文本"3"转化为数字 3，逻辑值 TRUE 被转化为数字 1，若是逻辑值 FALSE 则被转化为数字 0。

若 A1 单元格中数据为文本"3"，B1 单元格中数据为逻辑值 TRUE，则 SUM(A1,B1,2) 等于 2，因为单元格引用中的逻辑值和文本被忽略，不能被转化为数字。

2．SUMIF() 函数

功能：对满足条件的单元格求和。

语法：SUMIF(range,criteria,sum_range)

说明：SUMIF(区域 , 条件 , 求和区域)

（1）range 为用于条件判断的单元格区域。

（2）criteria 为确定哪些单元格将被相加求和的条件。

（3）sum_range 为需要求和的实际单元格。只有当 range 中的相应单元格满足条件时，才对 sum_range 中的单元格求和。如果省略 sum_range，则直接对 range 中的单元格求和。

使用示例：对职称为"讲师"的人员，计算奖金之和。数据如图 5-55 所示。

	A	B	C
1	姓名	职称	奖金
2	马婷	助教	300
3	陈晓	讲师	400
4	刘昆	教授	1000
5	赵敏	副教授	800
6	吴斌	讲师	500

图 5-55　职称与奖金数据

公式为"=SUMIF(B2:B6," 讲师 ",C2:C6)"，结果为 900。

分析：B2:B6 单元格区域是进行条件判断的区域，条件为"讲师"，C2:C6 单元格区域是实际求和区域。首先判断 B2 单元格的数据是不是等于"讲师"，若是，则 C2 单元格的数据会被累加求和，若不是，C2 单元格的数据不会被累加求和；接着判断 B3 单元格的数据是不是等于"讲师"，若是，则 C3 单元格的数据会被累加求和，若不是，C3 单元格的数据不会被累加求和，一直判断到 B6 单元格。在 B2 到 B6 单元格中，B3 和 B6 两个单元格的数据等于"讲师"，则 C3 和 C6 两个单元格数据相加求和，最后结果为 900。

3．AVERAGE() 函数

功能：计算各数据的算术平均值。

语法：AVERAGE(number1,number2,...)

说明：AVERAGE(数据 1, 数据 2,...)

使用示例：若单元格 A1:A3 中有数据 80、82、90，则 AVERAGE (A1:A3) 等于 84。

4．ROUND() 函数

功能：返回某个数据按指定位数取整后的数值。

语法：ROUND(number,num_digits)

说明：ROUND(数据 , 小数位数)

number 是需要四舍五入的数据。num_digits 是指定的位数，按此位数进行舍入。如果 num_digits 大于 0，则舍入到指定的小数位；如果 num_digits 等于 0，则舍入到最接近的整数；如果 num_digits 小于 0，则在小数点左侧进行舍入。

使用示例：ROUND(3.125,1) 等于 3.1；ROUND(3.125,2) 等于 3.13；ROUND(3.125,0) 等于 3；ROUND(3.125,-1) 等于 0。

5．MAX()/MIN() 函数

功能：返回参数列表中的最大（小）值。

语法：MAX(number1,number2,...)/MIN(number1,number2,...)

说明：MAX(数据 1, 数据 2,…)/MIN(数据 1, 数据 2,...)

使用示例：若单元格 A1:A3 中有数据 80、82、90，则 MAX(A1:A3) 等于 90，

MIN(A1:A3) 等于 80。

6. COUNT() 函数

功能：计算包含数字的单元格以及参数列表中数字的个数。

语法：COUNT(value1,value2,...)

说明：COUNT(数值 1, 数值 2,...)

value1,value2... 是包含或引用各种类型数据的参数，但只有数字类型的数据才被计数。单元格中的逻辑值和文本将被忽略。但当作为参数键入时，逻辑值和文本有效。

使用示例：若单元格 A1:A5 的内容分别为 80、"销售"、90.3、TRUE、2003-12-20，则 COUNT(A1:A3) 等于 2，COUNT(A1:A4) 等于 2，COUNT(A1:A5) 等于 3。

7. COUNTIF() 函数

功能：计算区域中满足给定条件的单元格的个数。

语法：COUNTIF(range,criteria)

说明：COUNTIF(区域 , 条件)

（1）range 是进行条件判断的单元格区域。

（2）criteria 为确定哪些单元格将被计数的条件。

使用示例：若单元格 A1:A5 的内容分别为 32、55、12、76、86，则 COUNTIF(A1:A5, ">33") 等于 3。

8. IF() 函数

功能：判断一个条件是否满足，如果满足返回一个值，如果不满足则返回另外一个值。

语法：IF(logical_test,value_if_true,value_if_false)

说明：IF(测试条件 , 真值 , 假值)

（1）logical_test 是计算结果为 TRUE 或 FALSE 的任意值或表达式。

（2）value_if_true 是 logical_test 为 TRUE 时返回的值。如果忽略，则返回 TRUE。

（3）value_if_false 是 logical_test 为 FALSE 时返回的值。如果忽略，则返回 FALSE。

使用示例：对平均分给出评语，若大于等于 60 分则合格，小于 60 分则不合格。如图 5-56 所示，在 C2 单元格中输入公式 "=IF(B2>=60," 合格 "," 不合格 ")"，再将公式复制到 C3、C4 单元格。

图 5-56　IF() 函数示例

9. RANK() 函数

功能：返回某数据在一列数据中相对于其他数据的大小排名。

语法：RANK(number,ref,order)

说明：RANK(数据 , 引用 , 排位方式)

（1）number 为需要找到排名的数据。

（2）ref 为包含一组数字的数组或引用，引用内的非数字型将被忽略。

（3）order 指定排位的方式。如果为 0 或忽略，降序；非零值，升序。

（4）RANK() 函数对重复数的排位相同。但重复数的存在将影响后续数值的排位。例如，在一列整数里，如果整数 10 出现两次，其排位为 5，则 11 的排位为 7（没有排位为 6 的数值）。

使用示例：如果 A1:A5 中分别含有数字 7、20、5、11、22，则 RANK(A2,A1:A5,1) 等于 4；RANK(A5,A1:A5,0) 等于 1。

10. VLOOKUP() 函数

WPS 表格的数据一般会分散存储于多个工作表，为了快速找到相关数据之间的对应关系，可以使用 VLOOKUP() 函数在表格或区域中查找数据。

功能：在表格或数值数组的首列查找指定的数值，并由此返回表格或数组当前行中指定列处的数值（默认情况下，表是升序的）。

语法：VLOOKUP(lookup_value,table_array,col_index_num,range_lookup)

说明：VLOOKUP(查找值 , 数据表 , 列序数 , 匹配条件)

（1）lookup_value，查找值，为需要在数值第一列中查找的数值，可以是数值、引用或文本字符串。

（2）table_array，数据表，为需要在其中查找数据的数据表，可以使用对区域或区域名称的引用。需要注意的是，查找值应该始终位于这个区域的第一列。

（3）col_index_num，列序号，为待返回的匹配值的列序号。

（4）range_lookup，匹配条件，指定在查找时是要求精确匹配，还是大致匹配。如果为 FALSE，精确匹配。如果为 TRUE 或忽略，大致匹配。

使用示例：从图 5-57 所示的 A1:F11 数据区域中，查找出学号为 160305039、160504033、161004001、160406014 的成绩并存放在 C14 至 C17 中。

	A	B	C	D	E	F
1	班级	学号	姓名	性别	课程名	成绩
2	电子工程学院16级4班	160304019	张利	女	计算机基础	82
3	电子工程学院16级5班	160305039	雷茂	男	计算机基础	75
4	外国语学院16级4班	160404001	杨杰	男	计算机基础	90
5	外国语学院16级4班	160404020	陈欣	女	计算机基础	67
6	法学院16级4班	160504033	胡荣	男	计算机基础	55
7	体育学院16级1班	161001006	陈均	男	计算机基础	88
8	体育学院16级4班	161004001	石鹏	男	计算机基础	76
9	外国语学院16级6班	160406014	杨雯	女	计算机基础	92
10	数学学院16级2班	160202008	龙怡	女	计算机基础	76
11	数学学院16级2班	160202009	刘雪梅	女	计算机基础	74
12						
13	学号	姓名	成绩			
14	160305039	雷茂				
15	160504033	胡荣				
16	161004001	石鹏				
17	160406014	杨雯				

图 5-57　VLOOKUP() 函数示例

操作步骤：在 C14 单元格中输入公式 "=VLOOKUP(A14, $B$2:$F$11,5,FALSE)"，再用填充柄将公式复制到 C15 至 C17 单元格。VLOOKUP() 函数参数设置如图 5-58 所示。

图 5-58　VLOOKUP() 函数参数设置对话框

公式参数说明：第一个参数，查找学号 160305039，对应的是 A14 单元格；第二个参数输入要返回数据的区域，即 "$B$2:$F$11"[为什么不是 A2:F11？因为使用 VLOOKUP() 函数时，lookup_value 的值必须在 table_array 中处于第一列，即 "学号" 列（B 列）是要返回数据的区域的第一列；同时思考这里为什么用绝对引用]，查找时只会用 A14 与 B 列的内容匹配；第三个参数，"成绩" 是区域的第五列，所以这里输入 "5"（注意，这里的列数不是 WPS 表格默认的列数，而是查找范围的第几列）；第四个参数，要精确查找学号，所以输入 FALSE 或者 "0"。

注意：使用 VLOOKUP() 函数时，返回的是目标区域第一个符合查找值的数值。如果找不到数据，函数总会传回一个这样的错误值 #N/A。

11. 自动求和

如果需要快速完成数据求和，还可以单击"公式"功能区中的"自动求和"按钮（ Σ ），或者"开始"功能区中的"求和"按钮（ Σ ）。若单击右边的下三角按钮，在展开的下拉菜单中还包含了平均值、计数、最大值和最小值等计算以及插入函数，可以实现一般数据的快速计算。

5.5　数据处理

WPS 表格不仅具备数据计算处理能力，同时在数据管理和分析方面具有数据库管理的功能。利用 WPS 表格提供的一系列命令可以对数据进行排序、筛选、分类汇总及插入图表等操作。

在应用各种软件进行数据处理时，要保证数据安全，要符合操作规定，防止数据泄露、窃取、篡改及毁损等安全风险。如果在利益的驱使下，进行数据造假，或者利用漏洞违法获利，就触犯了法律底线。2019 年康得新 119 亿财务造假案震惊资本市场，其通过虚构销售业务等方式在 4 年虚增利润 119 亿元。违法犯罪的案例教育我们，要有法律底线意识，要遵循数据处理安全原则，保障监管，加强行业自律，严格遵守数据产业的商业秩序。

5.5.1　数据清单

数据清单是包含相关数据的一系列工作表数据行，从形式上看是一个二维表。数据清单的列是数据清单的字段，第一行是列的标题，称为字段名，其他每一行称为一条记录。

创建数据清单时应同时满足以下条件：

（1）数据清单第一行是字段名。

（2）每列应包含同一类型的数据，如文本型、数值型。

（3）清单区域内不能有空行或空列。

（4）如果数据列表有标题，应与其他行（如字段名行）至少间隔一个空行。

凡符合上述条件的工作表，WPS 表格就把它识别为数据清单，并支持对它进行编辑、排序、筛选等基本的数据管理操作。如图 5-59 所示为一个数据清单。

	A	B	C	D	E	F	G	H	I	J
1	学号	姓名	性别	籍贯	语文	数学	英语	总分	字段名	
2	160304019	张利	女	四川	82	68	89	239		
3	160305039	雷茂	男	云南	75	78	84	237		
4	160404001	杨杰	男	四川	90	88	66	244		
5	160404020	陈欣	女	福建	67	98	92	257		
6	160504033	胡荣	男	山东	55	86	78	219		
7	161001006	陈均	男	四川	88	96	95	279		
8	161004001	石鹏	男	山东	76	78	69	223	一条记录	
9	160406014	杨雯	女	广西	92	87	58	237		
10	160202008	龙怡	女	四川	76	98	70	244		
11	160202009	刘雪梅	女	云南	74	100	80	254		

图 5-59　数据清单

5.5.2　排序

1. 简单排序和多条件排序

数据的排序就是按照一定的规律把一列或多列无序的数据排列成有序的数据，以便于管理和分析。WPS 表格提供了简单排序和多条件排序功能。

（1）简单排序。简单排序是使用"升序"（或"降序"）按钮依据一个字段对数据进行排序。操作方法是：单击排序依据列中的任一单元格，然后单击"数据"功能区中的"升序"按钮 或"降序"按钮，即可自动实现按该列进行排序。若单击"开始"功能区中的"排序"按钮，在展开的下拉菜单中选择"升序"命令或"降序"命令，也可实现按该列简单排序，如图 5-60 所示。

提示：如果选中要排序的整列，再单击"升序"或"降序"按钮，则会出现如图 5-61 所示的"排序警告"对话框。在"给出排序依据"选项中，如果选择"扩展选定区域"则将整个数据清单按选定的关键字字段进行排序；如果选择"以当前选定区域排序"则只对当前选定的数据进行排序。

图 5-60　"排序"下拉菜单

图 5-61　"排序警告"对话框

（2）多条件排序。利用单列数据内容进行排序时，数据清单中的记录可能出现相同数据，这时如果要进一步对这些记录进行排序，就需要根据多列数据对数据清单进行排序。多条件排序的操作方法如下：

1）单击数据清单中任一单元格。

2）单击"数据"功能区中的"排序"按钮，或者选择图 5-60 所示下拉菜单中的"自定义排序"命令，打开"排序"对话框，如图 5-62 所示。

3）在"排序"对话框中，从"主要关键字"下拉列表框中选择需要排序的主关键字段。从"排序依据"下拉列表框中选择排序依据类别，可以作为排序依据的有"数值""单元格颜色""字体颜色"和"单元格图标"。从"次序"下拉列表框中选择"升序""降序"或者"自定义序列"。

若用户还需要按其他字段进行排序，可单击"添加条件"按钮添加次要关键字，再选择次要关键字、排序依据及次序。多次单击"添加条件"按钮可添加多个次要关键字。单击"删除条件"按钮可删除选中的排序关键字，每单击一次该按钮，删除一个选中的排序关键字。

4）单击"确定"按钮，完成多条件排序操作。

2. 排序选项设置

在 WPS 表格中，用户可以设置按照大小、笔画或某种特定的顺序排序。操作步骤如下：

（1）在如图 5-62 所示的"排序"对话框中，单击"选项"按钮，打开"排序选项"对话框，如图 5-63 所示。

图 5-62　"排序"对话框

图 5-63　"排序选项"对话框

（2）在"排序选项"对话框中，设置是否区分大小写，选择排序的方向和方式（拼音排序 / 笔画排序），最后单击"确定"按钮，返回"排序"对话框。

5.5.3　数据分类汇总

1. 数据分类汇总的概念

分类汇总是指将数据清单按照某个字段进行分类，然后统计同一类记录的相关信息。在汇总过程中，可以对某些数值进行求和、求平均、计数等运算。

2. 分类汇总的操作步骤

使用示例：以图 5-59 所示的数据清单为例，统计男生、女生分别有多少人。分类汇总的操作步骤如下：

（1）将数据清单按照分类的字段进行排序，目的是让分类字段中值相同的数据排列在一起。本例中分类字段是"性别"，先按"性别"对数据清单进行排序，这样，男生记录排在一起，女生记录排在一起。

（2）单击数据清单中的任一单元格。

（3）单击"数据"功能区中的"分类汇总"按钮（ ），弹出"分类汇总"对话框。

（4）在"分类汇总"对话框中进行相应选项设置。本例中，从"分类字段"下列列表框中选择"性别"，从"汇总方式"下列列表框中选择"计数"，在"选定汇总项"列表框中选择"学号"，如图 5-64 所示。

图 5-64　"分类汇总"对话框

（5）单击"确定"按钮。分类汇总结果如图 5-65 所示。

1 2 3		A	B	C	D	E	F	G	H
	1	学号	姓名	性别	籍贯	语文	数学	英语	总分
	2	160305039	雷茂	男	云南	75	78	84	237
	3	160404001	杨杰	男	四川	90	88	66	244
	4	160504033	胡荣	男	山东	55	86	78	219
	5	161001006	陈均	男	四川	88	96	95	279
	6	161004001	石鹏	男	山东	76	78	69	223
	7	5		男 计数					
	8	160304019	张利	女	四川	82	68	89	239
	9	160404020	陈欣	女	福建	67	98	92	257
	10	160406014	杨雯	女	广西	92	87	58	237
	11	160202008	龙怡	女	四川	76	98	70	244
	12	160202009	刘雪梅	女	云南	74	100	80	254
	13	5		女 计数					
	14	10		总 计数					

图 5-65　分类汇总结果

3．查看分类汇总项

对数据进行分类汇总后，汇总表的左边出现分类汇总的层次，可以单击旁边的"−"，将对应层次的内容隐藏起来，此时"−"变为"+"。在汇总之后，工作表内的数据包括具体的数据记录、各分类的数据汇总和整个表格数据的汇总三个层次，如果只需要显示整个数据表的汇总情况，只需单击汇总表左上角 1 2 3 汇总层次按钮的 1 按钮，如果要显示各分类项的汇总情况，只需单击 2 按钮。

4．删除分类汇总

删除分类汇总的操作是：在图 5-64 所示的"分类汇总"对话框中单击"全部删除"按钮，

即可将已经设置好的分类汇总全部删除。

5.5.4　数据筛选

数据筛选就是将数据清单中符合特定条件的数据查找出来，并将不符合条件的数据暂时隐藏。数据筛选是一种用于查找数据清单中特定数据的快速方法。WPS 表格提供了自动筛选和高级筛选两种方法。

1. 自动筛选

对于满足一个条件，或需要同时满足多个条件的筛选，可以采用自动筛选的方式。

使用示例：以图 5-59 所示的数据清单为例，筛选出男生的记录。自动筛选的操作步骤如下：

（1）单击数据清单中任一单元格。

（2）单击"数据"功能区中的"自动筛选"按钮（ ▽ ）（或选择"开始"功能区"筛选"下拉菜单中的"筛选"命令），进入数据筛选状态，此时数据清单第一行每个字段名右侧出现一个向下的箭头 ▾ ，称为"筛选箭头"。

（3）单击筛选箭头，弹出筛选列表，在列表中勾选需要的数据。本例中，单击"性别"字段旁的筛选箭头，在弹出的"内容筛选"列表中勾选"男"复选框，如图 5-66 所示。

（4）单击"确定"按钮，所有男生记录筛选出来，女生记录隐藏，同时，"性别"字段旁的向下箭头 ▾ 会变成 ▾ 。

使用多次筛选，可以选出同时满足多个筛选条件的记录。例如，要筛选出籍贯是四川的男生，可以先筛选出"性别"是"男"的记录，再单击"籍贯"字段旁的筛选箭头，在弹出的"内容筛选"列表中勾选"四川"复选框，单击"确定"按钮（或选择"仅筛选此项"），如图 5-67 所示，所有籍贯是四川的男生记录会被筛选出来，其他不符合条件的隐藏，筛选结果如图 5-68 所示。此时，状态栏还会显示"在 10 条记录中筛选出 2 个"（满足条件的记录）。

图 5-66　"性别"字段"内容筛选"列表

图 5-67　"籍贯"字段"内容筛选"列表

	学号	姓名	性别	籍贯	语文	数学	英语	总分
1								
3	160404001	杨杰	男	四川	90	88	66	244
5	161001006	陈均	男	四川	88	96	95	279
12								
13								
14								
15								
16								
17								
18								
19								
20								
21								
22								

Sheet1　Sheet2　Sheet3　+

在 10 个记录中筛选出 2 个　　　　　130% ·

图 5-68　筛选籍贯是四川的男生记录结果

　　此外，用户还可以选择自定义筛选方式。在筛选列表中常见的方式有：内容筛选、颜色筛选、文本筛选/数字筛选/日期筛选等（默认情况下，如果字段是文本类型，筛选列表中显示的是"文本筛选"，如果字段是数值类型，筛选列表中显示的是"数字筛选"，如果字段是日期类型，筛选列表中显示的是"日期筛选"）。

　　用户选择筛选列表中的"文本筛选"或"数字筛选"时，都会弹出对应的下级列表，里面有具体的自定义筛选方式。"文本筛选"列表包含等于、不等于、开头是、结尾是、包含、不包含、自定义筛选选项，如图 5-69 所示。"数字筛选"列表包含等于、不等于、大于、大于或等于、小于、小于或等于、介于、前十项、高于平均值、低于平均值、自定义筛选选项，如图 5-70 所示。用户可以单击任意一个选项，打开"自定义自动筛选方式"对话框，进行进一步的条件设置，如图 5-71 所示。对于设置两个条件的情况，如果两个条件必须同时满足，则选中单选按钮"与"；如果两个条件只要满足其中之一，则选中单选按钮"或"。

图 5-69　"文本筛选"列表

图 5-70　"数字筛选"列表

　　要取消某个字段筛选，只需单击图 5-67 中的"清空条件"按钮即可。若要退出筛选状态，显示所有记录，只需再次单击"自动筛选"按钮（　），则筛选箭头消失，显示所有数据。

图 5-71　"自定义自动筛选方式"对话框

2. 高级筛选

对于一些较为复杂的筛选操作或者只要满足多个条件之一的筛选，可以使用高级筛选方式完成。使用高级筛选的关键是设置用户自定义的条件，这些条件必须放在一个称为条件区域的单元格区域中。条件区域包括两部分：标题行和条件行。条件区域设置方法如下：

（1）标题行是条件区域的第一行，输入待筛选数据所在的列标题（必须和数据清单中列标题一致，要筛选多个字段，就输入多个列标题）。

（2）条件行从条件区域的第二行开始输入，在对应的列标题下，可以有一行或多行。同一行的条件表示"与"关系，同时满足这些条件的记录才能显示；不同行的条件表示"或"关系，记录只要满足其中任意一个条件就能显示。

条件区域一般与数据清单相隔一行或一列，与数据清单隔开。

使用示例：以图 5-59 所示的数据清单为例，使用高级筛选筛选出籍贯是四川的男生记录。操作步骤如下：

（1）建立条件区域，如图 5-72 中的 C13:D14 单元格区域所示。"男"和"四川"条件在同一行上，表示条件相"与"。

	A	B	C	D	E	F	G	H
1	学号	姓名	性别	籍贯	语文	数学	英语	总分
2	160304019	张利	女	四川	82	68	89	239
3	160305039	雷茂	男	云南	75	78	84	237
4	160404001	杨杰	男	四川	90	88	66	244
5	160404020	陈欣	女	福建	67	98	92	257
6	160504033	胡荣	男	山东	55	86	78	219
7	161001006	陈均	男	四川	88	96	95	279
8	161004001	石鹏	男	山东	76	78	69	223
9	160406014	杨雯	女	广西	92	87	58	237
10	160202008	龙怡	女	四川	76	98	70	244
11	160202009	刘雪梅	女	云南	74	100	80	254
12								
13			性别	籍贯	条件区域			
14			男	四川				
15								

图 5-72　设置条件相"与"的条件区域

（2）单击"数据"功能区中的"筛选"按钮，从下拉菜单中选择"高级筛选"命令，如图 5-73 所示，打开"高级筛选"对话框。

（3）在"高级筛选"对话框中设置"列表区域""条件区域"。本例中，"列表区域"是 A1:H11 单元格区域，"条件区域"是 C13:D14 单元格区域，如图 5-74 所示。若将"方式"设置为"将筛选结果复制到其他位置"，"复制到"选项变成黑色，可设置"复制到"单元格区域。

图 5-73 "筛选"下拉菜单　　　　图 5-74 "高级筛选"对话框

（4）单击"确定"按钮。筛选结果与用自动筛选方式选出的结果一样。

如果使用高级筛选筛选出只要满足多个条件之一的数据（即条件"或"），如筛选出籍贯是山东，或者总分大于 270 分的记录，那么条件区域应设置条件在不同行，如图 5-75 所示，可以看到，"山东"和">270"在不同行上。

	A	B	C	D	E	F	G	H
1	学号	姓名	性别	籍贯	语文	数学	英语	总分
2	160304019	张利	女	四川	82	68	89	239
3	160305039	雷茂	男	云南	75	78	84	237
4	160404001	杨杰	男	四川	90	88	66	244
5	160404020	陈欣	女	福建	67	98	92	257
6	160504033	胡荣	男	山东	55	86	78	219
7	161001006	陈均	男	四川	88	96	95	279
8	161004001	石鹏	男	山东	76	78	69	223
9	160406014	杨雯	女	广西	92	87	58	237
10	160202008	龙怡	女	四川	76	98	70	244
11	160202009	刘雪梅	女	云南	74	100	80	254
12								
13				籍贯	总分	条件"或"		
14				山东				
15					>270			

图 5-75 设置条件相"或"的条件区域

当需要取消高级筛选结果时，选择图 5-73 所示"筛选"下拉菜单中的"全部显示"命令，则系统显示所有记录。

5.5.5 数据透视表

数据透视表是一种可以对大量数据快速汇总和建立交叉列表的交互式表格。利用数据透视表，可以转换行和列，以查看源数据的不同汇总结果，并根据报表筛选字段显示不同的页面，还可以根据需要显示区域中的详细数据，便于用户分析管理数据。

数据透视表建立后，可以重排类表，以便从其他角度查看数据，并可以随时根据数据源的改变来自动更新数据。

1. 建立数据透视表

使用示例：以图 5-59 所示的数据清单为例，统计不同省份男生、女生分别有多少人。操作步骤如下：

（1）单击数据清单工作表中的任一单元格，单击"插入"功能区中的"数据透视表"按钮 （或单击"数据"功能区中的"数据透视表"按钮），打开"创建数据透视表"对话框，如图 5-76 所示。

（2）在"创建数据透视表"对话框中，选择要分析的数据（"请选择单元格区域"，或"使用外部数据源"，或"使用多重合并计算区域"，或"使用另一个数据透视表"），再选择放置数据透视表的位置（"新工作表"或"现有工作表"）。本例中，在"请选择要分析的数据"区域，选中"请选择单元格区域"单选按钮，并设置数据源为"Sheet1!\$A\$1:\$H\$11"单元格区域；在"请选择放置数据透视表的位置"区域，选中"新工作表"单选按钮。然后，单击"确定"按钮。

（3）在一个新工作表中出现创建数据透视表的界面，右侧显示"数据透视表"对话框，如图 5-77 所示，对话框由"字段列表"和"数据透视表区域"两部分构成，"字段列表"包含可以添加到透视表区域的字段名称；"数据透视表区域"包含"筛选器""列""行"和"值"区域。

图 5-76　"创建数据透视表"对话框　　图 5-77　"数据透视表"对话框

"数据透视表区域"各区域的含义如下：
- "筛选器"区域：用来存放要对数据透视表进行筛选，显示不同页面的字段，按照该区域字段对整个数据透视表进行筛选，从而显示单个项或所有项的数据。
- "行"区域：用来存放在数据透视表的分行字段名称，字段的数据值个数决定着数据透视表显示的行数。
- "列"区域：用来存放在数据透视表的分列字段名称，字段的数据值个数决定着数据透视表显示的列数。
- "值"区域：决定在数据透视表中显示的数据，即对原有数据清单进行统计的结果。

若要将字段放置到"数据透视表区域"的默认区域中，请勾选字段列表中相应字段名称旁的复选框。也可以根据设计需要，用鼠标拖动"字段列表"中的某一字段，放置到"数据透视表区域"相应的位置。本例中，将"籍贯"字段拖动到"行"区域，将"性别"字段拖动到"列"区域，将"学号"字段拖动到"值"区域，如图 5-77 所示。创建好的数据透视表如图 5-78 所示。

图 5-78　数据透视表结果

2．编辑数据透视表

已经建立的数据透视表可以通过"数据透视表"工具栏进行修改，如图 5-79 所示，也可以通过单击字段右下角的下三角按钮，从弹出的菜单中选择相关命令进行修改，如图 5-80 所示。其中，如果要更改"值字段"的汇总方式，可以选择"值字段设置"命令，打开"值字段设置"对话框，在其中更改值汇总方式或值显示方式，如图 5-81 所示。

图 5-79　"数据透视表"工具栏

图 5-80　"字段"列表

图 5-81　"值字段设置"对话框

3．数据透视表的更新

在 WPS 表格数据透视表中，数据不随数据清单中源数据的变动而同步变动，这时可以使用 WPS 表格提供的"刷新"功能来完成数据的更新。对数据清单的数据进行修改后，单击"数据透视表"工具栏"分析"选项卡中的"刷新"按钮即可。

5.5.6　数据重复值处理

在数据清单使用中，有时会遇到数据重复值，WPS 表格提供了对数据重复值进行处理的多种方式，可以单击"数据"功能区中的"高亮重复项""数据对比""删除重复项""拒绝录入重复项"等按钮，对重复值进行相应操作。

使用示例：如果"学号"列中不小心输入了相同的学号，要快速将重复值标注出来，操作步骤如下：

（1）选择"学号"列数据（A1:A11）。

（2）选择"高亮重复项"按钮下拉菜单中"设置高亮重复项"命令，打开"高亮显示重复值"对话框，设置存在重复的单元格（区域），单击"确定"按钮即可。这时可以看到，重复的学号值被标记成"橙色"背景，如图 5-82 所示。

如果要删除重复值，可以单击"数据"功能区中的"删除重复项"按钮，打开"删除重复项"对话框，进行相应设置，从而删除重复项。

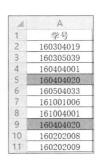

图 5-82　设置"学号"列"高亮重复项"

5.5.7　合并计算

合并计算可以汇总一个或多个源区域中的数据并将其显示在一张表中，主要用于解决汇总多个格式一致的数据。

使用示例：工作簿 Sheet1 ～ Sheet3 中的数据如图 5-83 所示。现在要快速汇总三个表格中的类别数量，操作步骤如下：

（1）新建一个"汇总"工作表，将光标定位在 A1 单元格。

（2）单击"数据"功能区中的"合并计算"按钮（ ），打开"合并计算"对话框。

（3）先设置"合并计算"对话框中的"函数"为"求和"。然后单击"引用位置"文本框右边的"压缩对话框"按钮，选择 Sheet1 工作表中的 A1:B6 单元格区域，单击"添加"按钮，此时"所有引用位置"列表中会出现"Sheet1!\$A\$1:\$B\$6"；重复上述操作，将 Sheet2、Sheet3 工作表中的数据添加到引用位置，即单击"引用位置"文本框右边的"压缩对话框"

按钮，选择 Sheet2 工作表中的 A1:B5 单元格区域，单击"添加"按钮，再次单击"引用位置"文本框右边的"压缩对话框"按钮，选择 Sheet3 工作表中的 A1:B5 单元格区域，单击"添加"按钮，此时可以看到，要汇总的三个表格中的数据已经出现在"所有引用位置"列表中。最后，勾选"标签位置"中的"首行""最左列"复选框（保留汇总表的首行和最左列的内容），如图 5-84 所示。

图 5-83　Sheet1 ～ Sheet3 数据列表

（4）单击"确定"按钮。合并计算结果如图 5-85 所示。可以看出，"食品类"数量汇总应该是"23+19=42"，"体育器材"数量汇总应该是"21+4+9=34"，而图 5-85 汇总表中的结果正是如此，因此，在进行多个表格汇总统计时，合并计算功能方便快捷。

图 5-84　"合并计算"对话框

图 5-85　合并计算结果

5.5.8　分列

如果想要将数据一次拆分到多个列，可以使用"分列"功能，WPS 表格可以基于分隔符拆分列，也可以基于固定宽度拆分列。

（1）"基于分隔符拆分列"使用示例：有如图 5-86 所示数据，现在将 A 列中的数据拆分到 B 列、C 列、D 列中。根据分析可以看出，拆分数据的原则是基于共同的分隔符"，"（逗号），具体操作步骤如下：

1）选择 A1 到 A9 单元格。

2）选择"数据"功能区"分列"下拉菜单中的"分列"命令，打开"文本分列向导 -3 步骤之 1"对话框，在"请选择最合适的文本类型："中选中"分隔符号"单选按钮，如图 5-87

所示，然后单击"下一步"按钮。

图 5-86　"基于分隔符拆分列"数据

3）在打开的"文本分列向导 -3 步骤之 2"对话框中，设置分隔符号为"逗号"（在具体应用中根据实际情况选择分隔符），如图 5-88 所示，然后单击"下一步"按钮。

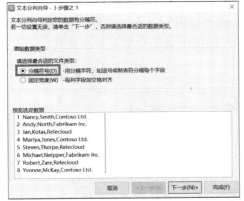

图 5-87　"文本分列向导 -3 步骤之 1"对话框

图 5-88　"文本分列向导 -3 步骤之 2"对话框

4）在打开的"文本分列向导 -3 步骤之 3"对话框中，将"列数据类型"选择为"常规"（在具体应用中根据实际情况选择列的类型），将"目标区域"设置为"=$B$2"，如图 5-89 所示，然后单击"完成"按钮，即可看到 A 列中的数据拆分到了 B 列、C 列和 D 列中，如图 5-90 所示。

图 5-89　"文本分列向导 -3 步骤之 3"对话框

图 5-90　　"基于分隔符拆分列"结果

（2）如果没有分隔符，想要将数据一次拆分到多个列，就可以使用"分列"中的"固定宽度"。"基于固定宽度拆分列"使用示例：有如图 5-91 所示数据，现在从 A 列中的数据（身份证号码）提取出生年月存放到 B 列中。根据分析可以看出，拆分数据的原则是基于固定宽度（"出生年月"在"身份证号码"中从第 7 位到第 14 位，共 8 位），具体操作步骤如下：

1）选择 A2 到 A6 单元格。

2）选择"数据"功能区"分列"下拉菜单中的"分列"命令，打开"文本分列向导 -3 步骤之 1"对话框，在"请选择最合适的文本类型 :"中选中"固定宽度"单选按钮，如图 5-92 所示，然后单击"下一步"按钮。

图 5-91　　"基于固定宽度拆分列"数据

3）打开"文本分列向导 -3 步骤之 2"对话框，在"数据预览"列表中，在身份证号码第 6 位和第 7 位之间单击，建立一条分列线，再在身份证号码第 14 位和第 15 位之间单击，建立第二条分列线，如图 5-93 所示，然后单击"下一步"按钮。

图 5-92　"文本分列向导 -3 步骤之 1"对话框

图 5-93　"文本分列向导 -3 步骤之 2"对话框

4）在打开的"文本分列向导 -3 步骤之 3"对话框中，单击"数据预览"列表中的第二列，将"列数据类型"选择为"日期"，在其右边的下拉列表框中选择 YMD，"目标区域"默认是"=$A$2"，如图 5-94 所示，然后单击"完成"按钮，即可看到原来 A 列中的数据（身份证号码）按固定宽度拆分，分列存放到了 A、B、C 列中，其中 B 列中存放的是出生年月，如图 5-95 所示。

图 5-94　"文本分列向导 -3 步骤之 3"对话框

	A	B	C
1	身份证号码	出生年月	
2	512501	1988/1/12	4567
3	512528	1985/12/27	2351
4	512502	1986/3/12	4789
5	512528	1991/10/25	2302
6	510100	1992/6/18	2174

图 5-95　"基于固定宽度分列"结果

此外，还可以用函数完成出生年月的提取。在 B2 单元格中输入公式"=TEXT(MID(A2,7,8),"0-00-00")"，再使用填充柄将公式复制到 B6 单元格。

5.5.9　图表

将数据以图表化的形式显示，可使数据显得直观清楚、易于理解，同时也可以帮助用户分析数据，比较不同数据之间的差异，而且在工作表中的数据源发生变化时，图表中对应项的数据也将自动更新变化。

1. 建立图表

WPS 表格的图表根据插入位置不同分为两种：一种是嵌入式图表，它和建立的数据清单所在的工作表处于同一张表，打印的时候可同时打印；另一种是独立图表，它处在一个独立的工作表中，打印时是分开打印的。

常见的图表类型有柱形图、折线图、饼图、条形图、面积图、XY（散点）图、股价图、雷达图、组合图、模板等，WPS 表格还有在线图表。可以单击"插入"功能区中某一类型的图表按钮创建图表，如图 5-96 所示，也可单击"全部图表"按钮，打开"插入图表"对话框，在其中选择图表类型创建图表，如图 5-97 所示。

图 5-96   图表按钮

图 5-97   "插入图表"对话框

使用示例：以图 5-98 所示的数据清单为例，将学生三门课成绩用簇状柱形图表示，并以嵌入方式插入到当前工作表中。操作步骤如下：

（1）选定生成图表的数据区域。本例中，选择 B1:E6 单元格区域。

（2）单击"插入"功能区中的"插入柱形图"按钮，在展开的子图表列表选择"簇状柱形图"（鼠标指针停留在某一图表上，会显示图表具体名称和作用），如图 5-99 所示（或者在"插入图表"对话框中选择"柱形图"，再选择"簇状柱形图"，单击"插入"命令，如图 5-100 所示），即可在当前工作表中生成一个簇状柱形图的嵌入式图表，制作效果如图 5-101 所示。

	A	B	C	D	E
1	学号	姓名	语文	数学	英语
2	160304019	张利	82	68	89
3	160305039	雷茂	75	78	84
4	160404001	杨杰	90	88	66
5	160404020	陈欣	67	98	92
6	160504033	胡荣	55	86	78

图 5-98   制作图表数据清单

图 5-99   "插入柱形图"子图表列表

2. 图表的组成

图表是由图表区、绘图区、图表标题、图例、数据系列、水平（类别）轴、垂直（值）轴、垂直（值）轴主要网格线等元素构成的，如图 5-102 所示，各部分的含义如下：

（1）图表区：整个图表及图表中包含的元素。

（2）绘图区：以坐标轴为界并包括全部数据系列的区域。

第 5 章　WPS 表格应用　211

图 5-100　"簇状柱形图"对话框

图 5-101　用簇状柱形图表现三门课成绩效果

（3）图表标题：说明图表的文字，一般在图表顶端居中。

（4）图例：用于说明图表中的数据系列。图例项标识图表中相应数据系列的图案和颜色。

（5）数据系列：又称为分类，是图表上一组相关数据点，取自工作表的一列或一行。图表中的每个数据系列以不同颜色和图案加以区分。

（6）坐标轴：位于绘图区域边缘的直线，为图表提供计量和比较的参考模型。对于大多数图表，垂直（值）轴表示数值大小，水平（类别）轴表示数值分类点。

图 5-102　图表构成元素

3. 图表的编辑

创建好的图表还可进一步进行修改和编辑，包括调整图表的大小和位置、数据源的修改、图表各元素的选项设置等。可以通过"图表工具"工具栏或者图表编辑列表按钮对图表进行修改和编辑。单击图表对象，功能区选项卡会显示出"图表工具"，工具栏中包含多个编辑按钮，如图 5-103 所示，同时，图表旁边会显示图表编辑列表按钮，如图 5-104 所示。

图 5-103　"图表工具"工具栏

图 5-104　图表编辑列表按钮

单击图表编辑列表各按钮可出现进一步编辑界面，用户可选择相应选项进行图表编辑。图表编辑列表各按钮及作用如下：

- 图表元素：添加、删除或更改图表元素。
- 图表样式：设置图表的样式和配色方案。
- 图表筛选器：筛选要在图表上显示哪些数据点和名称。
- 在线图表：连网使用更丰富的图表样式。
- 设置图表区域格式：显示"格式"任务窗格，修改设置所选图表元素的格式。

图表常见修改和编辑操作如下：

（1）调整图表的大小。单击选中图表，将鼠标指针移到图表边缘四个直角区域，当鼠标指针变成双向箭头时拖动鼠标调整图表大小。

（2）更改图表位置。新建图表时，系统默认建立嵌入式图表，如果需要修改图表位置，可选择图 5-103 所示工具栏中的"移动图表"按钮，弹出"移动图表"对话框，如图 5-105 所示。在该对话框中，选中"新工作表"单选按钮，表示建立独立图表；若选中"对象位于"单选按钮（在右边下拉列表框中进一步选择某一个工作表），则表示将图表放置在指定的工作表中。

图 5-105　"移动图表"对话框

（3）更改图表类型。图表建立好以后也可以更改图表类型，选择图 5-103 所示工具栏中的"更改类型"按钮，打开"更改图表类型"对话框，选择新的图表类型和子类型后单击"插入"按钮。

（4）更改图表数据源。图表建立好后若要更改图表数据源，选择图 5-103 所示工具栏中的"选择数据"按钮，打开"编辑数据源"对话框，在其中可以设置图表数据区域，增加、删除、编辑系列，编辑轴标签（分类）等，如图 5-106 所示。

图 5-106　"编辑数据源"对话框

（5）添加 / 修改图表元素。用户可以进一步设置坐标轴、轴标题、图表标题、图表标签、图例等图表元素。选择图 5-103 所示工具栏中的"添加元素"按钮，再根据需要选择相应选项进行进一步设置，如图 5-107 所示。

图 5-107　"添加元素"下拉菜单

上述对图表的修改和编辑是通过"图表工具"工具栏中各按钮进行的，也可在图表编辑列表按钮中选择对应的命令进行相关操作。

还有一种方法可以使图表快速拥有专业外观，就是应用图表的内置样式。选中图表，选择"图表工具"工具栏中的"图表样式"，选择某一种图表样式，则图表会应用该样式，如图 5-108 所示。

图 5-108　"图表样式"列表

习题 5

一、单选题

1. WPS 表格的文件是（　　　）。
　　A．程序　　　　　　B．工作簿　　　　　C．工作表　　　　　D．单元格
2. 在 WPS 表格工作表中，默认情况下，（　　）在单元格显示时居中对齐。
　　A．日期型数据　　B．数值型数据　　C．文本型数据　　D．逻辑型数据
3. 在 WPS 表格中，如果某单元格中出现一连串的"###"符号，则需要（　　　）。
　　A．删除该单元格　　　　　　　　B．重新输入数据
　　C．删除这些符号　　　　　　　　D．调整单元格的宽度
4. 在 WPS 表格当前工作表中，第 11 行第 14 列单元格地址可表示为（　　　）。
　　A．M10　　　　　B．N10　　　　　C．N11　　　　　D．M11
5. WPS 表格中的 Sheet1、Sheet2 等是（　　　）。
　　A．工作表标签名　　　　　　　　B．菜单
　　C．单元格名称　　　　　　　　　D．工作簿名称
6. WPS 表格中，以下对工作簿和工作表的理解，正确的是（　　　）。
　　A．要保存工作表中的数据，必须将工作表以单独的文件名存盘
　　B．一个工作簿可包含至多 16 张工作
　　C．工作表的默认文件名为 BOOK1、BOOK2 等
　　D．保存了工作簿就等于保存了其中所有的工作表

7．WPS 表格中，若将某单元格的数据"100"显示为"100.00"，应将该单元格的数据格式设置为（　　　）。

　　A．常规　　　　　　B．数值　　　　　　C．日期　　　　　　D．文本

8．在 WPS 表格工作表中，若右移一个单元格作为当前单元格，不正确的操作是（　　　）。

　　A．按 Tab 键　　　　　　　　　　　　B．按→键

　　C．按 Enter 键　　　　　　　　　　　D．用鼠标左键单击右边的单元格

9．有关数据对齐的说法，不正确的是（　　　）。

　　A．默认情况下，所有文本型数据在单元格中均左对齐

　　B．默认情况下，所有日期型数据在单元格中均右对齐

　　C．WPS 表格不允许用户改变单元格中数据的对齐方式

　　D．以上说法都不正确

10．WPS 表格中，双击某工作表标签，可以对该工作表进行（　　　）操作。

　　A．重命名　　　　B．插入　　　　　　C．删除　　　　　　D．隐藏

11．WPS 表格中，以下单元格引用中，属于绝对引用的有（　　　）。

　　A．$A$2　　　　B．A2　　　　　　C．B2　　　　　　　D．$A2

12．WPS 表格中，如果一个单元格中的信息是以"="开头的，则说明该单元格中的信息是（　　　）。

　　A．常数　　　　　　B．公式　　　　　　C．提示信息　　　　D．文本

13．WPS 表格中，单元格 A1 为数值 1，在 B1 输入公式"=IF(A1>0,"Yes","No")"，B1 的结果为（　　　）。

　　A．不确定　　　　B．空白　　　　　　C．Yes　　　　　　D．No

14．WPS 表格中，公式"=SUM("3",2,TRUE)"的结果为（　　　）。

　　A．2　　　　　　　B．3　　　　　　　C．6　　　　　　　D．公式错误

15．在 WPS 表格中，对指定区域（C2:C4）求平均值的公式是（　　　）。

　　A．=sum(C2:C4)　　　　　　　　　　B．=average(C2:C4)

　　C．=max(C2:C4)　　　　　　　　　　D．=min(C2:C4)

16．WPS 表格中，当在某个单元格内输入一个公式后，单元格内容显示为 #REF!，它表示（　　　）。

　　A．公式引用了无效的单元格　　　　　B．某个参数不正确

　　C．公式被零除　　　　　　　　　　　D．单元格太小

17．WPS 表格中，若 B1:B3 单元格分别为 1、2、3，则公式"=COUNT(B1:B3,5)"的值为（　　　）。

　　A．11　　　　　　B．6　　　　　　　C．5　　　　　　　D．4

18．在 WPS 表格中，C4 单元格有公式"=A4*$B$9"，如果将该公式复制到单元格 C5，则单元格 C5 中的公式将是（　　　）。

　　A．=A4*$B$9　　B．=A5*$B$9　　C．=A5*$B$10　　D．=B4*$B$9

19．在 WPS 表格中，不能进行的操作是（　　　）。

　　A．插入和删除工作表　　　　　　　　B．移动和复制工作表

　　C．修改工作表的名称　　　　　　　　D．恢复被删除的工作表

20. 在 WPS 表格中，求最小值的函数是（   ）。

    A．MAX   B．SUMIF   C．MIN   D．COUNT

21. 在 WPS 表格中，以下有关单元格地址的说法，正确的是（   ）。

    A．绝对地址、相对地址和混合地址在任何情况下所表示的含义都是相同的

    B．只包含绝对地址的公式一定会随公式的复制而改变

    C．只包含相对地址的公式会随公式的移动而改变

    D．包含混合地址的公式一定不会随公式的复制而改变

22. 在 WPS 表格中，不能直接利用自动填充快速输入的序列是（   ）。

    A．星期一、星期二、星期三、……

    B．第一类、第二类、第三类、……

    C．甲、乙、丙、……

    D．Mon、Tue、Wed、……

23. 在绘制 WPS 表格图表时，要在每个柱形的上方添加数据标签以显示每个柱形的值，可以（   ）。

    A．插入文本框，手动添加标签

    B．更改图表样式

    C．将"图表工具"的数据标签中的"值"复选框选择上

    D．更改图表类型

24. 快速查找数据清单中符合条件的记录，可使用 WPS 表格提供的（   ）功能。

    A．插入工作表   B．筛选   C．排序   D．分类汇总

25. WPS 表格中，分类汇总首先将数据按分类字段进行（   ），然后按类进行汇总分析处理。

    A．筛选   B．清理   C．数据透视   D．排序

26. WPS 表格中，筛选后的清单仅显示那些包含了某一特定值或符合一组条件的行，而其他行（   ）。

    A．暂时隐藏   B．被删除   C．被改变   D．放在剪贴板中

27. WPS 表格中，单元格右上角有一个红色三角形，意味着该单元格（   ）。

    A．被关联   B．被选中   C．被保护   D．被插入批注

28. WPS 表格中，反映某一对象占整体的比例关系，最好使用（   ）。

    A．饼图   B．折线图   C．气泡图   D．条形图

29. WPS 表格中，运算符"&"表示（   ）。

    A．求和   B．求平方

    C．字符型数据的连接   D．求最大值

30. 在 WPS 表格中打印工作簿，以下表述错误是（   ）。

    A．一次可以打印整个工作簿

    B．一次可以打印一个工作簿中的一个或多个工作表

    C．在一个工作表中可以只打印某一页

    D．不能只打印一个工作表中的一个区域位置

二、填空题

1．WPS 表格中，一个工作簿最多有 _____ 张工作表。

2．默认情况下，WPS 表格中数值型数据在单元格显示时是 _____ 对齐。

3．每一个单元格都处于某一行和某一列的交叉位置，这个位置称为它的 _____。

4．WPS 表格中，表示从 B3 到 F7 单元格的一个连续区域的表达式是 _____。

5．在 WPS 表格中，若要在一个单元格输入两行内容，可使用 _____ 组合键。

6．在 WPS 表格中，当前工作表是 Sheet2，要引用 Sheet1 工作表第 6 行第 F 列单元格应表示为 _____。

7．求 A1 到 B3 单元格数据的最大值应使用公式 _____。

8．WPS 表格中，单元格 C4 中有公式"=$B3+C2"，将 C4 中的公式复制到 D7 单元格后，D7 单元格的公式为 _____。

9．在 WPS 表格中，在打印学生成绩单时，对不及格的成绩用醒目的方式表示（如用红色表示等），当要处理大量的学生成绩时，利用 _____ 命令最为方便。

10．WPS 表格中，_____ 通过对源数据表的行、列重新排列，提供多角度的数据汇总信息，还可以根据需要显示区域中的明细数据。

三、思考题

1．简述工作簿、工作表、单元格的关系。

2．WPS 表格单元格地址的引用有哪几种？各有什么特点？

3．数据清单有何特点？

4．在当前工作表中完成以下操作，请写出公式。

（1）利用函数计算各同学的"平均分"。在 E2 单元格中应输入什么公式？然后用填充柄将 E2 公式复制到 E3 至 E9 单元格（图 5-109）。

（2）使用 IF 函数对"评价"列进行填充，"平均分">80 为"晋级"，否则为"淘汰"。在 F2 单元格中应输入什么公式？然后用填充柄将 F2 公式复制到 F3 至 F9 单元格（图 5-110）。

图 5-109　第 4 小题数据

图 5-110　第 4 小题完成效果

5．在当前工作表中，写出相应的公式，完成以下操作。

（1）利用公式计算出费用，将结果填充到 D2:D13 区域中（费用 = 产品 A 产量 * 产品 A 单价 + 产品 B 产量 * 产品 B 单价），在 D2 单元格中应输入什么公式（公式内参数不得使用常量，必须使用单元格地址）？然后用填充柄将 D2 公式复制到 D3 至 D13 单元格（图 5-111）。

（2）在工作表的 A14 单元格中有"最大值"，利用函数公式计算出产品 A 产量、产品 B 产量、费用的最大值，在 B14 单元格中应输入什么公式？然后用填充柄将 B14 公式复制到 C14 至 D14 单元格（图 5-112）。

	A	B	C	D	E
1	月份	产品A产量	产品B产量	费用	负责人
2	一月	336	425		胡海
3	二月	618	620		刘琼
4	三月	409	219		王明
5	四月	690	336		吴平
6	五月	300	219		胡海
7	六月	357	286		刘琼
8	七月	368	324		吴平
9	八月	829	368		吴平
10	九月	295	409		胡海
11	十月	965	236		吴平
12	十一月	286	338		王明
13	十二月	128	219		吴平
14	最大值				
15					
16	产品名称	单价			
17	产品A	68.5			
18	产品B	79			

图 5-111　第 5 小题数据

	A	B	C	D	E
1	月份	产品A产量	产品B产量	费用	负责人
2	一月	336	425	56591	胡海
3	二月	618	620	91313	刘琼
4	三月	409	219	45317.5	王明
5	四月	690	336	73809	吴平
6	五月	300	219	37851	胡海
7	六月	357	286	47048.5	刘琼
8	七月	368	324	50804	吴平
9	八月	829	368	85858.5	吴平
10	九月	295	409	52518.5	胡海
11	十月	965	236	84746.5	吴平
12	十一月	286	338	46293	王明
13	十二月	128	219	26069	吴平
14	最大值	965	620	91313	
15					
16	产品名称	单价			
17	产品A	68.5			
18	产品B	79			
19					

图 5-112　第 5 小题完成效果

第 6 章　WPS 演示文稿应用

WPS 演示文稿是金山 WPS Office 中用来制作演示文稿的软件，利用它可以轻松地制作出生动活泼、富有感染力的演示文稿，广泛用于商业展示、会议、报告、演讲以及授课等不同场合。通过它可以创建集文字、图像、声音、动画于一体的多媒体演示文稿。WPS 演示文稿有界面友好、操作简单、功能强大等特点，是一款深受各行业欢迎的幻灯片制作软件。本章主要介绍 WPS 演示文稿的创建、幻灯片编辑、动画设计、演示文稿的打包及放映等。

- 新建、打开和保存演示文稿的方法
- 幻灯片设计、幻灯片版式、幻灯片背景的设置
- 文本、图片、声音、视频的插入
- 超链接的制作，动作按钮的用法
- 设置动画效果、设置幻灯片切换的方法
- 设置幻灯片放映的方法

6.1　WPS 演示文稿简介

WPS 演示文稿可以方便、灵活地把文字、图片、图表、声音、动画和视频等多种媒体元素集成到电子演示文稿中，利用多感官进行演示，始终吸引观众的注意力，从而创造一个轻松、愉快的气氛。用 WPS 演示文稿制作幻灯片操作简单、轻松，制作周期短，还可以创建投影机幻灯片，打印幻灯片、讲义、备注、大纲文档、Internet 上的 Web 页面等。

WPS 演示文稿最重要的特点是不需要用户有很深入的计算机知识和任何绘画基础，用户只要依据 WPS 演示文稿提供的丰富模板和给出的向导性提示，输入各种元素内容，增强演示效果，就可以做出令人满意的演示文稿。

6.1.1　WPS 演示文稿的启动与退出

1. 启动 WPS 演示文稿

启动 WPS 演示文稿的常用方法如下：

（1）使用"开始"菜单。依次选择"开始"→"所有程序"→"WPS Office"→"新建"→"新

建演示"→"新建空白演示"命令，即可启动 WPS 演示文稿。

（2）利用已有的演示文稿。双击一个已有的 WPS 演示文稿文件（扩展名为 .dps 或 .pptx），将启动 WPS 演示文稿，并将该演示文稿打开。

（3）利用桌面快捷方式。若桌面上已创建了 WPS Office 的快捷方式，双击该快捷方式图标即可启动程序。

2. 退出 WPS 演示文稿

退出 WPS 演示文稿也有多种方法：

（1）单击 WPS 演示文稿窗口右上角的"关闭"按钮 ✕ 。

（2）选择"文件"→"退出"命令。

（3）按 Alt+F4 组合键。

当有多个演示文稿处于打开状态时，使用第（2）种方法可以关闭所有演示文稿并退出 WPS 演示。此外，在退出 WPS 演示时，若有新建的或编辑修改后尚未保存的演示文稿，系统会提示是否保存。

6.1.2 WPS 演示文稿的窗口界面

启动 WPS 演示文稿后，窗口界面如图 6-1 所示，主要包括快速访问工具栏、标题栏、选项卡和功能区、幻灯片 / 大纲浏览窗格、幻灯片编辑窗格、备注窗格、状态栏等。

图 6-1 WPS 演示文稿窗口界面

1. 快速访问工具栏

该工具栏集成了多个常用的按钮，默认情况下包括"保存""撤销""恢复"3 个按钮，用户可以根据需要添加或删除按钮，方法是单击快速访问工具栏右侧的下拉按钮 ，在出现的菜单中勾选或取消勾选按钮项。

2. 标题栏

标题栏位于窗口的最上方，用于显示当前编辑的演示文稿的名字、WPS 登录账号及"最小化""还原/最大化"和"关闭"按钮。

3. 选项卡和功能区

功能区由多个选项卡组成，主要包括"文件""开始""插入""设计""切换""动画""幻灯片放映""审阅"和"视图"等选项卡。当单击某个选项卡时，下方会以组的形式显示与该选项相关的命令按钮。但"文件"选项卡是一个特殊的选项卡，它位于窗口左上角，单击"文件"选项卡可打开 Backstage 视图，该视图中包含了用于在文档中工作的命令集，如"新建""打开""退出""保存""文件打包""打印"等常用命令。

选项卡的个数和类型有时会根据用户的操作发生一些变化。例如，当用户在幻灯片上单击选中某张图片时，功能区中会多出现一个"图片工具"选项卡。

4. 幻灯片/大纲浏览窗格

幻灯片/大纲浏览窗格由"幻灯片"和"大纲"两个选项卡组成。"幻灯片"选项卡用于显示幻灯片的缩略图，可以轻松地实现幻灯片的插入、移动、删除、隐藏等操作；"大纲"选项卡用于显示幻灯片中的文本大纲，有助于组织演示文稿内容、调整项目内容的大纲级别。

5. 幻灯片编辑窗格

幻灯片编辑窗格是用于详细设计和编辑幻灯片具体内容的地方，演示文稿中的所有幻灯片都是在该窗格中进行设计和完成的。在该窗格中，用户可以向当前幻灯片添加文本、图片、表格、形状等对象，还可以为这些对象设置格式和添加动画效果等。

6. 备注窗格

备注窗格位于幻灯片编辑窗格的下方，在此可以键入幻灯片的相关备注，备注信息在演示文稿放映时不会出现，当其被打印为备注页时才显示。通过拖动幻灯片编辑窗格和备注窗格中间的分隔线，可以调整备注窗格的大小。

7. 状态栏

状态栏用于显示当前幻灯片的状态信息，主要包括幻灯片的总页数、当前页码、当前幻灯片所使用的主题、语言状态等信息。

8. 视图按钮

WPS 演示文稿窗口界面有"普通视图""幻灯片浏览""阅读视图"和"幻灯片放映"4 个视图按钮，单击其中一个视图按钮，可以切换至相应的视图方式，便于以不同的方式查看幻灯片。

9. 显示比例

显示比例滑块用于设置幻灯片的显示比例，用户可以拖动滑块，方便地调整幻灯片的显示比例。

10. 最佳显示比例按钮

单击最佳显示比例按钮可以快速将幻灯片的大小调整到与当前 WPS 演示窗口大小相适应。

6.1.3　WPS 演示视图

视图是指用户编辑、打印或放映演示文稿的工作环境。WPS 演示有"普通视图""幻灯片浏览视图""幻灯片放映视图""备注页视图""阅读视图"和"母版视图"6 种基本的视图模式，每种视图都有特定的显示方式和加工特色。用户可以使用不同的视图查看幻灯片，在不同的视图模式下对幻灯片进行不同形式的加工处理。

视图的切换有如下一些方法：

● 单击 WPS 演示文稿窗口右下角的视图切换按钮 ⬚ 🔠 ⬚ ▶ ，实现视图的切换。这 4 个按钮从左到右分别对应于"普通视图""幻灯片浏览视图""阅读视图"和"幻灯片放映视图"。

● 单击"视图"选项卡中的 4 个命令按钮，可分别实现"普通视图""幻灯片浏览视图""备注页视图""阅读视图"和"母版视图"之间的切换；要切换到"幻灯片放映视图"，可使用"幻灯片放映"选项卡中的相关命令按钮。

1. 普通视图

普通视图是 WPS 演示默认的视图方式，也是制作演示文稿使用最多的一种视图方式，主要用于设计与编辑幻灯片。该视图有 3 个工作区域。

（1）幻灯片 / 大纲浏览窗格。幻灯片 / 大纲浏览窗格位于窗口的左侧，包括"大纲"和"幻灯片"两个选项卡 大纲 幻灯片 。单击"幻灯片"选项卡，该窗格所有幻灯片以缩略图形式显示，如图 6-2 所示，方便选定、添加或删除幻灯片；单击"大纲"选项卡，该窗格以大纲形式显示各张幻灯片中的具体文本（占位符中输入的文本才能显示出来），如图 6-3 所示，这种方式便于查看整个演示文稿的文档结构，也可直接在该窗格中编辑文本。

图 6-2　普通视图（"幻灯片"选项卡）

图 6-3　普通视图（"大纲"选项卡）

（2）幻灯片编辑窗格。幻灯片编辑窗格位于窗口的中央，用户可以在该窗格中详细设计和编辑幻灯片，如：向当前幻灯片添加文字、形状、表格、声音等对象，设置文本格式、段落格式，调整幻灯片上对象的大小和位置，设置对象的轮廓和填充色等。

（3）备注窗格。备注窗格位于幻灯片编辑窗格的下方，用于输入幻灯片备注信息。

2. 幻灯片浏览视图

采用幻灯片浏览视图可以将一个演示文稿包含的所有幻灯片以缩略图的形式顺序排列在工作区中，如图 6-4 所示。在该视图下不能对幻灯片上的对象进行编辑，但在该视图下可将幻灯片作为一个整体进行操作，如移动幻灯片、复制或删除幻灯片、插入新幻灯片等。

图 6-4　幻灯片浏览视图

3. 幻灯片放映视图

幻灯片放映视图主要用于观看幻灯片的放映效果，在该视图下可以看到各对象的动画效果、超链接效果等。给观众放映幻灯片是我们制作演示文稿的最终目的。在幻灯片放映视图下，WPS 演示的编辑界面消失，系统以全屏方式显示幻灯片，如图 6-5 所示。单击窗口右下角的"幻灯片放映"按钮 ▶ ，系统从当前幻灯片开始放映，每单击一次鼠标或按一次回车键，就切换到下一张幻灯片，直至所有幻灯片放映完毕，再次单击鼠标，返回 WPS 演示编辑窗口，中途也可以按 Esc 键退出幻灯片放映视图。

图 6-5　幻灯片放映视图

4. 备注页视图

备注页视图主要用于建立、修改和编辑演讲者备注。可以将备注页打印出来，供演讲者在放映演示文稿时进行参考。在该视图中，上方显示的是幻灯片缩略图，用户可以移动其位置、改变其大小，但不可编辑其中的对象，即不可编辑幻灯片缩略图中的文字、图片等；下方显示的是一个文本框，用于输入与编辑备注内容，如图 6-6 所示。备注内容也可以在普通视图下的"备注"窗格中输入或编辑。

图 6-6　备注页视图

5．阅读视图

阅读视图用于设计者自己查看、审阅幻灯片的放映效果，此视图模式只显示标题栏、阅读区和状态栏，该视图下的幻灯片播放效果和幻灯片放映视图下的幻灯片播放效果一致，如图 6-7 所示，不同的是阅读视图不是全屏显示幻灯片，而幻灯片放映视图下是全屏显示幻灯片。如果在查看幻灯片播放效果的过程中，想要修改演示文稿，可随时单击窗口右下方的视图切换按钮切换至其他视图。

图 6-7　阅读视图

6．母版视图

母版视图包括幻灯片母版视图、讲义母版视图和备注母版视图。母版是存储演示文稿信息的主要幻灯片，其中包括背景、颜色、字体、效果、占位符大小和位置。使用母版视图的一个主要优点在于：在幻灯片母版、备注母版或讲义母版上可以对与演示文稿关联的每张幻灯片、备注页或讲义的样式进行全局更改。母版将在后面的 6.3.3 节进行详细介绍。

6.1.4　演示文稿的创建和保存

1．演示文稿的创建

通常，人们把利用 WPS 演示制作出来的演示材料称为"演示文稿"，对应于一个扩展名

为 .dps 或 .pptx 的 WPS 演示文件。在演示文稿内部一般包括若干个页面，我们把这些页面叫作"幻灯片"，我们可以将文字、表格、图形、图像、声音等各种演示材料放在幻灯片上，并通过播放幻灯片向人们展示我们需要演讲的内容。

启动 WPS 演示后，系统默认新建一个名为"演示文稿 1"的空白演示文稿，其中自动包含一张幻灯片。用户就可以从当前状态开始设计和制作幻灯片。

若 WPS 演示已启动，可以选择"文件"→"新建"命令，并在右侧选择创建演示文稿。WPS 演示向我们提供了多种创建演示文稿的模板，如图 6-8 所示。

（1）从"新建空白演示"开始创建新演示文稿。选择此项后，WPS 演示会打开一个没有任何设计方案和示例文本的空白幻灯片，完全由用户从空白的演示文稿开始进行设计。此法可以创建具有自己风格和特色的演示文稿，留给用户的设计余地比较大，但用户需花费更多的精力去修饰美化幻灯片。

图 6-8　"新建"界面

（2）从"稻壳模板新建"开始创建新演示文稿。模板是系统预先定义好的演示文稿的样式和风格，包括预先定义好的文本、页面结构、文本格式、标题格式、主题颜色、背景图形等。WPS 预先为常用的场景比如"教育教学""K12 教育""职场通用""工作计划"和"活动策划"等，设计了许多精美的 WPS 演示模板，用户只需简单修改各张幻灯片的内容，便可以快速完成演示文稿的制作。

2. 演示文件的保存

创建或修改好的演示文稿，需要以文件的形式保存到磁盘，以免数据丢失。常用的保存方法如下：

（1）单击快速访问工具栏上的"保存"按钮 🖫 。

（2）按 Ctrl+S 组合键。

（3）选择"文件"→"保存"或"另存为"命令。

注意：WPS 2019 创建的演示文稿和 WPS 文字一样，根据使用的组件不同，具有各自专用的扩展名和文件图标。WPS 演示文稿创建的文档扩展名为 .dps；也可以新建、打开、编辑或保存为对应 MS Office 组件扩展名的文档，如 WPS 演示文稿兼容扩展名默认为 .pptx 的演示文稿。

　　用户也可以将自己设计好的独具风格的演示文稿保存成模板，以便日后重复使用。操作方法为：选择"文件"→"另存为"命令，在"另存为"窗口中将保存的类型设置为"WPS演示 模板文件（*.dpt）"即可。

　　除此之外，WPS 演示文稿还允许将演示文稿另存为较低版本的 PowerPoint 97—2003 文件，也可另存为 PowerPoint 97—2003 模板文件、PowerPoint 97—2003 放映文件，甚至还可以输出为视频、转图片格式（PPT）、转为 WPS 文字文档等其他格式。

6.2　演示文稿的制作与编辑

6.2.1　占位符、幻灯片版式

　　"占位符"是一种边框线为虚线的矩形框，占位符的内部有"单击此处编辑标题"或"单击此处添加文本"等提示性文本，它是创建新幻灯片时，系统根据幻灯片版式自动生成的，如图 6-9 和图 6-10 所示。

图 6-9　"标题幻灯片"版式上的占位符　　　　图 6-10　"标题和内容"版式上的占位符

　　"占位符"是一种容器，可容纳各种对象，如文本（包括标题、正文文本和项目符号列表）、表格、图表、智能图形、视频、声音及图片等。WPS 演示有多种形式的占位符，主要包括标题占位符、文本占位符、内容占位符、图片占位符、图表占位符、表格占位符、媒体占位符等。大部分占位符只能容纳一种类型的对象，如"文本占位符"中只能容纳文字、"图片占位符"中只能容纳图片，而"内容占位符"则可以容纳文本、表格、图片等各种类型的对象。

　　占位符中的"单击此处编辑标题"和"单击此处添加文本"只是一种提示性文本，指示用户如何操作，用户只需在这些区域中单击，提示文本便会消失，并出现闪动的光标，等待用户输入文字。若用户没有向占位符中输入任何信息，占位符本身的提示文本在放映时是不会显示在屏幕上的。

　　"幻灯片版式"是指幻灯片内容在幻灯片上的排列和布局格式，外观上主要表现为占位符的排列和布局。不同幻灯片版式提供的占位符个数、占位符类型及占位符放置位置是不相同的，图 6-11 所示的是默认主题"母版版式"提供的 11 种幻灯片版式。

图 6-11　"母版版式"提供的幻灯片版式

6.2.2　幻灯片基本操作

　　在制作演示文稿的过程中，经常遇到需要将幻灯片作为一个整体对象进行操作的情况，如复制幻灯片、调整幻灯片的顺序、添加新幻灯片、删除不要的幻灯片等。以整张幻灯片为操作对象进行操作，最为方便的视图模式是幻灯片浏览视图，少量的幻灯片操作也可以在普通视图的幻灯片 / 大纲浏览窗格中进行。

　　1.　选择幻灯片

　　在"幻灯片浏览视图"或"普通视图"的幻灯片 / 大纲浏览窗格中进行下列操作：

　　（1）选择一张幻灯片。将鼠标指针指向幻灯片，单击。

　　（2）选择连续的多张幻灯片。单击要选择的第一张幻灯片，按住 Shift 键的同时，单击要选择的最后一张幻灯片，即选中连续的多张幻灯片。

　　（3）选择不连续的多张幻灯片。按住 Ctrl 键不放，依次单击需要的幻灯片；若某张幻灯片已选中，按住 Ctrl 键的同时单击该幻灯片将取消选中。

　　2.　插入幻灯片

　　演示文稿是由一张张的幻灯片组成的，当新建一个空白演示文稿时，演示文稿中默认只包含一张幻灯片，这张幻灯片就是标题幻灯片，用户可以根据需要随时向演示文稿添加新的幻灯片。

　　若要在"选定"的幻灯片"之后"插入一张新幻灯片，可用如下方法：

　　（1）在"普通视图"的幻灯片 / 大纲浏览窗格中，单击选中一张幻灯片，按 Enter 键。

　　（2）在"普通视图"的幻灯片 / 大纲浏览窗格中或"幻灯片浏览视图"中，单击选中一张幻灯片，按 Ctrl+M 组合键。

　　（3）在"普通视图"的幻灯片 / 大纲浏览窗格中或"幻灯片浏览视图"中，单击选中一张幻灯片，再单击"+"号按钮，并在弹出的幻灯片版式列表中单击选择一个版式即可。

　　（4）在"普通视图"的幻灯片 / 大纲浏览窗格中或"幻灯片浏览视图"中，单击选中一张幻灯片，单击"开始"→"新建幻灯片"按钮 ，并在弹出的幻灯片版式列表中单击选择一个版式即可。

说明：（1）（2）方法用于在选定幻灯片的后面插入一张与选定幻灯片版式相同的幻灯片；而（3）（4）方法可以选择插入不同版式的幻灯片。

3. 移动幻灯片

执行如下操作：

（1）采用拖拽的方法。在"幻灯片浏览视图"或"普通视图"的幻灯片 / 大纲浏览窗格中，选中需要移动的幻灯片，按住鼠标左键不放将其拖拽至目标位置即可。

在拖动过程中将会出现一条直线形式的插入点，当插入点出现在目标位置时放开鼠标左键，即完成移动，如图 6-12 所示。

（2）采用剪贴板。在"幻灯片浏览视图"或"普通视图"的幻灯片 / 大纲浏览窗格中，选中需要移动的幻灯片，右击并选择快捷菜单中的"剪切"命令，将插入点定位到目标位置，右击并选择快捷菜单中的"粘贴"命令。

说明：在两张幻灯片缩略图中间的空隙处单击，即可定位插入点。

图 6-12　在"幻灯片浏览视图"中拖拽移动幻灯片

4. 复制幻灯片

复制幻灯片与移动幻灯片的方法相似，也可采用如上两种方法。

（1）采用拖拽的方法。在"幻灯片浏览视图"或"普通视图"的幻灯片 / 大纲浏览窗格中，选中幻灯片，按住 Ctrl 键的同时，将选中的幻灯片拖拽到目标位即可。在拖动过程中将会出现一条直线形式的插入点，当插入点出现在目标位置时放开鼠标左键，即完成复制。

（2）采用剪贴板。在"幻灯片浏览视图"或"普通视图"的幻灯片 / 大纲浏览窗格中，选中需要复制的幻灯片，右击并选择快捷菜单中的"复制"命令，将插入点定位到目标位置，右击并选择快捷菜单中的"粘贴"命令。

5．删除幻灯片

在"幻灯片浏览视图"或"普通视图"的幻灯片 / 大纲浏览窗格中，选中要删除的幻灯片，右击并选择快捷菜单中的"删除幻灯片"命令，也可以直接按键盘上的 Delete 键。

6．隐藏幻灯片

放映演示文稿时，默认将放映演示文稿中的所有幻灯片，若某些幻灯片不想播放给观众看，而又不想将其删除，则可将这些幻灯片隐藏，方法如下：

在"幻灯片浏览视图"或"普通视图"的幻灯片 / 大纲浏览窗格中，选中要隐藏的幻灯片，右击并选择快捷菜单中的"隐藏幻灯片"命令。也可单击"幻灯片放映"选项卡中的"隐藏幻灯片"按钮

7．将幻灯片组织成节

在 WPS 演示文稿中，可以使用节的功能来组织幻灯片，就像使用文件夹来组织文件一样，达到分类和导航的效果，这在处理大型演示文稿时非常有用。

（1）插入节。在"幻灯片浏览视图"或"普通视图"的幻灯片 / 大纲浏览窗格中，选择新节开始所在的幻灯片，右击并选择快捷菜单中的"新增节"命令。也可选择"开始"→"节"→"新增节"命令。

（2）节的基本操作。插入节后，"普通视图"的幻灯片 / 大纲浏览窗格中会出现"无节标题"字样的节，如图 6-13 所示，选中它，右击，在快捷菜单中可选择执行"重命名节""删除节""删除节和幻灯片""向上移动节""向下移动节"等操作。

（3）浏览节。在"幻灯片浏览视图"中，幻灯片也将以节为单位进行显示，如图 6-14 所示，这样可以更全面、更清晰地查看幻灯片间的逻辑关系，也可以单击节标题左侧的展开 / 折叠按钮 ▶ / ◢ 来展开 / 折叠节。

图 6-13　新增的节

图 6-14　浏览演示文稿中的节

6.2.3　为幻灯片添加内容

要制作出一份生动活泼、富有感染力的演示文稿，往往需要向幻灯片添加各种媒体对象，如文本、图片、形状、表格、艺术字、图表、声音等。本小节主要介绍如何向幻灯片添加内容，使制作出来的幻灯片图文并茂、形象生动。

1．为幻灯片添加文本

文本是幻灯片最基本的组成元素，现介绍如何向幻灯片添加文本及对文本进行格式设置。以下操作应在"普通视图"的幻灯片编辑窗格中进行。

（1）插入文本。与文字文稿不同，用户不能直接在幻灯片的空白处单击输入文字，要想向幻灯上添加文字可通过以下三种方法：

1）使用占位符。在标题占位符、内容占位符或文本占位符的虚线框中单击，出现闪动的光标，即可输入文字。

2）使用文本框。使用文本框可以将文本放置到幻灯片的任何位置。单击"插入"选项卡中的"文本框"按钮![文本框]，鼠标指针变成十字架形时在幻灯片上拖拽，即可绘制出一个横向文本框。若要绘制竖排文本框，可单击"文本框"按钮中的下三角按钮，并在出现的列表中选择"竖向文本框"。

3）使用形状或智能图形。右击幻灯片上已绘制好的形状，在出现的快捷菜单中选择"编辑文字"命令，可向形状添加文字说明。在智能图形内的文本占位符中或智能图形左侧的"文本"窗格中也可输入文字。

（2）格式设置。通过"开始"选项卡中的各类对文字和段落的命令按钮，如图 6-15 所示，可以对幻灯片上的文本进行各种字体格式设置和段落格式设置，其操作方法和文字文稿相似，此处不再赘述。

图 6-15　"开始"选项卡中的各类命令按钮

特别地，若要设置容纳文本的对象的格式，如文本框、占位符等，需要先选中对象，此时功能区中会自动出现针对于该对象操作的选项卡，通过该选项卡中的命令按钮可以对对象进行各种编辑操作和格式化操作。

2．插入图片

（1）插入搜索图片。WPS 可搜索到大量图片用来装饰演示文稿。"普通视图"下，选定要插入图片的幻灯片，单击"插入"选项卡中的"图片"下拉按钮，将弹出图片窗格，在"搜索您想要的图片"中输入要搜索的关键字，如"花""人物""运动"等，单击"搜索"图标，将搜索出与关键字相关的图片，单击所需的图片即可完成插入操作。

除此之外，也可单击占位符中的"插入图片"按钮来插入图片，如图 6-16 所示。

（2）插入图片。可将已保存在计算机中的图片文件直接插入到演示文稿中，操作如下："普通视图"下，选定要插入图片的幻灯片，单击"插入"选项卡中的"图片"下拉按钮，再单击"本地图片"，打开"插入图片"窗口，在该窗口中选择需要的图片，单击"插入"按钮即可。

图 6-16　内容占位符中的"插入图片"按钮

（3）格式化图片。单击选中图片，功能区中自动出现"图片工具"选项卡，如图 6-17 所示，使用该选项卡中的命令按钮，可以对图片进行各种编辑操作及格式设置。这些操作主要包括图片的亮度对比度调整、颜色调整、图片样式设置、图片位置调整、图片大小调整，图片版式设置等。

图 6-17　"图片工具"选项卡

若要对图片格式进行更为详细的设置可以使用"对象属性"对话框，操作方法为：右击图片，然后选择快捷菜单中的"设置对象格式"命令，并在右侧弹出的"对象属性"对话框中进行相关设置，如图 6-18 所示。

图 6-18　"对象属性"对话框

3. 插入艺术字

为了美化字体，除了对文本进行格式设置外，还可以使用 WPS 演示提供的具有多种特殊艺术效果的艺术字。具体操作如下：单击"插入"选项卡中的"艺术字"按钮，在弹出的艺术字列表中选择一种艺术字样式，如图 6-19 所示。

图 6-19　艺术字列表

幻灯片上出现"请在此处输入文字"艺术字提示框，如图 6-20 所示，用户只需按下 Backspace 或 Delete 键将提示文字删除，重新输入文字即可。

图 6-20　艺术字提示框

在艺术字外部的虚线边框上单击，可选中艺术字对象，通过"绘图工具"选项卡可设置艺术字的形状、样式、填充等各种格式。

4. 插入形状和智能图形

（1）插入形状。WPS 演示文稿提供了功能强大的绘图工具，利用绘图工具可以绘制各种线条、连接符、几何图形、星形以及箭头等复杂的图形。

单击"插入"选项卡中的"形状"按钮，在弹出的下拉列表中选择需要的形状，并在幻灯片上拖拽即可绘制形状。

1）格式化形状。选中形状，使用"绘图工具"选项卡中的命令按钮，可对形状的格式进行详细设置，如精确设置形状的大小、编辑形状顶点、设置形状轮廓、形状填充和形状效果等；还可以让绘制的形状直接套用"形状样式"中预定义好的形状样式和形状效果。

2）添加文本。右击形状，在快捷菜单中选择"编辑文字"命令。

3）组合形状。第一步，选中多个需要被组合的形状，操作方法为：按住 Shift 键或 Ctrl 键不放，依次单击需要组合的多个形状。第二步，将鼠标指针指向选中的多个形状后右击，在弹出的快捷菜单中选择"组合"命令，从而将多个形状组合成一个图形。

（2）插入智能图形。智能图形可以用来说明各种概念性的资料。WPS 演示文稿提供的智能图形主要包括列表图、并列图、关系图、循环图、流程图、时间轴、层次结构和图片等。

单击"插入"选项卡中的"智能图形"按钮，弹出"智能图形"对话框，如图 6-21 所示，在该对话框中选择需要的图形，单击即可在当前幻灯片中插入智能图形。

图 6-21　"智能图形"对话框

在智能图形的文本占位符或图片占位符中单击，可以向智能图形中添加文本、图片等内容，如图 6-22 所示。对于已插入的智能图形，选中智能图形，可在"设计"和"格式"选项卡中对智能图形进行各种设置，如在智能图形中添加形状、修改智能图形布局、更改整个智能图形的颜色、应用智能图形样式等。

图 6-22　在"文本"占位符中输入文字

5. 插入表格和图表

（1）插入表格。表格很适合呈现对比性质的信息，在幻灯片中合理使用表格，能够让内容展现更加合理。在 WPS 演示文稿中，插入表格的方法有多种，可以直接插入指定行数和列数的规则表格，也可以根据需要绘制不规则的表格。

方法一："普通视图"下，选定要插入表格的幻灯片，单击"插入"选项卡中的"表格"按钮，在弹出的下拉面板中拖拽选取若干行列的空白方格，如图 6-23 所示，选取的空白方格的行数和列数即是插入表格的行列数。

方法二："普通视图"下，选定要插入表格的幻灯片，单击"插入"选项卡中的"表格"按钮，在弹出的下拉面板中选择"插入表格"命令，在弹出的对话框中输入表格的行数和列数。

方法三："普通视图"下，选定要插入表格的幻灯片，单击"插入"选项卡中的"表格"按钮，在弹出的下拉面板中选择"绘制表格"命令，将鼠标在幻灯片上拖拽绘制出表格的外框；单击"表格样式"选项卡中的"绘制表格"按钮，可继续绘制表格内的行列，按 Esc 键退出绘制状态。

除此之外，还可以单击幻灯片上内容占位符中的"插入表格"按钮 ▦，在弹出的对话框中输入表格的行数、列数，单击"确定"按钮即可插入指定行列数的表格。

表格插入后，可以通过"表格工具"和"表格样式"两个选项卡对表格的格式进行设计。如：使用"表格工具"选项卡可以插入 / 删除行列、合并单元格、调整行高和列宽、设置表格中文字的对齐方式等；使用"表格样式"选项卡中的"表格样式"来美化表格，也可以自定义表格的边框和底纹。

图 6-23　插入表格

（2）插入图表。与文字数据比较，形象直观的图表更加容易理解。

单击"插入"选项卡中的"图表"按钮，在弹出的"插入图表"对话框中选择需要的图表类型，单击"插入"按钮，系统将在当前幻灯片中插入图表。选中图表，在"图表工具"选项卡中单击"编辑数据"按钮，弹出一个 Excel 工作表设计窗口，与 WPS 演示窗口垂直并排，如图 6-24 所示。在 Excel 工作表的示例数据区域中修改已有的示例数据、系列名称和类别名称，所做修改将直接反映在 WPS 演示窗口中的图表上，在图 6-24 所示的工作表中，已将"类别 1"修改为了"甲"，修改完毕直接关闭工作簿窗口即可。

图 6-24　编辑图表数据

对于已制作好的图表，可以使用"图表工具"选项卡对图表进行编辑及格式设置。

6.2.4　修改幻灯片的布局

当用户向幻灯片插入各种对象后，为了使幻灯片的版面结构看起来更美观整洁，可以修改幻灯片的布局。幻灯片的布局是指幻灯片上的对象及各对象的大小和相对位置关系。幻灯片版式是 WPS 演示提供的幻灯片自动布局格式，用户可以直接套用。但幻灯片版式提供的幻灯片布局格式是有限的，用户可以根据幻灯片上内容的多少、对象的大小等更改幻灯片的布局，主要包括更改幻灯片版式、调整幻灯片上对象的大小和位置等。

1. 更改幻灯片版式

"普通视图"下，选中要修改幻灯片版式的幻灯片，单击"开始"选项卡中的"版式"按钮，在弹出的幻灯片版式列表中选择合适的版式即可。

2. 调整对象的大小

标题占位符、文本占位符、图片、表格、形状等各种对象的大小是可以改变的。调整对象大小的方法是：单击对象，对象周围出现 8 个控制点，将鼠标指针指向任意一个控制点，待鼠标指针变成双向箭头时，按下鼠标左键拖拽，调整到适当的大小时放开鼠标左键即可。

特别地，当用户在调整标题和文本占位符的大小时，文字的大小会随着占位符调整到一定大小时发生变化。

3. 调整对象的位置

选中对象，并将鼠标指针指向对象，当指针变成四向箭头✛时，将对象拖动到目标位置即可。当用户要移动的是文本占位符、标题占位符、文本框、表格、智能图形时，需要把鼠标指针指向这些对象的外部边框，指针才会变为✛形，然后再拖动对象到目标位置。

6.3　演示文稿风格的统一

为了美化演示文稿，使制作出来的幻灯片具有统一的外观、良好的布局及合理的色彩搭配，可以使用 WPS 演示提供的现成的设计主题快速达到此效果，也可以使用幻灯片母版统一设置幻灯片的外观，以减少单独设计每张幻灯片的工作量。

本节主要介绍幻灯片背景的设置、主题的使用与设置、幻灯片母版的使用。

6.3.1　背景设置

默认情况下，新建的"空白演示文稿"的背景为空白，为了使演示文稿更加美观，可以更改幻灯片的背景。幻灯片的背景可以是"纯色填充""渐变填充""图片或纹理填充""图案填充"等多种填充方式。更改背景时，既可将改变应用于单独的一张幻灯片，也可应用于所有幻灯片。

1. 使用背景

单击"设计"选项卡中的"背景"按钮，在弹出的样式列表中选择一种背景图片，如图 6-25 所示（注意，"稻壳背景图片"根据软件版本不同而有所区别）。若要将背景应用于选定的幻灯片，先选定幻灯片，单击背景缩略图，此背景图将应用于该幻灯片。

2. 设置背景

单击"设计"选项卡中的"背景"按钮，在下拉列表中选择"背景"，右侧弹出"对象属性"对话框，如图 6-26 所示，在该"对象属性"对话框中可以对背景图片进行详细设置。

3. 填充

● 纯色填充用单一颜色填充背景。
● 渐变填充设置背景从一种颜色过渡到另一种颜色。
● 图片或纹理填充将指定的图片或纹理效果设置为背景。
● 图案填充将一些简单的线条、点、方框等组成的图案设置为背景。

例如，选择以图片作为幻灯片的背景，操作方法为：单击的"图片填充"按钮，在弹出的对话框中选择需要的图片，单击"打开"按钮。

通过其他按钮可以对背景图片的渐变样式、角度、颜色、位置、透明度和亮度等进行设置。

图 6-25　背景图片

图 6-26　"对象属性"对话框

6.3.2　设计应用

WPS 演示文稿的设计就是设置模板，模板是一组预设的背景、配色方案、字体格式等组合。使用模板，可以快速、轻松地设置整个演示文稿的格式，赋予它专业和时尚的外观。

用户可以直接使用 WPS 演示文稿设计中的模板，也可以修改搭配好的颜色方案。

1. 将模板应用于演示文稿

WPS 演示文稿的模板已经对背景、颜色和效果等进行了合理的搭配，用户只需选择一种固定的模板，就可以为 WPS 演示文稿中各幻灯片的内容应用相同的效果，从而达到统一幻灯片风格的目的。在"设计"选项卡的"模板"列表中选择需要的模板即可，或单击"更多设计"按钮 ，在打开的对话框中进行选择即可。

2. 编辑模板

WPS 演示中预设的模板如果不能满足实际需要，用户还可以对模板进行自定义设置。在"设计"选项卡中单击"配色方案"按钮，在打开的下拉列表中选择一种模板颜色，如图 6-27 所示，可将颜色方案应用于所有幻灯片。在打开的下拉列表中选择"更多颜色"选项，在打开的"主题色"窗格中可对幻灯片模板颜色的搭配进行自定义设置，如图 6-28 所示。

图 6-27　更改模板颜色

图 6-28　自定义主题颜色

6.3.3　母版应用

母版是一种特殊的幻灯片，是存储有关演示文稿的信息的顶层幻灯片。在 WPS 演示文稿中，母版主要包括幻灯片母版、讲义母版和备注母版。用户对幻灯片母版、备注母版或讲义母版的更改将直接应用到所有基于此母版的幻灯片、备注页或讲义上。

1. 幻灯片母版

幻灯片母版是幻灯片层次结构中的顶层幻灯片，用于存储有关演示文稿的主题和幻灯片版式的信息，包括背景、颜色、字体、效果、占位符大小和位置。

每个演示文稿至少包含一个幻灯片母版。修改和使用幻灯片母版的主要优点是：可以对演示文稿中的每张幻灯片（包括以后添加到演示文稿中的幻灯片）进行统一的样式更改，即在幻灯片母版中设置好的格式或添加的对象将应用到所有基于该母版的幻灯片上。

使用幻灯片母版，由于无需在多张幻灯片上键入相同的信息和进行重复而相同的格式设置，因此大大节省了幻灯片的设计时间，同时也使演示文稿有统一的外观。

（1）打开幻灯片母版视图。单击"视图"选项卡中的"幻灯片母版"按钮，进入幻灯片母版视图，如图 6-29 所示。

图 6-29　幻灯片母版视图

在 WPS 演示文稿中，幻灯片母版针对每个版式都有单独的版式母版。图 6-29 所示图中，左窗格上方第 1 张较大的幻灯片是幻灯片母版，下方较小的 11 张幻灯片是版式母版。

（2）设置幻灯片母版格式。可以对幻灯片母版进行各种格式设置，对幻灯片母版所做的任何设置都将会应用到各张版式母版，但是也可以对各张版式母版进行单独定义，以覆盖幻灯片母版的设置。例如，在特定版式中，可以选择忽略背景图形，以便释放其在幻灯片中所占的空间供其他对象使用。

幻灯片母版中包括 5 个占位符：标题占位符、文本占位符、日期和时间占位符、页码占位符和页脚占位符，如图 6-30 所示。

图 6-30　幻灯片母版

选中幻灯片母版，可以对其进行如下格式设置：

● 设置标题和文本的格式。选中标题占位符或文本占位符，使用"开始"选项卡中的"字体"组或"段落"组中的命令按钮，可以对标题或正文的文本格式、段落格式及项目符号进行设置。注意，在占位符中输入文字是无效的，不能应用到演示文稿的各张幻灯片中。

● 设置背景格式。单击"幻灯片母版"选项卡中的"背景"按钮，在弹出的"对象属性"对话框中选择一种样式作为背景，也可选择以图片、纹理等作为背景。

● 插入对象。使用"插入"选项卡中的命令按钮，可以向幻灯片母版插入形状、图片等各种对象。

● 添加页眉和页脚。单击"插入"选项卡中的"页眉和页脚"按钮，弹出"页眉和页脚"对话框，如图 6-31 所示，在该对话框中选中"日期和时间""幻灯片编号"单选按钮，也可以自定义页脚。

除此之外，还可以调整幻灯片母版上各对象（包括占位符）的大小和位置；也可以直接单击将主题应用于幻灯片母版，以省去格式设置的麻烦。

（3）插入、删除版式母版。默认情况下，幻灯片母版下包括 11 张版式母版，可以根据需要添加或删除版式母版。

● 删除版式母版：选中不要的版式母版，直接按下键盘上的 Delete 键即可。

● 插入版式母版：单击"幻灯片母版"选项卡中的"插入版式"按钮，可在选定的版式母版下方插入一张版式母版。

（4）插入、删除幻灯片母版。一个演示文稿至少包含一个幻灯片母版，当用户在某张幻灯片上使用了另一种主题时，该主题对应的幻灯片母版自动被添加到幻灯片母版视图中。除此之外，用户也可以单击"幻灯片母版"选项卡中的"插入母版"按钮来插入一个幻灯片母版，并自定义该母版的外观。

若演示文稿中所有套用某种幻灯片母版格式的幻灯片已被删除，则可以将该幻灯片母版删除。只需在幻灯片母版视图下，选中要删除的幻灯片母版，按下键盘上的 Delete 键，在删除幻灯片母版的同时，下方的 11 张版式母版也自动删除。

2. 讲义母版

讲义母版用于控制幻灯片按讲义形式打印的格式。单击"视图"选项卡中的"讲义母版"按钮，打开讲义母版，如图 6-32 所示。通过"讲义母版"选项卡上的命令按钮，可以设置一页中打印的幻灯片的数量（可以是 1、2、3、4、6、9），也可以进行页面设置、页眉页脚格式设置等。

图 6-31　"页眉和页脚"对话框

图 6-32　讲义母版

3. 备注母版

备注母版用于控制幻灯片按备注页形式打印的格式。依次单击"视图"选项卡→"母版视图"组→"备注母版"按钮，打开备注母版，如图 6-33 所示。在备注母版中包括页眉、页脚、幻灯片缩略图、日期、正文、页码 6 个占位符。用户可以修改除幻灯片缩略图以外的所有占位符中的文本格式和段落格式。

关闭母版视图：单击"幻灯片母版"/"讲义母版"/"备注母版"选项卡→"关闭"按钮。也可单击"视图"选项卡→"普通视图"按钮，返回到普通视图。

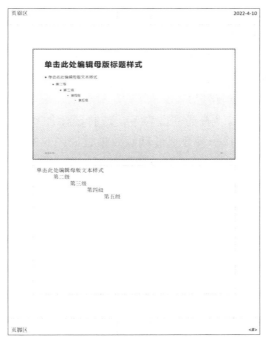

图 6-33　备注母版

6.4　动态演示文稿设计

为幻灯片添加文字、图片、表格等各种对象后，演示文稿已具备了要表达的主题和信息；而使用幻灯片母版、设计主题又使演示文稿具有了统一的风格和良好的视觉效果。为了让演示文稿在放映的过程中更能吸引观众的注意力，我们可以在演示文稿中使用动画设计技术。

本节主要介绍如何进行动画设计，如何为对象添加超链接，如何使用动作按钮，以及如何在演示文稿中插入音频、视频等多媒体对象。

6.4.1　设置动画效果

在 WPS 演示中，可以为文本、图片、形状、表格等各种对象设置动画，也可以为整张幻灯片设置动画，从而使放映的演示文稿具有动态效果，以吸引观众的注意力。WPS 演示文稿中，动画的类型主要有两种：一种是自定义动画，也称幻灯片内动画，是指幻灯片内部各个对象的动画；另一种是幻灯片切换动画，又称幻灯片间动画，即翻页动画，是指幻灯片在放映时，更换幻灯片时的动画效果。

1．自定义动画

在放映演示文稿的过程中，若要控制文本或对象何时、以何种方式出现在幻灯片上，应选择自定义动画。WPS 演示文稿提供了四大类自定义动画，包括进入、强调、退出和动作路径，每一类中又包含了若干种不同的动画效果。一个对象可以添加一种动画效果，也可以添加多种动画效果。

关于四大类动画效果的说明如下：

- 进入：用于定义对象以何种方式出现。即定义对象进入屏幕时的动画效果。
- 强调：定义已出现在屏幕上的对象的动画效果，引起观众注意。
- 退出：定义已出现在屏幕上的对象如何消失，即对象退出屏幕时的动画效果。
- 动作路径：让对象沿着指定的路径运动。可以选择 WPS 演示已定好的预设路径，也可以由用户自己绘制路径。

（1）为对象设置动画效果。"普通视图"下，选择要添加动画效果的对象，单击"动画"选项卡，在动画效果列表中选择一种合适的动画效果，如图 6-34 所示。

如果所需的动画效果未列出，可单击动画效果列表框右下角的"其他"按钮 ，将弹出更多的动画效果选项，如图 6-35 所示，在该列表框中动画效果按"进入""强调""退出""动作路径"分成四组，单击需要的动画效果即可。

图 6-34　选择动画效果

图 6-35　动画效果列表框

当为对象设置好动画效果后，对象的左上角将显示一个数字，该数字是动画出现的先后顺序，如图 6-36 所示。

（2）为一个对象添加多种动画效果。一个对象可以添加多个动画效果。采用（1）的操作方法，当为对象选择另一种动画效果时，原来的动画效果将被替换。若要继续为对象添加多种动画效果，可单击"动画"选项卡→"自定义动画"→"添加动画"按钮，在弹出的动画效果列表中选择需要的动画效果即可。添加了多个动画效果的对象左上角将有数字和省略号，如图 6-37 所示，为"序"设置了多个动画效果。

图 6-36　对象左上角数字

图 6-37　为"序"设置了多个动画效果

（3）设置动画效果属性。对于大多数动画效果来说，允许用户设置动画的开始方式、速度和变化方向等属性。这些操作都可以在"动画"选项卡→"自定义动画"→"修改效果"组中完成，如图 6-38 所示。

1）效果选项。设置动画的效果选项，可以控制动画的方向、形状、序列等。为对象添加一种动画效果后，可立即设置该动画的效果选项，单击"动画"选项卡→"自定义动画"→"修改效果"组，在弹出的下拉列表中选择需要的效果选项即可。图 6-39 所示的是"飞入"动画的效果（方向）选项，用户可以选择飞入的方向，如"自底部"或"自左侧"等；也可以选择飞入的方式，如是作为一个对象飞入，还是按段落一个段落一个段落地飞入。

图 6-38　"修改效果"组

图 6-39　"飞入"动画的效果选项

不同的动画效果，其效果选项是不相同的。

如果要修改已有动画的效果选项，可单击对象左上角代表该动画的数字，然后单击"动画"选项卡→"自定义动画"→"修改效果"组，在弹出的下拉列表中选择需要的方向效果选项；或者在选择窗格中，单击添加的动画对象侧边的下拉菜单按钮■，在下方的"效果选项"组中可以设置动画效果。

2）动画的开始与持续时间。可以设置动画以何种方式触发，或者说动画在什么情况下才开始播放。在播放幻灯片时，一般默认单击一次鼠标播放一个动画，用户也可以设置以其他方式触发动画的播放。

单击"动画"选项卡→"自定义动画"→"修改效果"组，在"开始"下拉列表中选择动画何时开始，主要包括"单击时""之前""之后"。

● "单击时"表示鼠标在幻灯片上单击时开始播放动画。
● "之前"表示上一对象的动画效果开始播放的同时自动播放该对象的动画效果。
● "之后"表示上一对象的动画效果播放结束后自动播放该对象的动画效果。

在选择窗格中，单击添加的动画对象侧边的下拉菜单按钮，在下方的"计时"组中可以设置动画播放持续时间的长短，图6-40所示的是"飞入"动画的计时选项；"延迟"微调框用于设置当触发动画开始的事件已发生时，再隔多长时间才开始播放动画。

图6-40　动画计时效果

（4）调整动画播放顺序。为幻灯片上的各个对象添加动画效果后，默认添加动画的顺序即是播放动画的顺序，由对象左上角的数字也可以看出动画播放的先后顺序，如图6-41所示。

用户可以调整动画的播放顺序，单击对象左上角的数字，选中该动画，再单击"动画"选项卡→"自定义动画"→"重新排序"，在动画窗格中选中一个动画项，单击下方的"上移"按钮↑或"下移"按钮↓来调整动画顺序，调整过程中对象左上角的数字也会发生变化，如图6-42所示。

图6-41　动画播放顺序

图6-42　调整后的动画顺序

（5）更改或删除动画效果。若不满意对象的某种动画效果，可将该动画效果删除或改为其他动画效果。

1）删除动画的方法：单击对象左上角的数字，直接按下键盘上的 Delete 键。也可以在"动画窗格"中选中要删除的动画项，再按下键盘上的 Delete 键。

2）更改动画效果的方法：单击对象左上角的数字，单击"动画"选项卡，在动画效果列表中选择另一种动画效果即可。

（6）预览动画。在修改动画或添加动画的过程中可随时预览动画效果，也可单击"动画"选项卡→"预览"按钮，在普通视图下预览动画的播放效果。

2. 幻灯片切换动画

幻灯片切换动画是指幻灯片在放映时，两张幻灯片之间切换时的动画效果，即翻页动画。它属于幻灯片间的动画。要设置幻灯片切换动画，操作步骤如下：

（1）在幻灯片浏览视图或普通视图下，选定要应用切换效果的幻灯片。

（2）单击"切换"选项卡→"切换到此幻灯片"组，在出现的幻灯片切换效果列表框中选择需要的切换效果，如图 6-43 所示。要查看更多切换效果，则可单击"其他"按钮。

图 6-43　幻灯片切换效果列表

（3）选择好一种切换效果后，可以对该种切换效果设置"效果选项"，以改变切换效果的方向、形式等，如图 6-44 所示。

图 6-44　切换效果选项

选择好幻灯片切换效果后，还可以对幻灯片切换效果持续的时间、切换过程中是否播放声音、换片的方式（如单击鼠标切换到下一张幻灯片或在指定时间后自动切换到下一张）等进行详细的设置，这些都可以在"切换"选项卡中进行，如图 6-45 所示。

图 6-45　"切换"效果设置

若要向演示文稿中的所有幻灯片应用相同的切换效果，则在设置好切换效果后，单击"切换"选项卡→"全部应用"按钮。

6.4.2　动作设置与超链接

演示文稿放映时，默认是按幻灯片在演示文稿中的排列顺序进行放映的。为了改变幻灯片的放映顺序，让用户来控制幻灯片的放映，可以通过向演示文稿插入超链接或动作按钮来实现。

1. 超链接

超链接是从一个幻灯片到另一个幻灯片、另一个文件、网页或电子邮件等的一个连接。在 WPS 演示中，可以为图片、图形、文字、文本框、文本占位符、艺术字、图表等对象添加超链接。幻灯片放映时，当用户将鼠标指针移至超链接上时，鼠标指针会变为"小手"形状👆，单击链接，则会跳转到指定目标位置。

（1）建立超链接。其操作步骤如下：

1）选中要添加超链接的文本或对象。

2）单击"插入"选项卡→"超链接"按钮，打开"编辑超链接"对话框，如图 6-46 所示。也可在选中的对象上右击，在弹出的快捷菜单中选择"超链接"命令。

图 6-46　"插入超链接"对话框

3）在"链接到"选项区中，选择链接的类型，可供选择的链接类型主要包括原有文件或网页、本文档中的位置和电子邮件地址。若希望链接到本演示文稿中的其他幻灯片，则需要选择"本文档中的位置"，如图 6-47 所示，并在右侧的"请选择文档中的位置"列表框中选定一张幻灯片作为链接的目标。若需要链接到一个已有的文件，则应该选择"原有文件或网页"，并选定一个文件作为链接的目标。若要链接到一个网页，则需要在图 6-46 所示的地址栏中输入 Web 页的地址。

图 6-47　链接至本文档中的其他幻灯片

4）单击"确定"按钮。

图 6-48 所示的是为文本添加了超链接的放映效果，文本的下方自动加上了下划线，其链接的目标是本文档中的幻灯片。

图 6-48　超链接至本文档中的幻灯片的放映效果

说明：若用户对超链接的颜色和下划线不满意，可编辑超链接方案，在"插入超链接"对话框中单击"超链接颜色"，可修改"超链接颜色"和"已访问的超链接颜色"两项的颜色；还可选择"链接有下划线"或"链接无下划线"。

（2）编辑和删除超链接。如果要更改超链接的目标，可采用如下方法：选定添加了超链接的文字或对象，然后按 Ctrl+K 组合键，或在添加了超链接的文字或对象上右击，在弹出的快捷菜单中选择"编辑超链接"命令，可打开"编辑超链接"对话框，该对话框和"插入超链接"对话框相似，用户可以按照添加超链接的方法进行修改。

当用户不再需要某个超链接时，可以在超链接上右击，在弹出的快捷菜单中选择"取消超链接"命令。

2. 动作设置

（1）为对象添加动作设置。动作设置具有与超链接相似的功能，可以通过鼠标单击或鼠标移过某对象时跳转到下一张幻灯片、上一张幻灯片、第一张幻灯片、最后一张幻灯片、指定的某张幻灯片、网页、其他 WPS 演示文稿或其他文件等。除此之外，也可使用动作设置运行一个程序、宏或播放音频剪辑。

1）利用动作设置插入超链接。

- 选中要添加动作的文本或对象，右击，选择"动作设计"命令，打开"动作设置"对话框，如图 6-49 所示。
- 在"鼠标单击"或"鼠标移过"选项卡中，选中"超链接到"单选按钮，并在其下方的下拉列表框中选择超链接的目标位置，如图 6-50 所示。
- 如果要取消超链接或其他的动作，可在"动作设置"对话框中选中"无动作"单选按钮。

图 6-49　"动作设置"对话框

图 6-50　选中"超链接到"单选按钮

2）动作设置的其他用途。动作设置与超链接有很多相似之处，动作设置几乎可以包括超链接可以指向的所有位置，但动作设置除了可以设置超链接的指向外，还可以设置如下一些属性：

- 运行程序：指定鼠标单击或鼠标移过对象时运行的一个可执行程序，扩展名为 .exe。
- 运行宏：指定鼠标单击或鼠标移过对象时运行的一个宏，在下拉列表框中列举了当前演示文稿中的所有宏，若当前演示文稿中没有宏，则此选项为灰色。
- 对象动作：指定鼠标单击或鼠标移过一个嵌入对象时执行的动作，一般有"编辑"和"打开"两个动作。若用户选择的不是嵌入对象，则此选项不可用。用户可以单击"插入"选项卡→"对象"按钮，插入一个嵌入对象。
- 播放声音：指定鼠标单击或鼠标移过对象时播放的声音。

（2）使用动作按钮。WPS 演示中预先设置好了一组带有特定动作的图形按钮，这些按钮被预先设置为指向前一张幻灯片、后一张幻灯片、第一张幻灯片、最后一张幻灯片，以及播放声音等动作，用户可以方便地应用这些动作按钮，实现幻灯片放映的跳转。在幻灯片中或幻灯片母版中添加动作按钮的方法如下：

1）选择"插入"选项卡→"形状"命令，下方弹出形状列表，在"动作按钮"组中选择需要的形状按钮，如图 6-51 所示。

动作按钮

图 6-51　形状列表中的"动作按钮"

2）选择某一个按钮后，鼠标指针变为"+"形状，在幻灯片的适当位置拖动鼠标绘制动作按钮。

3）当用户松开鼠标键，系统自动弹出"动作设置"对话框。

4）若不希望修改预先设置好的动作，直接单击"确定"即可。

添加在幻灯片中的动作按钮，本身也是形状的一种，用户可以像编辑其他形状一样编辑动作按钮，如：调整其大小、位置、旋转；使用"绘图工具"下的"格式"选项卡中的命令按钮设置动作按钮的轮廓颜色和样式、填充效果等。

值得说明的是：超链接、动作设置和动作按钮只有在放映演示文稿时，才能单击鼠标查看其链接效果。

6.5　多媒体应用

为了使演示文稿声色动人、改善幻灯片在放映时的视听效果，用户可以在幻灯中加入多媒体对象，如音乐、视频、动画等。

6.5.1　在幻灯片中插入音频

1. 插入音频

在幻灯片中插入音频的方法如下：

（1）"普通视图"下，选定要插入音频的幻灯片。

（2）单击"插入"选项卡→"音频"按钮。

（3）在弹出的下拉菜单中选择"嵌入音频""链接到音频""嵌入背景音乐"或"链接背景音乐"中的一项，将弹出对应的窗口，如图 6-52 所示"插入音频"窗口。

（4）音频插入成功后，幻灯片上将显示一个小喇叭 。将鼠标指针指向它，会显示出播放控制条 00:00.00 。

2. 设置音频播放选项

对于插入到幻灯片中的音频，可以对其编辑和设置音频效果选项，如裁剪音频、设置音频的淡入淡出效果、设置何时开始播放音频、是否循环播放、是否隐藏音频图标、调整音量等。这些操作都可以在"音频工具"选项卡中进行，如图 6-53 所示。

图 6-52 "插入音频"窗口

图 6-53 设置音频播放选项

现介绍音频的开始方式。

（1）在幻灯片上单击选中音频图标。

（2）单击"音频工具"选项卡→"开始"下拉列表，弹出两个开始选项：

1）自动：放映到该幻灯片时，自动播放音频。

2）单击时：放映到该幻灯片时，单击音频图标时才播放音频。

（3）若希望幻灯片切换到后面的其他幻灯片时，音频仍继续播放，直到音频播放完毕，则应该在"音频工具"选项卡中选中"跨幻灯片播放"单选按钮，可选择播放到第 N 页停止。

6.5.2 在幻灯片中插入视频

为了辅助表达讲解的内容，提高演示文稿的可观赏性和说明力，可以向演示文稿中插入一段视频。插入的视频可来自文件、网站或视频。WPS 演示支持扩展名为 .wmv、.asf、.avi、.mpeg 等多种格式的视频文件。

1. 插入视频

向幻灯片中插入视频的方法如下：

（1）"普通视图"下，选定要插入视频的幻灯片。

（2）单击"插入"选项卡→"视频"按钮。

（3）在弹出的下拉菜单中选择"嵌入本地视频""链接到本地视频"或"网络视频"等中的一项。

若选择"嵌入本地视频"项，将弹出"插入视频"窗口，在该窗口中选择一个视频文件即可。

2. 设置视频播放选项

对于插入到幻灯片中的视频，可以对其编辑和设置视频效果选项，如裁剪视频、设置何时开始播放视频、是否循环播放、是否全屏播放、调整播放音量等。这些都可以在"视频工具"选项卡中进行设置，如图 6-54 所示。

图 6-54　设置视频播放选项

"开始"下拉列表用于设置视频的开始方式，可选择"自动"或"单击时"两种方式。

"裁剪视频"用于从插入的视频文件中截取一部分视频，这在视频文件比较长，却只需要中间的少部分内容时，比较有用。现介绍裁剪视频的方法：

（1）在幻灯片上单击选中视频对象。

（2）单击"视频工具"选项卡"播放"组中的"裁剪视频"按钮，将弹出"裁剪视频"对话框，在该对话框中，通过设置"开始时间"和"结束时间"来截取一段视频；也可通过手动拖动播放进度条上的开始与结束滑块来截取一段视频，如图 6-55 所示。

图 6-55　"裁剪视频"对话框

6.6　放映演示文稿

制作演示文稿的最终目的是放映给观众看，放映演示文稿的方式可以根据用户的具体要求进行设置。

6.6.1　设置放映方式

在演示文稿放映之前，可根据使用者的具体要求，设置演示文稿的放映方式，操作方法为：单击"幻灯片放映"选项卡→"设置放映方式"按钮，打开"设置放映方式"对话框，如图 6-56 所示。

图 6-56   "设置放映方式"对话框

1. 设置放映类型

（1）演讲者放映（全屏幕）。演讲者放映是系统默认的放映类型，也是最常见的放映形式，采用全屏方式显示幻灯片。在这种放映方式下，演讲者可以根据观众的反应随时调整放映的速度或节奏，具有放映的完全控制权。在放映过程中可以切换到指定的幻灯片，还可用绘图笔在幻灯片上涂写。

（2）展台自动循环放映（全屏幕）。采用该放映类型，最主要的特点是不需要专人控制就可以自动放映。该放映模式下，幻灯片以全屏方式显示，放映过程中无法通过键盘或鼠标控制放映，只能自动放映，放映结束后，又自动从第一张幻灯片开始重新放映，直至用户按下键盘上的 Esc 键才会退出放映。该放映类型主要用于展览会的展台或其他需要自动演示的场合。

值得注意的是，使用"展台自动循环放映（全屏幕）"放映时，由于用户不能对放映过程进行干预，因此事先必须设置每张幻灯片的放映时间或预先设定排练计时。

2. 设置幻灯片放映方式

幻灯片放映方式的设置方法：在"幻灯片放映"选项卡中单击"设置放映方式"按钮，打开"设置放映方式"对话框，如图 6-56 所示。"设置放映方式"对话框中各设置的功能介绍如下：

（1）设置放映类型：在"放映类型"栏中选中相应的单选按钮，即可为幻灯片设置相应的放映类型。

（2）设置放映选项：在"放映选项"栏中勾选"循环放映，按 ESC 键终止"复选框可设置循环放映，该栏中还可设置绘图笔的颜色，在"绘图笔颜色"下拉列表中可以选择一种颜色，在放映幻灯片时，可使用该颜色的绘图笔在幻灯片上写字或做标记。

（3）设置放映幻灯片的数量：在"放映幻灯片"栏中可设置需要放映的幻灯片数量，可以选择放映演示文稿中所有的幻灯片，或手动输入放映开始和结束的幻灯片页数。

（4）设置换片方式：在"换片方式"栏中可设置幻灯片的切换方式，选中"手动"单选按钮，表示在演示过程中将手动切换幻灯片及演示动画效果；选中"如果存在排练时间，则使用它"单选按钮，表示演示文稿将按照幻灯片的排练时间自动切换幻灯片和动画，但是如果没有已保存的排练时间，即便选中该单选按钮，放映时还是以手动方式进行控制。

另外，如果计算机上已经安装多个监视器或投影系统，"多监视器"栏中的选项才有效。

3. 自定义幻灯片放映

自定义幻灯片放映是指有选择性地放映部分幻灯片，可以将需要放映的幻灯片另存为一个名称再进行放映。这类放映主要适用于内容较多的演示文稿。

自定义幻灯片放映的具体操作如下：

（1）在"幻灯片放映"选项卡中单击"自定义放映"按钮，打开"自定义放映"对话框，单击"新建"按钮，如图 6-57 所示，新建一个放映项目。

（2）打开"定义自定义放映"对话框，在"在演示文稿中的幻灯片"列表中同时选中需要放映的幻灯片，单击"添加"按钮，将选中的幻灯片添加到"在自定义放映中的幻灯片"列表中。

（3）在"在自定义放映中的幻灯片"列表中通过"上移"按钮和"下移"按钮来调整幻灯片的显示顺序，调整后的效果如图 6-58 所示。

图 6-57　新建放映项目

图 6-58　添加和调整放映项目

（4）单击"确定"按钮，返回"自定义放映"对话框，在"自定义放映"列表中已显示出新创建的自定义演示名称，单击"关闭"按钮完成设置。

6.6.2　排练计时

为了采用"展台自动循环放映（全屏幕）"放映模式，使演示文稿自动放映，应事先设置幻灯片的自动换片时间或使用排练计时。

运用 WPS 演示的"排练计时"功能可排练每张幻灯片播放的总时间，控制幻灯片上对象动画播放的进度、幻灯片切换的时刻等。

进行排练计时的操作步骤如下：

（1）确保当前放映方式为默认的"演讲者放映（全屏幕）"，若不是，则需要先执行"幻灯片放映"→"设置放映方式"命令，在打开的"设置放映方式"对话框中选择"演讲者放映（全屏幕）"。

（2）单击"幻灯片放映"选项卡→"排练计时"按钮，进入放映模式，并弹出"录制"工具栏，如图 6-59 所示。

（3）单击鼠标或按键盘上的空格键等，控制对象动画播放进度及幻灯片的切换。在排练过程中，用户也可以单击"录制"工具栏中的"暂停"按钮，暂停录制。

（4）当用户控制所有幻灯片播放完毕后，系统会自动弹出一个对话框，提示播放演示文稿所需的总时间，如图 6-60 所示，用户可以根据情况单击"是"或者"否"按钮。

图 6-59　"录制"工具栏　　　　图 6-60　排练时间提示信息

6.6.3　屏幕录制

屏幕录制是 WPS 演示文稿的一项功能，该功能可记录每张幻灯片的放映时间，并且允许用户使用麦克风为幻灯片添加录音旁白或使用激光笔为幻灯片加注释，从而使演示文稿脱离演讲者自动演示和解说。

屏幕录制的操作方法如下：

（1）选择"幻灯片放映"→"屏幕录制"命令。

（2）在"屏幕录制"对话框中，选择"全屏"或"区域"，并且单击 REC 开始录制。

（3）在控制幻灯片播放的过程中，选择"系统声音""麦克风"或"系统和麦克风"，用户可以在需要添加解说或旁白的地方使用麦克风录音。

（4）操作结束后，自动保存放映计时及幻灯片上添加的旁白，并返回到幻灯片浏览视图。

为幻灯片添加的旁白将被嵌入到幻灯片中，幻灯片浏览视图或普通视图下，可以看到幻灯片的右下角有一个音频图标。

6.6.4　幻灯片的放映

设置好放映方式后，便可开始放映幻灯片了。若事先未进行放映方式的设置，则默认为"演讲者放映（全屏幕）"。通过放映幻灯片可以将精心创建的演示文稿展示给观众或客户。

1. 开始放映

放映幻灯片经常采用的方式是单击 WPS 演示文稿窗口右下角的"幻灯片放映"按钮，直接进入放映模式，它的特点是从当前选中的幻灯片开始放映幻灯片。

用户也可以单击"幻灯片放映"选项卡中的命令按钮来放映幻灯片，如图 6-61 所示，它们分别是：

（1）从头开始。从第 1 张幻灯片开始放映幻灯片，也可按 F5 键。

（2）从当前开始。从当前选中的幻灯片开始放映幻灯片，也可按 Shift+F5 组合键。

（3）自定义放映。选择该项后，可以在其下拉菜单中选择已经定义好的自定义放映，设置自定义放映的方法见 6.6.1 节。

图 6-61　"开始放映幻灯片"组

2. 控制放映

在系统默认的放映方式下，即"演讲者放映（全屏幕）"放映方式下，放映控制方法如下：

（1）到下一个画面：单击鼠标左键、空格键、回车键、N 键、PgDn、↓键、→键。

（2）到上一个画面：P 键、PgUp 键、↑键、←键。

（3）取消放映：Esc 键。

（4）黑屏：B 键。

（5）白屏：W 键。

（6）使用画笔：Ctrl+P 组合键。

（7）隐藏画笔：Ctrl+A 组合键。

（8）擦除画笔所绘内容：E 键。

此外，在幻灯片放映过程中，还可以在屏幕空白处右击，在弹出的快捷菜单中找到以上控制放映的命令。

6.7　打印演示文稿

在 WPS 演示中可以将制作好的演示文稿打印出来，方便演讲者使用或分发给观众查看。打印时可以指定是打印幻灯片，还是打印大纲、备注或是讲义；还可以指定是打印当前幻灯片还是所有幻灯片，每页打印多少张幻灯片，打印的颜色等。

1. 页面设置

在打印演示文稿之前，有必要对打印页面的大小、方向和幻灯片起始编号等进行设置。单击"设计"选项卡→"页面设置"按钮，弹出"页面设置"对话框，如图 6-62 所示，在其中设置幻灯片的大小、方向等。

2. 打印设置

单击"文件"选项卡→"打印"按钮，在打印选项设置区中可以对打印的范围、打印的内容等进行设置，如图 6-63 所示；单击"文件"选项卡→"打印预览"按钮，可以观看到设置的打印效果。

（1）份数。指定打印的份数，即副本数。

（2）打印机。在"名称"下拉列表框中选择希望使用的打印机。

（3）打印范围。打印的范围主要包括 4 个选项："全部""当前幻灯片""选定幻灯片"和"幻灯片"（自定义范围）。若选择"选定幻灯片"项，则应在执行该操作之前在幻灯片浏览视图或普通视图下选择一张或多张需要打印的幻灯片；若选择"幻灯片"（自定义范围），则需要在旁边的"幻灯片"文本框中输入各幻灯片的编号或范围，例如：1,3,5-12。

图 6-62　"页面设置"对话框

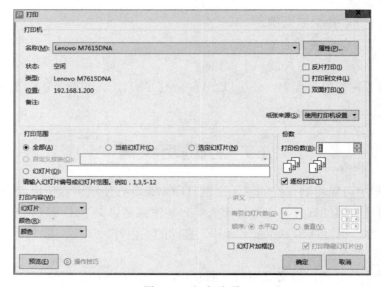

图 6-63　打印选项

另外，还可指定是否打印隐藏的幻灯片。

（4）打印内容。主要包括如下几个选项：

● 整页幻灯片：一页打印一张幻灯片。

● 备注页：每页除了打印一张幻灯片外，还包括幻灯片的备注信息。

● 大纲:打印演示文稿的大纲，只包括标题占位符、内容占位符、文本占位符中的文字，一页可打印多张幻灯片的大纲内容。

● 讲义：一页可打印多张幻灯片（1、2、3、4、6、9张），还可指定多张幻灯片的排列布局格式。

（5）逐份打印。勾选"逐份打印"复选框，表示逐份打印；否则表示非逐份打印。若演示文稿中有 3 张幻灯片，打印份数为 2 份，则逐份打印的幻灯片编号顺序是 1、2、3、1、2、3；非逐份打印的顺序是 1、1、2、2、3、3。

（6）打印的颜色。打印的颜色主要包括"颜色"和"纯黑白"。

另外，选择"打印预览"→"页眉和页脚"命令，在弹出的"页眉和页脚"对话框进行页眉和页脚的设置。

当完成必要的设置后，单击"打印"按钮🖨，即可在所选的打印机上开始打印。

6.8　演示文稿的输出

WPS 演示文稿中，演示文稿制作完成后，默认保存为扩展名为 .pptx 的文档。也可以将演示文稿输出为 PPT、PDF、XML、WMV 等多种格式的文件。

6.8.1　将演示文稿输出为 PDF 文档

选择"文件"→"输出为 PDF"命令，出现"输出为 PDF"对话框，根据要求设置"输出范围""保存位置"等之后单击"开始输出"按钮，演示文稿将输出为 PDF 文档，默认格式为 PDF，如图 6-64 所示。

图 6-64　将演示文稿输出为 PDF 文档

6.8.2　演示文稿的打包

很多情况下，用户要将自己制作好的演示文稿（*.pptx）复制到其他计算机上去放映，但有可能遇到这种情况，对方计算机上没有安装 WPS 演示文稿，致使演示文稿无法打开；或者遇到安装有 WPS 演示文稿，但在播放幻灯片时各种链接文件找不到，致使演示文稿播放不正常；还可能遇到，自己计算机上显示正常的字体，复制到其他计算机上时，这些字体完全变了样。遇到些情况时，我们可以使用 WPS 演示文稿的打包功能。

这里的打包，指的是使用 WPS 演示打包命令，将演示文稿及其所链接的音频、视频和其他文件等组合在一起，形成一个文件夹或压缩文件。

打包方法如下：

（1）打开一个要打包的演示文稿，如"大国工匠 .pptx"。

（2）选择"文件"→"文件打包"→"将演示文档打包成文件夹"或"将演示文档打包成压缩文件"，弹出"演示文件打包"对话框，如图 6-65 所示。

图 6-65　"演示文件打包"对话框

1）"文件夹名称"文本框用于键入打包后的文件夹名。

2）单击"位置"文本框后的"浏览"按钮，可设置打包后文件夹的存放位置。

设置好打包选项后，单击"确定"按钮。

需要指出的是，在 WPS 演示文稿中，图片、音频文件、视频文件这些以嵌入方式插入的文件在 WPS 演示文稿环境下不用打包也可以正常播放。

习题 6

一、单选题

1. 在 WPS 演示中应用模板后，新模板将会改变原演示文稿的（　　）。

　A．配色方案　　　　B．幻灯片母版　　　C．标题母版　　　　D．以上选项都对

2. WPS 演示中，欲在幻灯片中添加文本框，应使用（　　）选项卡。

　A．视图　　　　　　B．插入　　　　　　C．开始　　　　　　D．动画

3. 在使用 WPS 演示打印演示文稿时，如"打印内容"栏中选择"讲义"，则每页打印纸上最多输出（　　）张幻灯片。

　A．2　　　　　　　B．4　　　　　　　C．6　　　　　　　D．9

4. 关于幻灯片页面版式的叙述，不正确的是（　　）。

　A．幻灯片的大小可以改变

　B．幻灯片应用的主题一旦选定，以后不可改变

　C．同一演示文稿允许使用多种主题

　D．幻灯片的方向可以改变

5. 在"幻灯片浏览视图"方式下，双击幻灯片可以（　　）。

　A．直接进入普通视图　　　　　　　　B．弹出快捷菜单

　C．删除该幻灯片　　　　　　　　　　D．插入备注或说明

6. 在 WPS 演示中，设置幻灯片放映的换页效果为"随机线条"，应使用的选项卡是（　　）。

　A．开始　　　　　　B．切换　　　　　　C．动画　　　　　　D．视图

7. 在 WPS 演示中，已设置了幻灯片的动画，但没有动画效果，应切换到（　　）。

　　A．普通视图　　　　　　　　　　　B．幻灯片浏览视图

　　C．母版视图　　　　　　　　　　　D．幻灯片放映视图

8. 要使幻灯片在放映时能够自动播放，需要为其设置（　　）。

　　A．超链接　　　　B．动作按钮　　　　C．录制旁白　　　　D．排练计时

9. 为幻灯片添加动作按钮，可以使用（　　）选项卡。

　　A．开始　　　　　B．插入　　　　　C．幻灯片放映　　　D．文件

10. 关于幻灯片母版的描述，不正确的是（　　）。

　　A．WPS 演示通过幻灯片母版来控制幻灯片上不同部分的表现形式

　　B．幻灯片母版可以预先定义幻灯片的文本颜色、字体大小等

　　C．对幻灯片母版的修改不影响任何一张幻灯片

　　D．可以单独设计幻灯片母版下的某个版式母版

11. 在 WPS 演示中，在空白幻灯片中不可以直接插入（　　）。

　　A．文本框　　　　B．文字　　　　　C．艺术字　　　　　D．表格

12. 在 WPS 演示中设置文本的行距及段间距，可以使用（　　）。

　　A．"文件"选项卡　　　　　　　　　B．"格式"选项卡

　　C．"开始"选项卡　　　　　　　　　D．"插入"选项卡

13. 在演示文稿中设置幻灯片的切换速度是在（　　）中进行的。

　　A．"切换"选项卡的"自动换片"数值框

　　B．"切换"选项卡的"效果选项"下拉列表框

　　C．"切换"选项卡的"速度"数值框

　　D．"自定义动画"任务窗格

14. 在幻灯片的"动作设置"对话框中设置超链接对象不允许链接到（　　）。

　　A．另一个演示文稿　　　　　　　　B．同一演示文稿的某一张幻灯片

　　C．其他应用程序的文档　　　　　　D．幻灯片中的某个对象

15. 在幻灯片浏览视图中，可以进行的操作是（　　）。

　　A．添加、删除、移动、复制幻灯片　B．添加说明或注释

　　C．添加文本、图像及其他对象　　　D．设置幻灯片上对象的动画效果

16. 画矩形时，按住（　　）键能画出正方形。

　　A．Ctrl　　　　　B．Alt　　　　　C．Shift　　　　　D．以上都不是

17. WPS 演示文稿中，对象动画主要包括（　　）动画效果

　　A．"进入"和"强调"　　　　　　　B．"退出"和"强调"

　　C．"进入"和"退出"　　　　　　　D．"进入""强调""退出"和"动作路径"

18. 对于已添加"自定义动画"的对象，以下说法错误的是（　　）。

　　A．可以删除对象的动画效果

　　B．可以更改对象的动画效果

　　C．幻灯片中对象左上角的数字代表幻灯片放映时，对象动画出现的先后顺序

　　D．不可以调整对象动画的先后顺序

19. WPS 演示文稿幻灯片浏览视图下，按住 Ctrl 键并拖动某张幻灯片，可以完成（　　）操作。

　　A．移动幻灯片　　B．复制幻灯片　　　C．删除幻灯片　　　D．选定幻灯片

20. WPS 演示文稿的默认扩展名是（　　）。

　　A．.docx　　　　B．.xlsx　　　　　C．.pptx　　　　　D．.potx

21. 以下不属于 WPS 演示文稿视图的是（　　）。

　　A．普通视图　　　　　　　　　B．幻灯片浏览视图

　　C．幻灯片放映视图　　　　　　D．详细资料视图

22. 在 WPS 演示文稿中，要在各张幻灯片的相同位置插入相同的小图片，较方便的方法是在（　　）中设置。

　　A．普通视图　　　　　　　　　B．幻灯片浏览视图

　　C．幻灯片放映视图　　　　　　D．幻灯片母版

23. 在 WPS 演示文稿中，若要设置幻灯片在放映时能每隔 3 秒自动转到下一页，可使用（　　）选项卡进行设置。

　　A．切换　　　　B．动画　　　　　C．播放　　　　　D．设计

24. 关于"超链接"，以下说法错误的是（　　）。

　　A．超链接只能跳转到另一个演示文稿

　　B．超链接可跳转到某个文字文档、Excel 文档

　　C．超链接可以指向某个邮件地址

　　D．超链接可以链接到某个 Internet 地址

25. 演示文稿的基本组成单元是（　　）。

　　A．文本　　　　B．图形　　　　　C．超链接　　　　D．幻灯片

26. 在 WPS 演示文稿中，下列有关幻灯片背景设置的说法，正确的是（　　）。

　　A．不能用图片作为幻灯片背景

　　B．不能为演示文稿的不同幻灯片设置不同颜色的背景

　　C．可以为演示文稿中的所有幻灯片设置相同的背景

　　D．不能使用纹理作为幻灯片背景

27. WPS 演示文稿中，利用"隐藏幻灯片"操作，以下说法正确的是（　　）。

　　A．将幻灯片从演示文稿中删除

　　B．在幻灯片放映时不放映，但仍保存在文件中

　　C．在幻灯片放映时可放映幻灯片，但是幻灯片上的部分内容被隐藏

　　D．在普通视图的"幻灯片/大纲浏览窗格"中被隐藏

28. WPS 演示提供了文件的（　　）功能，可以将演示文稿，其所链接的各种声音、图片等外部文件统一保存起来。

　　A．"定位"　　　　B．"另存为"　　　C．"存储"　　　　D．"打包"

二、填空题

1. WPS 演示文稿文件的扩展名是 _____。

2．在 _____ 视图中，可以对幻灯片中的对象进行编辑操作。

3．在 WPS 演示中，插入新幻灯片的快捷键是 _____。

4．在放映幻灯片时，中途要退出播放状态，应按的功能键是 _____。

5．演示文稿中每张幻灯片占位符的布局都是基于某种 _____ 创建的。

6．幻灯片母版视图主要包括 _____、_____、_____。

7．在演示文稿中可以插入来自 _____ 的音频和录制音频。

三、思考题

1．"占位符"的作用是什么？"占位符"之外是否能够输入文本？

2．演示文稿与幻灯片有何区别？有何联系？

3．演示文稿打包的作用是什么？如何对演示文稿进行打包？

4．母版分为几种？各有什么用途？

5．WPS 演示允许向幻灯片中插入哪些内容？

6．在自定义动画效果中如何修改幻灯片对象的播放顺序？

7．如何设置幻灯片切换动画？

8．如何删除幻灯片上对象的自定义动画？

第7章 计算机网络与信息安全

本章导读

  计算机网络是现代计算机技术与通信技术相结合的产物，计算机网络技术自诞生之日起就以惊人的速度和广泛的应用程度不断发展，给人们带来巨大便利。与此同时，计算机网络存在的信息安全隐患，影响了人们的正常生活、工作秩序，因此防范计算机网络信息安全隐患，是提高互联网技术在实践应用普及中的重要举措。本章主要介绍计算机网络基础知识，计算机网络的应用及信息安全。

本章要点

- 计算机网络的基本概念、拓扑结构和计算机网络的组成
- 计算机网络的发展历史、常用的计算机网络设备
- Internet 原理与技术
- Internet 服务与应用
- 计算机信息安全

  21 世纪人类全面进入信息时代，信息时代的重要特征就是数字化、网络化和信息化。要实现信息化就必须依靠完善的网络，因为网络可以非常迅速地传递信息，网络已成为信息社会的命脉和发展知识经济的重要基础，网络对社会生活的很多方面以及对社会经济的发展已经产生了不可估量的影响。同时，计算机网络所带来的安全性问题也日益突出，如何保护计算机网络中存储和传输的数据的安全性，就成了一个很重要的问题，因为信息安全不仅关系到普通民众的利益，也影响到社会经济发展、政治稳定和国家安全的战略性等问题。

7.1 计算机网络基本概念

7.1.1 计算机网络的定义和功能

1. 计算机网络的定义

  20 世纪 50 年代初，美国出于军事需要，计划建立一个计算机网络，当网络中的一部分被摧毁时，其余网络会很快建立新的联系。当时美国在四个地区进行网络互连实验，采用 TCP/IP（Transmission Control Protocol/Internet Protocol）作为基础协议，形成了早期的计算机

网络。

计算机网络是指利用通信线路和通信设备，把分布在不同地理位置的具有独立功能的多台计算机、终端及其附属设备互相连接，按照网络协议进行数据通信，通过功能完善的网络软件实现资源共享和数据通信的系统。

简单点说，计算机网络就是一些相互连接的、以共享资源为目的的、自治的计算机的集合。对于用户来说，在访问网络共享资源时，可不必考虑这些资源所在的物理位置。

从计算机网络的定义，我们可以从以下几个方面理解计算机的网络：

（1）网络中的计算机具有独立的功能，它们在断开网络连接时，仍可单机使用。

（2）网络的目的是实现计算机硬件资源、软件资源及数据资源的共享，以克服单机的局限性。

（3）计算机网络靠通信设备和线路，把处于不同地理位置的计算机连接起来，以实现网络用户间的数据传输。

（4）在计算机网络中，网络软件和网络协议是必不可少的。在计算机网络中，提供信息和服务能力的计算机是网络的资源，索取信息和请求服务的计算机是网络的用户。由于网络资源与网络用户之间的连接方式、服务方式及连接范围的不同，从而形成了不同的网络结构及网络系统。

最简单的计算机网络就是只有两台计算机和连接它们的一条链路，即两个节点和一条链路。因为没有第三台计算机，因此不存在交换的问题。最庞大的计算机网络就是因特网，它由非常多的计算机网络通过许多路由器互联而成，因此因特网也称为"网络的网络"。

另外，从网络媒介的角度来看，计算机网络可以看作是由多台计算机通过特定的设备与软件连接起来的一种新的传播媒介。

2. 计算机网络的功能

计算机网络的功能主要体现在四个方面：资源共享、信息交换和通信、提高系统的可靠性、均衡负荷与分布处理。

（1）资源共享。资源共享包括硬件资源、软件资源和数据资源。网络中的各用户能在自己的位置上部分或全部地使用这些资源，如扫描仪、绘图仪和外部存储设备，而在办公室等部门设置打印机共享更是常见的使用。资源共享可使用户节省开销，避免了重复劳动和重复投资，从而降低整个系统的费用。

（2）信息交换和通信。数据通信是计算机网络的基本功能之一，在网络中，通过通信线路可实现主机与主机之间各种信息的快速传输和交换，让分散在不同地点的生产单位和业务部门的信息得到统一、集中的控制和管理，典型的应用就是电子邮件和即时通信等。

（3）提高系统的可靠性。在计算机网络中，当某台计算机出现故障而导致系统瘫痪无法运行时，其他计算机可以通过网络代替这台计算机的任务，提高了系统的可靠性。

（4）均衡负荷与分布处理。当网络中某台计算机的负荷过重时，网络可将新的任务交给网络中的其他计算机，均衡负载，提高了每一台计算机的可用性。

在以前需要大型机来进行计算的任务，如天气预报、虚拟技术、卫星导航等，现在可以用网络的分布式计算来完成。把一项复杂的任务划分成许多部分，由网络内各计算机分别协作并完成有关部分，使整个系统的性能大为增强。网络的分布式计算功能是现在网络应用发展的主要方向之一。

7.1.2 计算机网络的发展

虽然计算机网络仅有几十年的发展历史，但是它经历了从简单到复杂、从低级到高级、从地区到全球的发展过程。纵观计算机网络的形成与发展历史，大致可以将它分为四个阶段。

1. 面向终端的计算机网络阶段

第一阶段是 20 世纪五六十年代，面向终端的具有通信功能的单机系统。因为计算机主机昂贵，而通信线路和通信设备相对便宜，为了共享计算机主机资源和进行信息的综合处理，人们通过数据通信系统将地理位置分散的多个终端，通过通信线路连接到一台中心计算机上，由一台计算机以集中方式处理不同地理位置用户的数据，形成以单主机为中心的联机终端系统，如图 7-1 所示。人们将独立的计算机技术与通信技术结合起来，为计算机网络的产生奠定了基础。严格地讲，这不能算是网络，但它将计算机技术与通信技术结合了，可以让用户以终端方式与远程主机进行通信，所以我们视它为计算机网络的雏形，这一阶段的网络是网络主机和终端的通信体系。

图 7-1　面向终端的计算机通信网络

2. 具有通信功能的多机系统阶段

面向终端的计算机网络只能在终端和主机之间进行通信，计算机之间无法通信。从 20 世纪 60 年代中期开始，出现了多个主机互联的系统，可以实现计算机和计算机之间的通信。第二阶段是以美国的国防军事网络 ARPANET 为标志，与分组交换技术相结合，以资源共享为目的的网络系统，如图 7-2 所示。ARPANET 是计算机网络技术发展中的里程碑，它使网络中的用户可以通过本地终端使用本地计算机的软件、硬件与数据资源，也可以使用网络中其他地方的计算机的软件、硬件与数据资源，从而达到计算机资源共享的目的。

第二阶段网络的特点是计算机和计算机互联，是计算机之间的通信，也是真正意义上的计算机网络。

3. 以共享资源为主的计算机网络互联阶段

第三阶段可以从 20 世纪 70 年代计起，国际上各种广域网、局域网与公用分组交换网发展十分迅速。各计算机厂商和研究机构纷纷发展自己的计算机网络系统，制定了自己的网络技术标准，这些网络技术标准只是在一个公司范围内有效，遵从某种标准的、能够互联的网络通信产品。网络通信市场这种各自为政的状况使得用户在投资方向上无所适从，也不利于厂商之间的公平竞争。为了互联互通，就需要对网络体系结构与网络协议进行标准化处理，实现计算机网络之间的互联，如图 7-3 所示。

图 7-2　具有通信功能的多机系统

图 7-3　计算机网络互联阶段

1981 年国际标准化组织（International Organization for Standardization，ISO）的 TC97 信息处理系统技术委员会 SC16 分技术委员会着手制定开放系统互连参考模型（OSI/RM），它实现了不同厂家生产的计算机之间的互连，对网络体系的形成与网络技术的发展起到了重要作用。OSI/RM 标志着第三代计算机网络的诞生。这个阶段的特点是网络的协议标准化，主要以实现资源共享为目的。Internet 充分体现了这一特征，而 TCP/IP 协议的制定也是它风靡世界的重要原因。

4. Internet 与高速网络阶段

第四阶段从 20 世纪 90 年代开始，迅速发展的 Internet 信息高速公路、无线网络与网络安全，使信息时代全面到来。因特网作为国际性的网际网与大型信息系统，实现了全球网络互联，在当今经济、文化、科学研究教育与社会生活等方面发挥越来越重要的作用，如图 7-4 所示。宽带网络技术的发展为社会信息化提供了技术基础，网络安全技术为网络应用提供了重要安全保障。随着电子邮件、WWW 等的应用，Internet 得到了惊人的发展。

图 7-4 网络互联与高速网络结构示意图

2012 年提出"互联网 +"理念，就是"互联网 + 各个传统行业"，但这并不是简单的两者相加，而是利用信息通信技术以及互联网平台，让互联网与传统行业进行深度融合，创造新的发展生态。它代表一种新的社会形态，即充分发挥互联网在社会资源配置中的优化和集成作用，将互联网的创新成果深度融合于经济、社会各领域之中，提升全社会的创新力和生产力，形成更广泛的以互联网为基础设施和实现工具的经济发展新形态。

7.1.3 数据通信

计算机通信是将一台计算机产生的数据和信息通过通信信道传给其他计算机，包括数字通信和模拟通信两种方式。数字通信系统抗干扰性强；模拟通信系统信号频谱比较窄，抗干扰性差。数字通信一般应用在局域网和广域网中，模拟通信主要用在广域网中。数据通信是计算机技术与通信技术相结合的产物。

数据在通信线路上传输是有方向的，根据数据在某一时间信息的传输方向和特点，线路通信方式可分为以下三种：

（1）单工通信。传送的信息始终在一个方向上的通信。

（2）半双工通信。通信信道的每一端可以是发送端，也可以是接收端。但在同一时刻信息只能有一个传输方向。

（3）全双工通信。可以双向通信。

下面简单介绍有关通信的几个常用术语。

1. 信道

信道是信息传输的媒介或通道。信道有物理信道和逻辑信道之分，物理信道是指用来传输数据和信号的物理通路，它由传输介质和相关的通信设备组成。计算机网络中常用的传输介质包括双绞线、同轴电缆、光缆和无线电波等；逻辑信道是指两个节点之间在通信协议中对等层之间的一种连接，是一种逻辑上的"连接"。根据传输介质的不同，物理信道可分为有线信道（如电话线、双绞线、同轴电缆和光缆等）、无线信道和卫星信道。根据信道中传输的信号类型来分，则物理信道又可划分为模拟信道和数字信道。模拟信道传输的是模拟信号，如调幅或调频波，而数字信道直接传输二进制脉冲信号。

2. 信号

信号是数据的表现形式。通信是为了传输数据，数据是数字化后的信息形式。信号分为数字信号和模拟信号两类。数字信号是一种离散的脉冲序列，通常用一个脉冲表示一位二进制数。现在，计算机内部处理的信号都是数字信号。模拟信号是一种连续变化的信号，可以用连续的电波来表示，如图 7-5 所示，例如，电话里的语音信号和传统的广播电视信号等。

（a）模拟信号　　　　　　　　　　　　　（b）数字信号

图 7-5　模拟信号和数字信号

3. 调制与解调

计算机内的信息是由"0"和"1"组成的数字信号，而电话线是针对语音通话设计的模拟信道，传递的是模拟信号。于是，当两台计算机要通过电话线进行数据传输时，就需要一个设备负责数模的转换。这个数模转换器就是调制解调器（Modem）。计算机在发送数据时，先由 Modem 把数字信号转换为相应的模拟信号，这个过程称为"调制"，也称 D/A 转换。经过调制的信号通过电话载波传送到另一台计算机之前，也要经由接收方的 Modem 负责把模拟信号还原为计算机能识别的数字信号，这个过程称为"解调"，也称 A/D 转换。正是通过这样一个"调制"与"解调"的数模转换过程，从而实现了两台计算机之间的远程通信。

4. 带宽与数据传输速率

在模拟信道中，如通过公共电话线传送计算机通信信号，以带宽表示信道传输信息的能力，带宽指传送信号的最高频率和最低频率的范围（即频带宽度），以 Hz、kHz、MHz 或 GHz 作为单位，信道的频带越宽（带宽数值越大），表示可用的频率就越多，其传输的数据量也就越大。例如，标准电话话路的带宽为 300 ~ 3400Hz（3100Hz），理想情况下为 2400Hz。

在数字信道中，用数据传输速率（也称比特率）表示信道的传输能力，即每秒传输的二进制位数，单位为位 / 秒（bit/s 或 bps）、kbps、Mbps、Gbps 和 Tbps。例如，调制解调器的传输速率为 56kbps。

研究证明，通信信道的最大传输率与信道带宽之间存在着明确的关系，所以在网络技术中"带宽"与"速率"几乎成了同义词。带宽与数据传输速率是通信系统的主要技术指标之一。

5. 误码率

由于种种原因，数字信号在传输过程中不可避免地会产生差错。如发送的信号是"1"，在传输过程中受到外界的干扰，接收到的信号却是"0"，这就是"误码"，也就是说发生了一个差错。在一定时间内收到的数字信号中发生差错的比特数与同一时间所收到的数字信号的总比特数之比，就叫作"误码率"。

误码率 = 错误码元数 / 传输码元总数

误码率是最常用的数据通信传输质量指标，在计算机网络系统中，一般要求误码率低于 10^{-6}（百万分之一）。

6. 通信协议

在通信中双方必须遵守一定的规则才能实现通信，这些规则称为通信协议。

（1）使用不同协议的计算机要进行通信，必须经过中间协议转换设备的转换。

（2）不同的网络采用的通信协议一般不相同，例如，在局域网中使用 CSMA/CD 协议，广域网中使用 X.25 协议，因特网中使用 TCP/IP 等。

7.1.4 计算机网络的组成

计算机网络首先是一个通信网络，计算机之间通过通信设备进行数字通信，在此基础上各计算机通过网络软件共享其他计算机上的硬件资源、软件资源和数据资源，可以把计算机网络分成资源子网和通信子网两部分，如图 7-6 所示。

图 7-6　计算机网络逻辑结构

1. 通信子网

通信子网是把各站点互相连接起来的数据通信系统，主要包括通信线路（即传输介质）、网络连接设备（如通信控制处理器）、网络协议和通信控制软件等。其主要任务是连接网上的各种计算机，来完成数据的传输、交换和通信处理。

2. 资源子网

资源子网主要包括连网的计算机、终端、外部设备、各种软件资源与信息资源等，代表着网络的数据处理资源和数据存储资源，其主要任务是负责全网的信息处理和数据处理业务，为用户提供网络服务和资源共享功能等。

7.1.5 网络分类与特征

计算机网络的分类标准有很多种，主要的分类标准有根据网络所使用的传输技术分类、根据网络的拓扑结构分类、根据网络协议分类等，这些只能从某一方面反映网络的特征。根据网络覆盖的地理范围和规模分类，是最普遍采用的分类方法，它能较好地反映网络的本质特征。由于网络覆盖的地理范围不同，它们所采用的传输技术也就不同，因此形成不同的网络技术特点与网络服务功能，依据这种分类标准可以将计算机网络分为局域网、城域网和广域网。

1. 局域网（Local Area Network，LAN）

局域网是指在一个较小地理范围内的各种计算机网络设备相互连接在一起的通信网络，其覆盖的地理范围比较小，一般在几十米到几千米之间。局域网常用于组建一个办公室、一栋楼、一个楼群、一个校园或一个企业的计算机网络。局域网具有传输速率高（100～1000Mbps）、误码率低、成本低、容易组网、易管理和使用灵活方便等特点，深受广大用户的欢迎，也是最常见、应用最广的一种网络。

2. 城域网（Metropolitan Area Network，MAN）

城域网是一种大型的 LAN，它的覆盖范围介于局域网和广域网之间，一般为几千米至几万米，它的设计目标是满足几十千米范围内的大量企业、学校、公司的多个局域网的互联需求，以实现大量用户之间的信息传输。也就是说，城域网的覆盖范围是在一个城市内。

3. 广域网（Wide Area Network，WAN）

广域网也称为远程网络，是一种长距离的数据通信网络，实现了更大范围的资源共享。广域网可能覆盖一个国家、地区，甚至横跨几个洲，形成国际性的远程计算机网络。广域网上的数据通信要比局域网复杂、成本高，而且数据传输较慢。广域网可以使用电话交换网、微波、卫星通信网或它们的组合信道进行通信，将分布在不同地区的计算机系统互联起来，达到资源共享的目的。广域网是网络的公共部分，在我国广域网一般为电信部门所有。

因特网是广域网的一种，但它不是一种具体独立的网络，它将同类或不同类的物理网络（局域网、广域网与城域网）互联，并通过高层协议实现不同类网络间的通信。

7.1.6 网络拓扑结构

拓扑学是几何学的一个分支，从图论演变而来，是研究与大小、形状无关的点、线和面构成的图形特征的方法。计算机网络拓扑结构是将网络的节点和连接节点的线路抽象成点和线，用几何关系表示网络结构，从而反映出网络中各个实体的结构关系。

在网络中把计算机和通信设备抽象为一个点，把传输介质抽象为一条线，由点和线组成的几何图形就是计算机网络的拓扑结构。网络的拓扑结构是设计计算机网络的第一步，是实现各种网络协议的基础，它对网络的性能、系统的可靠性与通信费用都有重大影响。常见的网络拓扑结构主要有总线型、星型、环型、树型和网状等几种。

（1）总线型拓扑结构。总线型结构中所有设备都直接与一条称为公共总线的传输介质相连，如图 7-7 所示。这种结构的特点是节点加入和退出网络都非常方便，可靠性较高，结构也很简单，建网成本低，是目前局域网普遍采用的形式。但网络中所有的数据都需经过总线传送，总线成为整个网络的瓶颈，同时故障诊断和隔离比较困难。

图 7-7　总线型拓扑结构

（2）星型拓扑结构。星型结构是最早的通用网络拓扑结构形式。在星型拓扑结构中，每个节点与中心节点连接，中心节点控制全网的通信，任何两个节点之间的通信都要通过中心节点，如图 7-8 所示。星型拓扑结构的特点是结构简单、容易实现、便于管理、易于扩展。但是由于它是集中控制方式的结构，一旦中心节点出现故障，就会造成全网的瘫痪，可靠性较差。因此，要求中心节点有很高的可靠性。由于每个站点与中心节点之间都要有一条连线，导致费用较高。

图 7-8　星型拓扑结构

（3）环型拓扑结构。环形结构也是通过总线把网络中各个节点连接起来，与总线型结构的不同之处在于环型结构中的总线两端是连接在一起的。网络中各节点连接到一个闭合的环路上，信息沿环型线路单向传输，由目的站点接收，如图 7-9 所示。其特点是结构简单，传输距离远、传输延迟确定、可以使用光纤。环型网络结构适合那些数据不需要在中心主控机上集中处理，而主要在各自站点进行处理的情况。环型结构的优点是结构简单、成本低，缺点是环中任意一点的故障都会引起网络瘫痪，可靠性低。

图 7-9 环型拓扑结构

（4）树型拓扑结构。树型结构是一种层次结构，节点按层次连结，像树木一样，不断分支，形成主干、分支、根节点、叶子节点等。信息交换主要在上、下节点之间进行，相邻节点或同层节点之间一般不进行数据交换，如图 7-10 所示。优点是连接简单、维护方便。缺点是资源共享能力较低、可靠性不高。树型拓扑结构可以看作星型拓扑结构的一种扩展，主要适用于汇集信息的应用要求。

图 7-10 树型拓扑结构

（5）网状拓扑结构。网状结构又称为无规则结构，是指将各网络节点与通信线路互连成不规则的形状，每个节点至少与其他两个节点相连，或者说每个节点至少有两条链路与其他节点相连，如图 7-11 所示。从图中可以看出网状拓扑结构没有上述四种拓扑结构那么明显的规则，节点的连接是任意的，没有规律。优点是具有较高的可靠性，比较容易扩展。缺点结构复杂，必须采用路由协议、流量控制等方法。广域网基本上采用网状拓扑结构。

图 7-11　网型拓扑结构

7.1.7　网络硬件

与计算机系统类似，计算机网络系统由网络软件和硬件设备两部分组成。下面介绍常见的网络硬件设备

1. 传输介质（Media）

传输介质是网络中数据传输的通道。传输介质分为两大类：有线介质和无线介质。有线介质包括双绞线、同轴电缆和光缆，其性能由低到高，价格由廉到贵；无线介质包括微波、卫星、激光和红外线等。局域网中常见的传输介质有同轴电缆、双绞线和光缆

2. 网络接口卡（NIC）

网络接口卡（简称"网卡"）是构成网络必需的基本设备，主要用于计算机和网络的连接。它是块插件板，使用时插到计算机主板的扩展槽中。网卡负责执行网络协议、实现物理层信号的转换等。还有一种网卡是无线网卡，无线网卡是终端无线网络的设备，是无线局域网的无线覆盖下通过无线连接网络进行上网使用的无线终端设备。具体来说，无线网卡就是使计算机可以利用无线来上网的装置。

3. 中继器

中继器又叫"放大器"，起放大信号的作用，解决线路太长而引起的信号衰减问题。因此，为了保证有用数据的完整性，并在一定范围内传送，要用中继器把所接收到的弱信号分离，并再生放大以保持与原数据相同。

4. 集线器

集线器是网络连接最常见的设备，也是局域网的基本连接设备。它通常用于"星型"网络组织的中心设备。它具备中继器的特点，端口比中继器更密集，因此又把集线器叫作端口更多的中继器。集线器是一种半双工（同一时间只能接收或发送数据，不能同时既接收又发送数据）、冲突型设备，共享带宽，放大信号的同时放大噪声，不隔离广播，不能成环，不安全，一般不建议使用。

5. 网桥

网桥是一个局域网与另一个局域网之间建立连接的桥梁。网桥是属于网络层的一种设备，它的作用是扩展网络和通信手段，在各种传输介质中转发数据信号，扩展网络的距离，同时

有选择地将有地址的信号从一个传输介质发送到另一个传输介质，并能有效地限制两个介质系统中无关紧要的通信。

6. 路由器

路由器用于连接多个逻辑上分开的网络，也是实现局域网与广域网互连的主要设备。路由器用于检测数据的目的地址，对路径进行动态分配，根据不同的地址，将数据分流到不同的路径中。如果存在多余路径，则根据路径的工作状态和忙闲情况，选择一条合适的路径，动态平衡通信负载

7. 交换机

交换机是 20 世纪 90 年代出现的新型网络互联设备，它主要用来组建局域网和局域网的互联。交换概念的提出是对于共享工作模式的改进，而交换式局域网的核心设备是局域网交换机。共享式局域网在每个时间片上只允许有一个节点占用公用的通信信道，即它可以为接入交换机的任意两个网络节点提供独享的电信号通路。交换机支持端口连接的节点之间的多个并发连接，从而增大网络带宽，改善局域网的性能和提高服务质量。

8. 网关

网关的功能是将协议进行转换，将数据重新分组，以便在两个不同类型的网络系统之间进行通信，用于网关转换的应用协议有电子邮件、文件传输和远程工作站登录等。网关提供一个协议到另一个协议之间的转换功能，网关的结构、技术等都比较复杂，因此，通常用计算机来作为网关。

9. 调制解调器

调制解调器是 PC 通过电话线接入因特网的必备设备，它具有调制和解调两种功能。调制解调器分为外置和内置两种，外置调制解调器是在计算机机箱之外使用的，一端用电缆连接在计算机上，另一端与电话插口连接，其优点是便于从一台设备移到另一台设备上去；内置调制解调器是一块电路板，插在计算机或终端内部，价格比外置调制解调器便宜，但是，一旦插入机器就不易移动了。

7.1.8　网络软件

计算机网络的设计除了硬件，还必须要考虑软件，目前的网络软件都是高度结构化的。网络软件一般是指系统的网络操作系统、网络通信协议和应用级的提供网络服务功能的专用软件。

在计算机网络环境中，网络软件用于支持数据通信和各种网络活动。计算机网络的系统，通常根据系统本身的特点、能力和服务对象，配置不同的网络应用系统。其目的是使本机用户共享网络中其他系统的资源，或是把本机系统的功能和资源提供给网络中其他用户使用。为此，每个计算机网络都制定一套全网共同遵守的网络协议，并要求网络中每个主机系统配置相应的协议软件，以确保网络中不同系统之间能够可靠、有效地相互通信和合作。

网络操作系统是用于管理网络软、硬资源，进行简单网络管理的系统软件。常见的网络操作系统有 UNIX、Netware、Windows NT、Linux 等。UNIX 是一种强大的分时操作系统，以前在大型机和小型机上使用，已经向 PC 过渡。UNIX 支持 TCP/IP 协议，安全性、可靠性强，缺点是操作使用复杂。Netware 是 Novell 公司开发的早期局域网操作系统，安全性、可

靠性较强，其优点是具有 NDS 目录服务，缺点是操作使用较复杂。Windows NT 是 Microsoft 公司为解决 PC 做服务器而设计的，操作简单方便，缺点是安全性、可靠性较差，使用于中小型网络。Linux 是一个免费的网络操作系统，源代码完全开发，是 UNIX 的一个分支，内核基本和 UNIX 一样，具有 Windows NT 的界面，操作简单，缺点是应用程序较少。

网络通信协议是网络中计算机交换信息时的约定，它规定了计算机在网络中互通信息的规则，也就是指通信双方都必须要遵守的通信规则，是一种约定。假设，当人们见面，某一方伸出手时，另一方也应该伸手与对方握手以表示友好，如果后者没有伸手，则违反了礼貌规则，那么他们后面的交往可能就会出现问题。

计算机网络中的协议是非常复杂的，因此，网络协议通常都按照结构化的层次方式来进行组织。1974 年，出现了 TCP/IP 参考模型，它是当前最流行的商业化协议，被公认为是当前的工业标准或事实标准。

网络应用系统有通用和专用之分。通用网络应用系统适用于较广泛的领域和行业，如数据收集系统、数据转发系统和数据库查询系统等。专用网络应用系统只适用于特定的行业和领域，如银行核算、铁路控制、军事指挥等。一个真正实用的、具有较大效益的计算机网络，除了配置上述各种软件外，通常还应在网络协议软件与网络应用系统之间，建立一个完善的网络应用支撑平台，为网络用户创造一个良好的运行环境和开发环境。

7.2　Internet 原理与技术

7.2.1　Internet 的产生与发展

Internet 译名为因特网，又叫作国际互联网。它是由那些使用公用语言互相通信的计算机连接而成的全球网络，又是成千上万信息资源的总称。同时，Internet 是一个使世界上不同类型的计算机能交换各类数据的通信媒介。网络与网络之间以一组通用的协议相连，形成逻辑上的单一巨大国际网络。这种将计算机网络互相连接在一起的方法可称作"网络互联"。

Internet 起源于 20 世纪 60 年代的美国。1968 年，美国国防部高级研究计划局（ARPA）主持研制用于支持军事研究的计算机实验网 ARPANET，其目的是将各地不同的主机以一种对等的通信方式连接起来，最初只有四台主机，此后，大量的网络、主机与用户接入 ARPANET，很多地区性网络也接入进来，于是这个网络逐步扩展到其他国家与地区。

1985 年，美国国家科学基金会发现 Internet 在科学研究上的重大价值，利用 ARPANET 发展出来的 TCP/IP 通信协议建立名叫 NSFNET 的广域网，许多机构纷纷把自己局域网并入 NSFNET。1989—1990 年，NSFNET 主干网成为 Internet 中的主要部分。NSFNET 逐渐取代了 ARPANET 在 Internet 的地位。1990 年，ARPANET 正式宣布关闭。随着 NSFNET 的建设和开放，网络节点数和用户数迅速增长。以美国为中心的 Internet 网络互联也迅速向全球发展，世界上的许多国家纷纷接入 Internet，使网络上的通信量急剧增大。20 世纪 90 年代以前，Internet 是由美国政府资助的，主要供大学和研究机构使用，但近年来该网络商业用户数量日益增加，并逐渐从研究教育网络向商业网络过渡。

由此可以看出，Internet 是通过路由器将世界不同地区、规模大小不一、类型不一的网络互相连接起来的网络，是一个全球性的计算机互联网络，因此也称为"国际互联网"，也是一个信息资源极其丰富的世界上最大的计算机网络。

我国于 1994 年 4 月正式接入 Internet，从此我国的网络建设进入了大规模发展阶段。1996 年初，我国的 Internet 已经形成了中国科技网、中国教育和科研计算机网、中国公用计算机互联网和中国金桥信息网四大具有国际出口的网络体系。前两个网络主要面向科研和研究机构，后两个网络向社会提供 Internet 服务，以经营为目的，具有商业性质。

7.2.2　计算机网络体系结构

网络上的计算机之间是如何交换信息的呢？就像人们说话用某种语言一样，网络中的计算机交换信息时，从一台计算机发送数据到另一台计算机，必须要两端都遵守相同的规范或者格式。这个实现网络通信必需的严格的约定通常被称为网络协议。为了减少网络协议的复杂性，网络通信按照分层的方式来组织，把一个庞大复杂的网络协议划分成若干较小的简单协议。在网络协议分层时，将相似的功能放在同一层中，相邻层通过接口进行信息交换。计算机网络的各个层次以及每层上的全部协议统称为计算机网络体系结构。事实上，网络体系结构不止一种，具体选择哪一种体系结构则要视具体情况而定。

1. OSI 参考模型

为了促进计算机网络的发展，国际标准化组织（ISO）于 1978 年在现有网络的基础上，提出了不基于具体机型、操作系统或公司的网络体系结构，称为开放系统互连参考模型，该模型的设计目的是成为一个所有网络开发者都能实现的开放网络模型，用以克服使用众多私有网络模型所带来的困难和低效性。

两台都采用 OSI 模型的设备之间可以通信。而 OSI 参考模型中的每一层都只能与其相邻的上下层通信，如图 7-12 所示。在发送端，数据从应用层开始逐层向下传输；每经过一层，数据被分割或者重组，并加上该层的附加信息；直到底层物理层，才通过物理链路传输到接收端。而接收端则将数据从底层逐层传输到顶层，并恢复数据为原来的形式。因此，除了物理层之间有信息的传输，真正的通信只发生在同一台计算机的相邻上下层之间。

图 7-12　基于 OSI 模型的计算机之间通信

数据发送的时候就是从第七层将信息一步一步封装，每一层就像一个翻译，将信息翻译使得自己的下一层能够理解，最后翻译成物理上可以识别的 0、1 比特流，并传输；接收方进行解封装，解封装是封装的逆过程，从物理层的 0、1 比特流逐渐还原到第七层，成为人们可以理解的信息，于是一个网络通信过程就完成了。需要注意的是，每一层都完成它特定的功能，都为它的上一层提供服务，每一层都使用它下层提供的服务。OSI 模型中的每一层功能具体如下：

（1）应用层：应用层是 OSI 参考模型的最高层，它是计算机用户、各种应用程序和网络之间的接口，其功能是直接向用户提供服务，完成用户希望在网络上完成的各种工作。应用层为应用软件提供网络接口，负责处理特定的应用程序数据，这些应用软件使用应用层的各种网络协议，这一层具有几十个各种功能的应用层协议，如 HTTP 协议、FTP 协议，这些协议组成了各种网络服务的基础，如域名解析使用 DNS 协议，文件传输是借助 FTP 协议完成的，对于电子邮件，则使用 SMTP 协议。应用层通过协议为网络提供服务，执行用户的活动。

（2）表示层：表示层的主要功能是处理用户信息的表示问题，如编码、数据格式转换和加密解密等。它对来自应用层的命令和数据进行解释，对各种语法赋予相应的含义，并按照一定的格式传送给会话层。表示层从应用层接收数据，这些数据是以字符和数字的形式出现的，表示层将这些数据转换成机器可以理解的二进制格式，也就是封装数据和格式化数据。即表示层将应用层处理的信息转换为适合网络传输的格式，或者将来自下一层的数据转换为上层能处理的格式。

（3）会话层：会话层建立、管理、终止会话。会话层是用户应用程序和网络之间的接口（注意要与应用层区分），主要任务是：向两个实体的表示层提供建立和使用连接的方法。不同实体之间的表示层的连接称为会话。因此会话层的任务就是组织和协调两个会话进程之间的通信，并对数据交换进行管理。可见会话层的作用就是建立和管理应用程序之间的通信。

（4）传输层：OSI 下三层的主要任务是数据通信，上三层的任务是数据处理。而传输层是 OSI 模型的第四层。因此该层是通信子网和资源子网的接口和桥梁，起到承上启下的作用。

传输层的主要功能是监控数据传输服务的质量，保证报文的正确传输。传输层通过分段、流量控制和差错控制来控制通信的可靠性，从会话层接收的数据会被分成称为段的小数据单元。当发送大量数据时，很可能会出现丢包的情况，另一台计算机要告诉是否完整接收到全部的包。如果缺了，就告诉丢了哪些包，然后再发一次，直至全部接收为止。

传输层执行两种类型的服务：面向连接的传输和面向无连接的传输。面向连接的传输是通过 TCP 来实现的，面向无连接的传输是通过 UDP 来实现的。UDP 比 TCP 更快，因为它不会提供任何关于数据是否真正交付的反馈，而 TCP 提供反馈。因此，丢失的数据可以在 TCP 中重新传输。使用 UDP 时，我们是否接收到所有数据并不重要，例如，只有流媒体电影、歌曲、游戏、IP 语音、TFTP、DNS 等。另一方面，TCP 用于必须进行完全数据传递的场合，例如，万维网、电子邮件、FTP 等。

（5）网络层：网络层的主要功能是进行逻辑地址寻址，路由和路径确定，实现不同网络之间的路径选择。传输层将数据段传递到网络层，网络层将接收到的数据段从一台计算机传输到位于不同网络中的另一台计算机。

计算机网络中如果有多台计算机，如何找到要发的那台？如果中间有多个节点，怎么选择路径？这就是路由要做的事。该层的主要任务就是：通过路由选择算法，为报文（该层的数据单位，由上一层数据打包而来）通过通信子网选择最适当的路径。这一层定义的是 IP 地址，通过 IP 地址寻址，所以产生了 IP 协议。

（6）数据链路层：物理层实现了数据流的传输，但是数据在传输过程中有可能受到电磁干扰而产生错误，因此物理层交付给上层的数据有可能存在问题，物理层实现的是不可靠的通信。数据链路层的主要功能是在本来不可靠的物理线路上进行数据的可靠传递，也就是说，当接收方接收到数据 1 时，能够判定发送方的确发送的是数据 1 而不是数据 0。这样，数据链路层就可以把本来可能出错的物理传输线路转换成了一条可靠的逻辑传输线路。

即数据链路层的主要功能是负责建立和管理节点间的链路。通过各种控制协议，将有差错的物理信道变为无差错的、能可靠传输数据帧的数据链路。

它的具体工作是接收来自物理层的位流形式的数据，并封装成帧，传送到上一层；同样，也将来自上层的数据帧，拆装为位流形式的数据转发到物理层，这一层的数据叫作帧。

（7）物理层：物理层的主要功能是建立、维护、断开物理连接。到目前为止，应用层的数据已经通过传输层进行了分割，分割成了网络层的数据包，现在是一种二进制序列，在物理层要将这些二进制序列转换成信号并在本地媒体上传输。它可以是铜缆情况下的电信号，可以是光缆情况下的光信号，还可以是空气情况下的无线电信号。

物理层主要定义物理设备标准，如网线的接口类型、光纤的接口类型、各种传输介质的传输速率等，解决两个硬件之间通信的问题，常见的物理媒介有光纤、电缆、中继器等。

在 OSI 参考模型七层模型中，每一层都提供一个特殊的网络功能。从网络功能的角度观察：下面四层（物理层、数据链路层、网络层和传输层）主要提供数据传输和交换功能，即以节点到节点之间的通信为主；第四层作为上下两部分的桥梁，是整个网络体系结构中最关键的部分；而上三层（会话层、表示层和应用层）则以提供用户与应用程序之间的信息和数据处理功能为主。简言之，下四层主要完成通信子网的功能，上三层主要完成资源子网的功能，见表 7-1。

表 7-1　OSI 参考模型中每一层的网络功能

分层排序	分层名称	功能	每层功能概览
7	应用层	针对特定应用的协议	针对每个应用的协议 电子邮件 ←→ 电子邮件协议 远程登录 ←→ 过程登录协议 文件传输 ←→ 文件传输协议
6	表示层	设备固有数据格式和网络标准数据格式的转换	接收不同表现形式的信息，如文字流、图像、声音等 → 网络标准格式 →

续表

分层排序	分层名称	功能	每层功能概览
5	会话层	通信管理。负责建立和断开通信连接（数据流动的逻辑通路）。管理传输层以下的分层	明确何时建立连接，何时断开连接以及保持多久的连接 计算机　　　　计算机
4	传输层	管理两个节点之间的数据传输。负责可靠传输（确保数据被可靠地传送到目标地址）	明确是否有数据丢失 计算机　　　　计算机
3	网络层	地址管理与路由选择	明确经过哪个路由传递到目标地址 计算机　　　　计算机
2	数据链路层	互连设备之间传送和识别数据帧	数据帧与比特流之间的转换　分段转发　计算机　　　　计算机
1	物理层	以"0""1"代表电压的高低、灯光的闪灭。界定连接器和网线的规格	0101 → 比特流与电子信号之间的切换 → 0101 连接器与网线的规格

OSI 参考模型的建议是比较理想化的，它希望实现从第一层到第七层的所有模块，并将它们组合起来实现网络通信。分层可以将每个分层独立使用，即使系统中某些分层发生变化，也不会波及整个系统。因此，可以构造一个扩展性和灵活性都较强的系统。但这种分层的劣势也很明显，就在于过分模块化、使处理变得更加沉重以及每个模块都不得不实现相似的处理逻辑等。

2. TCP/IP 协议体系结构

OSI 参考模型层次结构划分明晰，但却过于复杂，因此在实践中应用并不多。而真正得到广泛应用的是 TCP/IP 协议。TCP/IP 是迄今为止最成功的通信协议，其目的是将各种异构计算机网络或主机通过 TCP/IP 实现互联互通。TCP/IP 协议提供了一个开放的环境，能够把各种计算机平台，包括大型机、小型机、工作站和微型计算机很好地连接到一起，从而达到不同网络系统消息流和控制流相互访问、资源共享的目的。它被用于构筑目前最大的开放互联网络系统 Internet，也是 Internet 最基本的协议。

TCP/IP 协议在一定程度上参考了 OSI 的体系结构，在 TCP/IP 协议中，OSI 参考模型被简化为了四个层次，如图 7-13 所示。

图 7-13　TCP/IP 参考模型和 OSI 参考模型的对比

- 应用层、表示层、会话层三个层次提供的服务相差不是很大，所以在 TCP/IP 协议中，它们被合并为应用层一个层次。
- 由于传输层和网络层在网络协议中的地位十分重要，因此在 TCP/IP 协议中它们被作为独立的两个层次。
- 因为数据链路层和物理层的内容相差不多，所以在 TCP/IP 协议中它们被归并在网络接口层一个层次里。只有四层体系结构的 TCP/IP 协议，与有七层体系结构的 OSI 相比要简单了不少，也正是这样，TCP/IP 协议在实际的应用中效率更高，成本更低。

在 Internet 没有形成之前，各个地方已经建立了很多小型的网络，称为局域网，Internet 的中文意思是"网际网"，它实际上就是将全球各地的局域网连接起来而形成的一个"网之间的网（即网际网）"。然而，在连接之前的各式各样的局域网却存在不同的网络结构和数据传输规则，将这些小网络连接起来后，各网之间要通过什么样的规则来传输数据呢？这就像世界上很多国家，各个国家的人若都能说共同的语言（即世界语），这个问题不就解决了吗？TCP/IP 协议正是 Internet 上的"世界语"，以下是 TCP/IP 协议中每一层的具体功能。

- 应用层：应用层为用户提供各种应用服务，它包含所有的高层协议。应用层服务是由应用层软件来提供的，应用层软件是由各种应用软件模块组成的。
- 传输层：传输层的作用与 OSI 参考模型中传输层的作用是一样的，即在不可靠的互联网络上，实现可靠的端对端的数据传送，允许具有相同 IP 地址的不同机器独立地接收和发送数据。所以传输层弥补了网络层得到的服务和用户对服务质量的要求之间的差距。IP 提供无连接的不可靠服务，需要具有良好差错控制功能的传输控制协议来保证端对端的数据传输质量。在 TCP/IP 中，传输层定义了三个端到端的协议，即传输控制协议（TCP）、用户数据报协议（UDP）和差错与控制报文协议（ICMP）。
- 网络层：它是整个体系结构的关键部分。这一层以 IP 为标志，提供基于 IP 地址的、不可靠的、尽最大能力的、面向无连接的数据传送服务。主要有四个协议：IP、ICMP、ARP 和 RARP。其中，IP 是最主要的网际层协议，用于网络互联；Internet 控制报文协议（ICMP）主要用于报告差错，向主机和路由器发送差错报文；地址解析协议（ARP）用来将 IP 地址解析成物理地址；逆地址解析协议（RARP）将物理地址解析到 IP 地址。
- 网络接口层：网络接口层提供了 TCP/IP 与各种物理网络的接口，为数据报的传送和校验提供了可能。物理网络为网际层提供服务。

　　TCP/IP 协议在因特网中能够迅速发展，不仅因为它最早在 ARPANET 中使用，由美国军方指定，更重要的是它恰恰适应世界范围内的数据通信的需要，包括了不同层次上的多个协议，如图 7-14 所示。

图 7-14　TCP/IP 协议族

　　（1）超文本传输协议（HTTP）：HTTP 一个简单的请求—响应协议，现在应用的主要场景是 Web 服务，就是网页的传输，默认使用 TCP 的 80 端口。

　　（2）文件传输协议（FTP）：FTP 提供交互式的访问，允许客户指明文件的类型与格式，并允许文件具有存取权限，默认使用 TCP 的 20、21 端口。

　　（3）简单文件传输协议（TFTP）：TFTP 是一个小而易于实现的文件传送协议，只支持文件传输，不支持交互，没有庞大的命令集，也没有目录列表功能，不能对用户进行身份鉴别，默认使用 UDP 的 69 端口

　　（4）简单邮件传输协议（SMTP）：SMTP 是一组用于从源地址到目的地址传送邮件的规则，并且控制信件的中转方式，用于邮件的发送，默认使用 TCP 的 25 端口。

　　（5）邮局协议版本 3（POP3）：POP3 用于邮件的接收，默认使用 TCP 的 110 端口。

　　（6）简单网络管理协议（SNMP）：SNMP 是专门设计的用于在 IP 网络管理网络节点（服务器、工作站、路由器、交换机及 HUBS 等）的一种标准协议，默认使用 UDP 的 161 端口。

　　（7）域名解析系统（DNS）：DNS 将域名和 IP 地址相互映射，默认使用 TCP 和 UDP 的 53 端口。

（8）远程登录协议（Telnet）：Telnet 是一种字符模式的终端服务，可以使用户通过网络进入远程主机或网络设备，然后对远程主机或设备进行操作，默认使用 TCP 的 23 端口。

（9）传输控制协议（TCP）：TCP 位于传输层，向应用层提供面向连接的服务，确保网上所发送的数据报可以完整地接收，一旦某个数据报丢失或损坏，TCP 发送端可以通过协议机制重新发送这个数据报，以确保发送端到接收端的可靠传输。依赖于 TCP 协议的应用层协议主要是需要大量传输交互式报文的应用，如远程登录协议 Telnet、简单邮件传输协议 SMTP、文件传输协议 FTP、超文本传输协议 HTTP 等。

（10）用户数据报协议（UDP）：UDP 是一种无连接的传输层协议，提供面向事务的简单不可靠信息传送服务。

（11）Internet 控制报文协议（ICMP）：ICMP 用于在 IP 主机、路由器之间传递控制消息。控制消息是指网络通不通、主机是否可达、路由是否可用等网络本身的消息。这些控制消息虽然并不传输用户数据，但是对于用户数据的传递起着重要的作用。

（12）互联网组管理协议（IGMP）：IGMP 是负责 IP 组播成员管理的协议，用来在 IP 主机和与其直接相邻的组播路由器之间建立、维护组播组成员关系。

（13）网际互连协议（IP）：IP 是 TCP/IP 协议体系中的网络层协议，它的主要作用是将不同类型的物理网络互联在一起。为了达到这个目的，需要将不同格式的物理地址转换成统一的 IP 地址，将不同格式的帧（物理网络传输的数据单元）转换成“IP 数据报”，从而屏蔽了下层物理网络的差异，向上层传输层提供 IP 数据报，实现无连接数据报传送服务；IP 的另一个功能是路由选择，简单地说，路由选择就是在网上从一端点到另一端点的传输路径的选择，将数据从一地传输到另一地。

（14）地址解析协议（ARP）：使用 ARP 协议可实现通过 IP 地址获得对应主机的物理地址（MAC 地址）。

（15）反向地址转换协议（RARP）：RARP 将局域网中某个主机的物理地址转换为 IP 地址，比如局域网中有一台主机只知道物理地址而不知道 IP 地址，那么可以通过 RARP 协议发出征求自身 IP 地址的广播请求，然后由 RARP 服务器负责回答。RARP 协议广泛用于获取无盘工作站的 IP 地址。

7.2.3　Internet 中的客户机 / 服务器体系

计算机网络中的每台计算机都是“自治”的，既要为本地用户提供服务，也要为网络中其他主机的用户提供服务。因此，每台联网计算机的本地资源都可以作为共享资源，提供给其他主机用户使用。而网络上大多数服务是通过一个服务器程序进程来提供的，这些进程要根据每个获准的网络用户请求执行相应的处理，提供相应的服务，以满足网络资源共享的需要，实质上是进程在网络环境中进行通信。

在 Internet 的 TCP/P 环境中，联网计算机之间进程相互通信主要采用客户机 / 服务器（Client/Server）模式，也简称为 C/S 结构。在这种结构中，客户机和服务器分别代表相互通信的两个应用程序进程，所谓 Client 和 Server 并不是人们常说的硬件中的概念，特别要注意与通常称作为服务器的高性能计算机区分开，如图 7-15 所示。C/S 结构的进程通信相互作用，其中客户机向服务器发出服务请求，服务器响应客户机的请求，提供客户机所需要的网络服务。

Internet 中常见的 C/S 结构的应用有 Telnet 远程登录、FTP 文件传输服务、HTTP 超文本传输服务、电子邮件服务、DNS 域名解析服务等。

图 7-15　C/S 结构的进程通信示意图

7.2.4　Internet IP 地址

在 Internet 上连接的所有计算机，从大型机到微型计算机都是以独立的身份出现的，我们称它为主机。为了实现各主机间的通信，每台主机都必须有一个唯一的地址，就好像每一个住宅都有唯一的门牌一样，才不至于在传输数据时出现混乱。在因特网通信中，可以通过 IP 地址和域名，实现明确的目的地指向。

1.　IP 地址

为了保证 IP 地址可以覆盖网上的所有节点，IP 地址的地址空间应当足够大。目前的 IP 地址（IPv4，IP 的第 4 个版本）由 32 个二进制位表示，每 8 个二进制位为一个位组（1 字节），整个 IP 地址空间占 4 字节。例如一个采用二进制形式的 IP 地址是：

00001010000011000000000000000011

为了便于管理、配置和记忆，将每个 IP 地址分为 4 段（一个字节为一段），每一段用一个十进制数来表示，段和段之间用圆点隔开，00001010 00011000 00000000 00000011 转换为十进制数 IP 地址为 10.24.0.3，IP 地址的这种表示法叫作"点分十进制表示法"，这显然比 1 和 0 容易记忆得多。IP 地址每个段的十进制数范围是 0 ～ 255。例如，202.205.16.23 和 10.2.8.11 都是合法的 IP 地址。一台主机的 IP 地址由网络号和主机号两部分组成，IP 地址结构如图 7-16 所示。

网络地址（网络号）	主机地址（主机号）

图 7-16　IP 地址结构

IP 地址表示了主机所在的网络，以及主机在该网络中的标识。显然，处于同一个网络的各个主机，其网络号是相同的。网络号用来表示 Internet 中的一个特定网络，主机号表示这个网络中的一个特定连接。所有的 IP 地址都由网络信息中心（Network Information Center，NIC）负责统一分配，目前全世界共有三个这样的网络信息中心。

● 　Inter NIC：负责美国及其他地区。

●　ENIC：负责欧洲地区。

●　APNIC：负责亚太地区。

我国申请 IP 地址要通过 APNIC，APNIC 的总部设在澳大利亚布里斯班。申请时要考虑申请哪一类的 IP 地址，然后向国内的代理机构提出。

IP 地址采取层次结构，按逻辑网络结构进行划分。按照 IP 地址的逻辑层次来分，IP 地址可以分为 A、B、C、D、E 五类，如图 7-17 所示。A 类 IP 地址用于大型网络，B 类 IP 地址用于中型网络，C 类 IP 地址用于小规模网络，D 类 IP 地址用于多目的地址发送，E 类 IP 地址则保留为今后使用。

图 7-17　IP 地址的分类

（1）A 类地址。A 类地址的网络标识占 1 字节，网络中的主机标识占 3 字节，即高 8 位代表网络号，后 3 个 8 位代表主机号。A 类地址的特点是网络标识的第一个比特取值必须为"0"。A 类地址允许有 126 个网络，每个网络大约允许有 1670 万台主机，通常分配给拥有大量主机的网络，如主干网。

A 类 IP 地址的地址范围为 1.0.0.1 ～ 126.255.255.254，其子网掩码为 255.0.0.0，每个网络支持的最大主机数为 $256^3-2=16777214$ 台。

注意：A 类网络地址 127 是一个保留地址，用于网络软件测试以及本地机进程间通信，叫作回送地址。无论什么程序，一旦使用回送地址发送数据，协议软件立即返回它，不进行任何网络传输。

（2）B 类地址。B 类地址的网络标识占 2 字节，网络中的主机标识占 2 字节。B 类地址的特点是网络标识的前两位取值必须为"10"。B 类地址允许有 16384 个网络，每个网络允许有 65533 台主机，适用于节点比较多的网络。

B 类 IP 地址的地址范围为 128.1.0.1 ～ 191.254.255.254，其子网掩码为 255.255.0.0，每个网络支持的最大主机数为 $256^2-2=65534$ 台。B 类 IP 地址用于中等规模的网络。

（3）C 类地址。C 类地址的网络标识占 3 字节，网络中的主机标识占 1 字节。C 类地址的特点是网络标识的前 3 个比特取值必须为"110"，具有 C 类地址的网络允许有 254 台主机，适用于节点比较少的网络，如校园网。

C 类 IP 地址的地址范围为 192.0.1.1 ～ 223.255.254.254，其子网掩码为 255.255.255.0，

每个网络支持的最大主机数为 256-2=254 台。

（4）D 类地址。D 类 IP 地址以"1110"开始，是一个保留地址，用于多点广播（Multicast）。多点广播地址用来一次寻址一组计算机，它标识共享同一协议的一组计算机。

（5）E 类地址。E 类 IP 地址以"11110"开始，为将来使用保留。

全零（0.0.0.0）地址对应于当前主机。全 1 的 IP 地址（255.255.255.255）是当前子网的广播地址。

为了快速确定 IP 地址的网络号和主机号，判断两个 IP 地址是否属于同一网络，产生了子网掩码。子网掩码是一个 32 位二进制地址，按照 IP 地址格式给出，A、B、C 类的子网掩码为：A 为 255.0.0.0；B 为 255.255.0.0；C 为 255.255.255.0。

例如，10.65.96.1 是 A 类 IP 地址，默认的子网掩码是 255.0.0.0；202.10.138.6 和 202.10.138.95 是 C 类 IP 地址，默认的子网掩码是 255.255.255.0。

查看主机 IP 可以在"控制台"界面中输入 ipconfig /all，显示主机的 IP 地址、网关、子网掩码等详细信息。

Internet 的迅猛发展使得网络上现有的 IP 地址数量不足以满足为每一个网络用户分配网络地址，为此，提出了动态主机配置协议（Dynamic Host Configure Protocol，DHCP）。DHCP 属于 TCP/IP 协议族，主要用于为网络主机分配动态 IP 地址：当计算机 A 连网时，DHCP 服务器从地址池中为 A 临时分配一个 IP 地址（每次上网分配的 IP 地址可能会不同，与当时 IP 地址资源使用情况有关）；当 A 不再连网时，DHCP 服务器可能把这个地址重新分配给新连网的其他计算机。DHCP 可以有效节约 IP 地址，提高 IP 地址的使用率。

由于近年来 Internet 上的节点数量增长速度太快，IP 地址逐渐匮乏，很难达到 IP 设计初期希望给每一台主机都分配唯一 IP 地址的期望。因此在标准分类的 IP 地址上，又可以通过增加子网号来灵活分配 IP 地址，减少 IP 地址浪费。20 世纪 90 年代又出现了无类别域间路由技术与 NAT 网络地址转换技术等对 IPv4 地址进行改进的方法。

2．IPv4 与 IPv6

我们使用的第二代互联网 IPv4 技术，其核心技术属于美国。它的最大问题是网络地址资源有限，从理论上讲，可编址 1600 万个网络、40 亿台主机。但采用 A、B、C 三类编址方式后，可用的网络地址和主机地址的数目大打折扣，以致 IP 地址已分配完毕。其中北美占有约 30 亿个，而人口最多的亚洲却不到 4 亿个，中国 IPv4 地址数量也严重不足，极大地制约了中国及其他国家互联网的应用和发展。

随着物联网时代的到来，空调、冰箱、洗衣机等各种家用电器，以及工业、农业领域使用的传感器、数控设备等都将需要 IP 地址。这些设备的 IP 地址必须是一对一且长期有效的，这将会使全球对 IP 地址产生大量需求。这时候就需要采用新的标准和技术，来拓展 IP 地址资源。

由此，为了解决 IPv4 协议面临的各种问题，IPv6 横空出世——IP 地址从原来的四段增加到了八段，这样一来，地址的数量得到成倍提升，号称"可以为全世界的每一粒沙子编上一个网址"。IPv6 协议包括新的协议格式、有效的分级寻址和路由结构，内置安全机制，支持地址自动配置等，其中最重要的就是长达 128 位的地址长度。IPv6 地址空间是 IPv4 的 296 倍，能提供超过 3.4×10^{38} 个地址。可以说，有了 IPv6，在今后 Internet 的发展中，几乎可以不用再担心地址短缺的问题了。

目前，全球各国都在积极向 IPv6 网络迁移。我国自 2017 年 11 月发布《推进互联网协议第六版（IPv6）规模部署行动计划》以来，政府部门积极推动落地实施，产业链各环节通力协作密切配合，在经历了 2018 年和 2019 年开拓进取、由点及面深入推进之后，我国 IPv6 发展克服重重困难从应用、网络基础设施、应用基础设施、终端、基础资源、用户数及流量等各个方面都取得了良好的成效，协同效应进一步增强,正进入良性发展阶段。截至 2020 年 1 月，全国 91 家省部级政府网站有 79 家支持 IPv6，占比 87%；96 家中央企业门户网站有 86 家支持 IPv6，占比 89%。我国 IPv6 活跃用户数达 2.7 亿，占互联网网民总数的 31%，相比行动计划实施前，增长了近 100 倍。

3. 静态 IP 地址与动态 IP 地址

静态 IP 地址也可称为固定 IP 地址，是长期固定分配给一台计算机使用的 IP 地址，计算机每次登录网络的 IP 地址是相同的。一般是特殊的服务器才拥有固定 IP 地址。

动态 IP 地址是通过拨号上网或宽带上网由计算机系统自动分配给用户的 IP 地址，它是由 ISP 动态分配给暂时的一个 IP 地址。采用动态 IP 地址上网，计算机每次登录网络的 IP 地址是不同的。动态 IP 地址需要专门的 DHCP 服务器来分配给各个主机。

4. 公有 IP 地址和私有 IP 地址

（1）公有 IP 地址。公有 IP 地址由 Inter NIC 负责。这些 IP 地址分配给注册并向 Inter NIC 提出申请的组织机构。通过它可直接访问因特网。

公有 IP 地址的范围如下：

A 类的公有 IP 地址分为两段：1.0.0.0 ～ 9.255.255.255 和 11.0.0.0 ～ 126.255.255.255。

B 类的公有 IP 地址分为两段：128.0.0.0 ～ 172.15.255.255 和 172.32.0.0 ～ 191.255.255.255。

C 类的公有 IP 地址分为两段：192.0.0.0 ～ 192.168.255.255 和 192.169.0.0 ～ 223.255.255.255。

（2）私有 IP 地址。私有地址（Private Address，也可称为专网地址）属于非注册地址，专门为组织机构内部使用，它是局域网范畴内的，私有 IP 禁止出现在 Internet 中，在 ISP 连接用户的地方，将来自私有 IP 的流量全部阻止并丢掉。企业或家庭内部组建局域网用的 IP，一般都会用私有 IP。

私有 IP 地址的范围如下：

A 类：10.0.0.0 ～ 10.255.255.255。

B 类：172.16.0.0 ～ 172.31.255.255。

C 类：192.168.0.0 ～ 192.168.255.255。

7.2.5　域名系统

1. 域名

IP 地址能够唯一地标识网络上的计算机从而实现信息共享，但是由于用户记忆这类数字型 IP 地址十分不方便，于是发明了域名地址，将域名和 IP 地址一一对应。如百度的 IP 地址是220.181.111.111,对应域名地址为www.baidu.com。域名地址信息存放在域名服务器（Domain Name Server，DNS）中，使用者只需知道易记的域名地址，由 DNS 实现将域名地址转换为 IP 地址，从而就可以实现对具有该域名的计算机的访问。

顾名思义，域表示了一个区域，或者范围，域内可以容纳许多主机。因此，并非每一台接入因特网的主机都必须具有一个域名地址，但是每一台主机都必须属于某个域，即通过该域的服务器可以查询和访问到这一台主机。

为了便于记忆和理解，因特网域名的取值应当遵守一定的规则。第一级域名通常为国家名（例如 cn 表示中国，ca 表示加拿大，us 表示美国等）；第二级域名通常表示组网的部门或组织（例如，com 表示商业部门，edu 表示教育部门，gov 表示政府部门，mil 表示军事部门等）。二级域以下的域名由组网部门分配和管理。当某台主机成为域名服务器之后，它有权进行域内的进一步划分，产生新的子域。最终，若干级子域名的组合形成了一个完整的域名，标识了接入互联网并负责管理企业内若干台主机的一台服务器。因特网规定，每个子域可容纳的字符数应小于 63，整个域名的长度不超过 25 个字符。域名与标识计算机的 IP 地址一一对应，故域名在互联网上是唯一的。域名地址是从右至左来表述其意义的，最右边的部分为顶层域（顶层域一般是网络机构或所在国家地区的名称缩写），最左边的则是这台主机的机器名称，一般域名地址表示为：

主机名 . 网络名 . 机构名 . 地理域名

例如：北京邮电大学的域名是 www.bupt.edu.cn。

其地理域名是 cn，表示这台主机在中国这个域；edu 代表中国教育科研网；bupt 是北京邮电大学的网名；子域 www 表示该主机是 Web 服务器。域名空间的结构如图 7-18 所示。

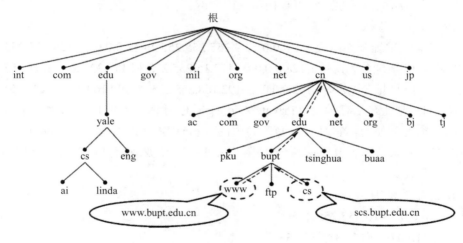

图 7-18　域名空间的结构

域名的层次结构可以表示为一棵树。树中，节点代表一个域或一台主机，除根节点外的每个节点都有一个标识。某个节点的全域名就是以 "." 相隔的一串从该节点出发到根节点所经历的所有节点的标识。域名对字母的大小写不敏感，完整的域名长度不能超过 255 个字符，所有的域名的集合构成 DNS 的名字空间。

要登录北京邮电大学网的 Web 服务器时，用户既可以使用它的域名，也可以使用 IP 地址，但域名显得更直观，也便于记忆。在命名时，为了避免重名，域名采用层次结构，各层次的子域名之间用圆点 "." 隔开，从右至左分别是第一级域名（或顶级域名），第二级域名，…，直至主机名。其结构如下：

主机名 .⋯. 第二级域名 . 第一级域名

主机名是按照主机所提供的服务种类来命名的，例如提供 WWW 服务的主机，其主机名称为 WWW，提供 FTP 服务的主机，其主机名称为 FTP。同时因特网设立专门的机构来管理域名，并采用分级管理域名的方法，每一级的域名都各不相同。

互联网有关机构对顶级域名（最高层域名）进行命名和管理，这些顶级域名可分成两大类：一类是基于机构的性质；另一类按照地理位置名称来表征。

（1）顶级域名（国家顶级域名、组织机构域名）。组织机构域名也称为国际顶级域，例如表示工商企业的 com，表示网络提供商的 net，表示非营利性组织的 org 等。常用的国际顶级域名见表 7-2。

表 7-2　常用的国际顶级域名

com	公司和企业	mil	军事部门	jobs	人力资源管理者
net	网络服务机构	int	国际组织	name	个人
org	非营利性组织	museum	博物馆	travel	旅游业
edu	教育机构	biz	公司和企业	coop	合作团体
gov	政府部门	aero	航空运输企业	info	各种情况
pro	有证书的专业人员	mobi	移动产品与服务的用户和提供者		

目前 200 多个国家都按照 ISO3166 国家代码分配了顶级域名，例如中国是 cn，美国是 us，日本是 jp 等，常用的国家顶级域名见表 7-3。

表 7-3　常用的国家顶级域名

cn	中国	de	德国	jp	日本	kr	韩国
uk	英国	it	意大利	ch	瑞士	in	印度
fr	法国	us	美国	nl	荷兰		
ru	俄罗斯	se	瑞典	ca	加拿大		

（2）二级域名。二级域名是指顶级域名之下的域名，在国际顶级域名下，它是指域名注册人的网上名称，例如 ibm、yahoo、microsoft 等；在国家顶级域名下，它是表示注册企业类别的符号，例如 com、edu、gov、net 等。

（3）三级域名。三级域名由字母（A ～ Z，a ～ z）、数字（0 ～ 9）和连接符（－）组成，各级域名之间用实点（.）连接，三级域名的长度不能超过 20 个字符。

2. 域名解析系统（DNS）

IP 地址和域名地址都是表示主机的网络地址，实际上是一件事物的不同表示。用户可以使用主机的 IP 地址，也可以使用它的域名。从域名到 IP 地址或从 IP 地址到域名的转换由域名解析服务器（DNS）完成。许多其他的应用都要借助该项服务，可以说，缺少了 DNS，当今的 Internet 就无法运行。

引入域名的好处是用文字表达的域名比用数字表达的 IP 地址容易记忆。在早期，Internet 仅仅只有几百台主机，那时域名由 NIC 来维护一个域名表，此表叫作 hosts.txt。随着 Internet 上主机数目的剧增，使用 hosts.txt 已经不能满足需求，20 世纪 80 年代中期，域名系统开始投入使用。

域名是为了方便人们的使用，而 IP 协议软件只使用 32 位的 IP 地址，不能直接使用域名。用户用域名来表示通信对方的地址时，在 Internet 内部必须将域名翻译（解析）成对应的 32 位 IP 地址，才能做进一步处理。这个解析工作是由解析器（Resolver）和域名系统的名字服务器（Name Servers）协同完成的。若名字服务器由于某种原因不能正常工作，用户以域名来表示通信对方的地址就无法进行通信。此时直接用 IP 地址表示通信对方的地址往往还能进行通信。

当用域名访问网络上某个资源地址时，必须获得与这个域名相匹配的真正的 IP 地址，这时用户可以将希望转换的域名放在一个 DNS 请求信息中，并将这个请求发送给 DNS 服务器。DNS 从请求中取出域名，将它转换为对应的 IP 地址，然后在一个应答信息中将结果地址返回给用户。

Internet 中的整个域名系统是以一个大型的分布式数据库方式工作的，并不只有一个或几个 DNS 服务器。大多数具有 Internet 连接的组织都有一个域名服务器。每个服务器包含连向其他域名服务器的信息，这些服务器形成一个大的协同工作的域名数据库。这样，即使第一个处理 DNS 请求的 DNS 服务器没有域名和 IP 地址的映射信息，它依然可以向其他 DNS 服务器提出请求，无论经过几步查询，最终都会找到正确的解析结果，除非这个域名不存在。域名地址必须经过域名服务器（DNS）将其转换成 IP 地址后，才能被网络所识别。

7.2.6 Internet 接入方式

要想访问 Internet 所提供的服务，用户必须通过 ISP（网络服务提供商）把自己的计算机接入 Internet。

ISP（Internet Service Provider），即 Internet 服务提供商，是指为用户提供 Internet 接入和 Internet 信息服务的公司和机构，是进入 Internet 世界的驿站。依服务的侧重点不同，ISP 可分为两种：IAP（Internet Access Provider）和 ICP（Internet Content Provider）。其中 IAP 是 Internet 接入提供商，以接入服务为主；ICP 是 Internet 内容提供商，提供信息服务。用户的计算机（或计算机网络）通过某种通信线路连接到 ISP，借助于与国家骨干网相连的 ISP 接入 Internet。因而从某种意义上讲，ISP 是全世界数以亿计的用户通往 Internet 的必经之路。目前，我国主要 Internet 骨干网运营机构在全国的大中型城市都设立了 ISP，此外在全国还遍布着由骨干网延伸出来的大大小小的 ISP。

接入网（Access Network，AN）为用户提供 Internet 接入服务，它是骨干网络到用户终端之间的所有设备。它的通信长度一般为几百米到几千米，在 Internet 的发展过程中，接入 Internet 的方式也在不断发展变化中，常见的接入 Internet 的方式有很多种，每种方式都有各自的特点。

1. 普通电话拨号上网（PSTN 接入）

PSTN 接入方式，这是我国较早的上网方式，也是典型的窄带接入方式，目前我国农村地区和偏远地区还在使用这种方式上网。用户只要有一部普通电话，再加上一个调制解调器（市场上俗称"猫"）就可以实现拨号上网。上网速度理论上可以达到上行速度 33.6kb/s，下行速度 56kb/s。

2. 一线通接入（ISDN 接入）

ISDN 是综合业务数字网的简称，又称一线通，它是由电话综合数字网演变而来的。ISDN 有两个信道，可以全部用于接入互联网，也可以仅用一个信道接入。如果两个信道同时使用，则数据传输速率为 128KB/s。使用一个信道数据传输速率为 64KB/s，此时另外一个信道作为普通电话使用。

3. ADSL 接入

ADSL 是不对称数字用户环路的简称，是目前电信系统所称的宽带网。它是利用现有的市话铜线进行数据信号传输的一种技术，下行速度在 1 ～ 9MB/s 之间，上行速率在 640KB ～ 1MB/s 之间，终端设备主要是一个 ADSL 调制解调器。目前 ADSL 是普通居民最常用的一种宽带接入方式。

4. 有线通

有线通也称为"广电通"，它直接利用现有的有线电视网络，并稍加改造，便可利用闭路线缆的一个频道进行数据传送，而不影响原有的有线电视信号传送，其理论传输速率可达到上行 10MB/s、下行 40MB/s。设备方面需要一台 Cable Modem 和一台带 10/100Mb/s 自适应网卡的计算机。

5. 局域网接入

局域网接入也叫小区接入方式，这也是目前较普及的一种宽带接入方式。网络服务商采用光纤接入到楼（FTTB）或小区（FTTZ），再通过网线接入每个用户家中，为整栋楼或小区提供共享带宽。

6. 无线接入

无线网络，就是利用无线电波作为信息传输的媒介构成的无线局域网（WLAN），无线局域网不需要布线，即能实现连网，因此为用户的使用提供了极大的便捷。它与有线网络的用途十分相似，最大的区别在于传输媒介的不同，利用无线电技术取代网线，可以和有线网络互为备份。

随着 4G、5G 手机的逐步普及，用 4G、5G 上网的人数迅速增多。4G、5G 手机融入了部分计算机的功能，使得无线上网变得更加方便快捷了。

7.3　Internet 服务与应用

Internet 是一个全世界最庞大的网络，所以 Internet 提供的服务也相对较多，同时还在不断出现新的应用。目前 Internet 最基本的服务包括 Web 服务、电子邮件服务、文件传输服务、远程登录服务等。

7.3.1　Web 服务

1. WWW

WWW（World Wide Web）即万维网，简称 Web，是当前因特网上最为流行的信息检索服务系统。WWW 将 Internet 上现有资源全部连接起来，为全世界人们提供查找和共享信息的手段，基于 Internet 的查询、信息分布和管理系统，是一种广域超媒体信息检索原始规约，目的是访问巨量的文档。

WWW 常被当成 Internet 的同义词，但实质上两者有着本质的差别：Internet 指的是一个硬件的网络，全球的所有计算机通过网络连接后便形成了 Internet；万维网则是一种信息检索服务系统。

WWW 由 Internet 上所有存储超文本信息的站点通过超文本传输协议（Hyper Text Transport Protocol，HTTP）连接形成。Web 被定义为在超级文本系统中一组相互连接起来的文件的集合，是使用 HTTP 组成的应用系统网络。这不是传统意义上的物理网络，而是在超文本基础上形成的信息网，即信息意义上的网络。

超文本（Hyper Text）是一种非线性的组织结构。制作超文本时可将写作素材按其内部的联系划分成不同层次、不同关系的单元，然后通过创作工具或超文本语言将其组织成一个网络形结构的文件集合。

分布在世界各地的 WWW 服务器中的信息通过超链相互勾连，形成了一张"遍布世界的（信息）蜘蛛网"，即 World Wide Web 的原始词义，WWW 浏览器可以方便地顺着这种超链的指引从一个 WWW 服务器进入另一个 WWW 服务器，浏览相关信息。

WWW 的核心是 HTML、URL 和 HTTP，下面分别介绍。

（1）超文本标记语言。超文本（Hyper Text）是一种按信息之间关系非线性地存储、组织、管理和浏览信息的计算机技术。超文本不但包含文本信息、图片和图形，甚至可以包含声音和动画，最主要的是其中还包含指向其他网页的链接，这种链接就称为超链接。超文本是采用超链接的方法，将各种不同空间的文字信息组织在一起的网状文本。超链接是指从一个网页指向一个目标的连接关系，这个目标可以是另一个网页，或者相同网页上的不同位置，或者一张图片，或者一个电子邮件地址，甚至可以是一个应用程序。相对于"传统文本都是线性的，阅读者必须按照制作者预先制作的顺序依次阅读"，采用了超链接的多媒体应用者则可以随心所欲地阅读自己想要阅读的内容：当浏览者单击已经链接的字或图片后，链接目标将显示在浏览器上，并且根据目标的类型来打开或运行。

超文本是用超文本标记语言（Hyper Text Markup Language，HTML）来实现的，超文本标记语言 HTML 负责定义超文本文档的结构和格式。HTML 文档本身只是一个文本文件，只有在专门阅读超文本的程序中才会显示成超文本格式。日常浏览的网页上的链接都属于超文本。

一个采用超文本标记语言 HTML 书写的超文本文档示例如下：

```
<HTML>
<HEAD>
    <TITLE> 这是一个关于 HTML 语言的例子 〈/TITLE〉
</HEAD>
```

```
    <BODY>
        这是一个简单的例子
    </BODY>
    </HTML>
```

形 如 <HTML>.<TITLE> 等 内 容 称 为 HTML 语 言 的 标 记。整 个 超 文 本 文 档 包 含 在 <HTML> 与 </HTML> 标记对中，整个文档又分为文头（head）和文体（body）两部分，分别包含在标记对 <HEAD></HEAD> 与 <BODY></BODY> 中。文头用来说明文档的总体信息，文体是文档的详细内容，为主体部分，含有超链接。所以超文本实现了 WWW 浏览信息的基础。

HTML 语言中还有许多其他的标记（对）（如 <style> 等），HTML 使用这些标记（对）来定义文字的显示、图像的显示、链接等多种格式。HTML 具有统一的格式和功能定义，生成的文档以 .htm 、.html 等为文件扩展名，

（2）统一资源定位器。统一资源定位器（Uniform Resource Locator，URL ）是 WWW 用来描述 Web 页的地址和访问 Web 页时所采用的协议，是专为标识 Internet 网上资源位置而设的一种编址方式，它一般由三部分组成：

传输协议 :// 主机 IP 地址或域名地址 / 资源所在路径和文件名

它由双斜线分成两部分，前一部分指出访问方式，后一部分指明文件或服务所在服务器的地址及具体存放位置。其中：

● 协议名称：服务方式或获取数据方式，如常见的 http、ftp 和 bbs 等。
● IP 地址或域名：所要链接的主机 IP 地址或域名。
● 路径和文件名：表示 Web 页在主机中的具体位置（如存放的文件夹和文件名等）。

例如：中国教育和科研计算机网主页的 URL 为 http://www.edu.cn/news/today/index.shtml。

● http 表示向 Web 服务器请求将某个网页传输给用户的浏览器。
● www.edu.cn 表示主机域名，指的是提供此服务的计算机的域名。
● news/today 表示文件路径，指的是网页在 Web 服务器硬盘中所在的路径。
● index.shtml 表示文件名，指的是网页在 Web 服务器硬盘中的文件名。

还可以在 URL 地址中将"http://"换成其他站点，如：

ftp:// 用文件传输协议访问 FTP 服务器，可链接到一个匿名 FTP 服务 器上。

gopher: // 访问基于菜单驱动的 GOPHER 服务器。

wais: // 访问广域信息服务器 WAIS。

telnet: // 启动 TELNET 会话，打开一个 TELNET 窗口，访问某台主机。

file: // 访问本地计算机中的文件。

news: // 访问新闻组。

mailto:// 发送电子邮件。

随着 WWW 应用的发展，静态页面已满足不了需要，现在的页面是动态的并有交互功能，出现了 CGR JavaScript 技术或 ASP 技术等创建交互式动态页面的技术。

（3）超文本传输协议。超文本传输协议（Hyper Text Transfer Protocol，HTTP）是应用层的一个协议，是万维网生态系统的核心，负责规定浏览器和服务器怎样互相交流。HTTP 是 Internet 上应用最为广泛的一种网络协议，其设计的最初目的在于提供一种发布和接收 HTML

页面的方法。所有的 WWW 文件都必须遵守这个标准。利用该协议，可以使客户程序输入 URL，并从 Web 服务器检索文本、图形、声音以及其他数字信息。

HTTP 是一个用于客户端和服务器间请求和应答的协议，但并不局限于使用网络协议（TCP/IP）及其相关支持层，HTTP 可以在任何其他互联网协议之上执行，或者在其他网络上执行。HTTP 需要可靠的传输，任何能够提供可靠的传输的协议都可以被其使用。

2. WWW 的工作流程

当访问万维网上一个网页或者其他资源的时候，工作流程如下：

（1）在浏览器上输入想访问网页的 URL，或者通过超链接方式链接到那个网页或网络资源。

（2）URL 的服务器名部分被分布于全球的 Internet 域名系统数据库解析，并根据解析结果决定访问哪一个 IP 地址。

（3）向待访问 IP 地址的服务器发送 HTTP 请求，通常情况下，HTML 文本、图片和构成该网页的一切其他文件会被逐一请求并发送回用户。

（4）浏览器把 HTML 和其他接收到的文件所描述的内容加上图像、链接和其他必需的资源，显示给用户（这些就是用户所看到的"网页"）。

3. 浏览器

现今，用户浏览 Internet 信息和使用 Internet 资源时绝大多数都是通过浏览器来完成的。浏览器是安装在用户端机器上用于浏览 WWW 页面文件的应用程序，是一种网络应用软件。网页是使用超文本标记语言写的，使用它能够把用这种语言描述的信息转换成便于理解的形式，将文字、图像显示出来，或者将多媒体信息还原出来。此外，它还能把用户对信息的请求转换成网络上计算机能够识别的命令，起到用户与 WWW 之间的桥梁作用。

对个人来说，浏览器改变了我们的学习方式、言论交流方式、生活购物方式等，进而影响了我们的思考方式。对整体来说，整个地球变小了，资源的查找、共享都变得异常方便，浏览器推动了网络的普及与发展，推动了信息社会和经济全球化的到来。

目前，比较流行的浏览器有 360 安全浏览器、Microsoft Edge、Google Chrome、Firefox、Opera 等，它们适用于各种不同的环境。在这些浏览器中，可以根据输入的 URL 地址获得服务器上的相应信息。下面以 Windows 系统上的 Microsoft Edge 为例，介绍浏览器的常用功能及操作方法

Microsoft Edge 是由 Microsoft 公司开发的基于 Chromium 开源项目及其他开源软件的网页浏览器。2021 年 5 月 19 日，Microsoft 公司宣布 IE 浏览器将在次年退出市场，2022 年 6 月 15 日，大多数版本的 Windows 10 系统不再支持 IE 浏览器，取而代之的是更新、更快、更安全的 Edge 浏览器。Edge 浏览器的一些功能细节包括：支持内置 Cortana（微软小娜）语音功能；内置了阅读器（可打开 PDF 文件）、笔记和分享功能；设计注重实用和极简主义；渲染引擎被称为 EdgeHTML。

（1）启动 Microsoft Edge 浏览器。在 Windows 中集成了 Microsoft Edge 浏览器。可以双击桌面上的 Microsoft Edge 图标，或者单击"开始"→ Microsoft Edge 来启动它。在地址

栏中输入要访问 Web 页的 URL 地址，如要访问中国教育和科研计算机网，输入网址 http://www.edu.cn，然后按 Enter 键即可打开如图 7-19 所示的界面。

图 7-19　Microsoft Edge 浏览器界面

（2）浏览器的基本设置。

1）设置主页。当用户经常性地访问一些网站时，就可以把这个网站的网址设置成主页，这样下次一打开浏览器就可看到该网站内容。具体设置如下：首先，单击菜单工具栏"设置及其他"按钮，弹出一个下拉菜单，如图 7-20 所示。选择"设置"命令，弹出折叠菜单，选择"常规"命令，在"设置您的主页"中选择"特定页"，在其下文本框中设置主页的网址，如要将百度网设为主页，则在文本框中输入网址 http://www.baidu.com。

2）Web 笔记。在互联网时代，用户除了越来越依赖于网上阅读以外，阅读之余随时进行笔记记录成为必要的需求。Microsoft 公司推出的 Microsoft Edge 浏览器，即集成了此项功能，称为 Web 笔记。Web 笔记允许用户在通过浏览器进行日常阅读的过程中，随时对阅读的内容进行编辑、备注、剪辑等操作，极大地提高了用户的阅读体验。

Web 笔记的具体操作方法如下：

第一，打开 Microsoft Edge 浏览器，在工具栏上可以看到做 Web 笔记的小笔图标为"添加备注"选项。

第二，单击"添加备注"选项，可以看到浏览器工具栏会变成带颜色的工具栏，如图 7-21 所示，我们就可以在这个工具栏上选择工具做笔记了。

"设置及其他"下拉菜单

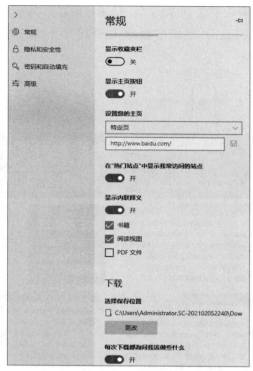

"常规"菜单项

图 7-20　主页设置

圆珠笔　荧光笔　橡皮擦　添加笔记　剪辑　触摸写入　保存 Web 笔记　共享 Web 笔记　退出

图 7-21　Web 笔记

- 单击"圆珠笔"选项，可以选择笔的颜色和样式。
- 单击"荧光笔"选项，可以设置笔为荧光样式。

- 单击"橡皮擦"选项，可以对已记录的内容进行删除。
- 单击"添加笔记"选项，可以以文本框的形式来进行记录，且自带步骤编号。
- 单击"剪辑"选项，可以对浏览器窗口区域进行截图，在浏览器区域内使用鼠标左键按住框选需要截图的区域后松开鼠标左键即可截下所需要的图，此时可以看到截图右下角会出现"已复制"字样，我们只要粘贴到需要的文档上就可以了。

第三，单击"保存 Web 笔记"选项，可以对笔记进行保存。可以选择保存在"收藏夹"或者"阅读列表"下。

第四，单击"共享 Web 笔记"选项，可以共享笔记内容。

第五，单击"退出"选项，可退出笔记模式。

7.3.2　电子邮件服务

电子邮件（Email）已成为 Internet 上使用最多和最受用户欢迎的信息服务之一，它是一种通过计算机网络与其他用户进行快速、简便、高效、价廉的现代通信手段。只要接入了 Internet 的计算机都能传送和接收邮件，将信件送往世界各地的邮件服务器。通过 Email 可以将文本、声音、图片、影像等多媒体信息的文件，转发给第三者或发送给多个接收者。

1. 电子邮件系统组成和工作流程

电子邮件系统由用户代理（如 Outlook、Foxmail 等）、邮件服务器和邮件协议（如发送邮件的协议 SMTP 和读取邮件的协议 POP3 或 IMAP）三个主要部分组成。电子邮件工作过程遵循客户机 / 服务器模式：发送方构成客户端，接收方构成服务器，服务器含有众多用户的电子信箱。

用户代理（User Agent，UA）是用户与电子邮件系统的接口，是电子邮件客户端软件，其功能是撰写、显示、处理和通信。常用的电子邮件客户端软件有 Microsoft 公司的 Outlook Express 和我国的 Foxmail。

邮件服务器是电子邮件系统的核心，其功能是发送和接收邮件，同时还要向发信人报告邮件传送情况（如已交付、被拒绝、丢失等）。邮件服务器按照客户 / 服务器方式工作，一个邮件服务器既可以作为客户，也可以作为服务器。

邮件协议包括发送协议（SMTP）和接收协议（POP3 或 IMAP）。SMTP 协议提供可靠且有效电子邮件传输的协议，在邮件的收发过程中用于将电子邮件从客户机传输到邮件服务器和从发送方邮件服务器传输到接收方邮件服务器。POP 协议用于电子邮件的接收，因为现在常用的是第三版，所以简称为 POP3。POP3 是 Internet 电子邮件的第一个离线协议标准，允许用户从服务器上把邮件存储到本地主机（即自己的计算机）上，同时删除保存在邮件服务器上的邮件。

发送和接收电子邮件的工作流程如图 7-22 所示。

在发送和接收电子邮件时，发件方工作如下：

（1）调用用户代理撰写和编辑要发送的邮件，然后通过 SMTP 协议把邮件发给"发送方邮件服务器"。

图 7-22　电子邮件系统工作流程

（2）"发送方邮件服务器"把邮件临时存放在邮件缓存队列中，当"发送方邮件服务器"的 SMTP 客户与"接收方邮件服务器"的 SMTP 服务器建立 TCP 连接后，将邮件缓存队列中的邮件依次发出。

（3）"接收方邮件服务器"中的 SMTP 服务器进程收到邮件后，把邮件放入收件人的用户邮箱中，等待收件人进行读取。

在发送和接收电子邮件时，接收方工作如下：运行用户代理，即用户代理使用 POP3（或 IMAP）客户和"接收方邮件服务器"中的 POP3（或 IMAP）服务器建立 TCP 连接后，通过 POP3（或 IMAP）协议从"接收方邮件服务器"读取自己的邮件。

2.　电子邮件格式

电子邮件由信封（envelope）和内容（content）两部分组成。电子邮件的传输程序根据邮件信封上的信息来传送邮件。用户在从自己的邮箱中读取邮件时才能见到邮件的内容。

在邮件的信封上，最重要的就是收件人的地址。TCP/IP 体系的电子邮件系统规定电子邮件地址的格式为：

〈账号名〉+@+〈电子邮件服务器〉

其中，符号"@"读作 at，表示"在"的意思。前一部为用户在该邮件服务器中的账号，后一部分为邮件服务器的主机名或邮件服务器所在域的域名。例如：yb_zhang@sina.com.cn 就是一个电子邮件地址，它表示 sina.com.cn 邮件主机上有个名为 yb_zhang 的电子邮件用户。在 Internet 中每个用户的邮箱都是全球唯一的邮箱地址，即用户的电子邮件地址。

邮件内容首部包括一些关键字，其含义如下。

● To：一个或多个收件人的电子邮件地址。用户可以打开地址簿，单击收件人名字，收件人的电子邮件地址就会自动地填入到合适的位置上。

● Subject：邮件主题，反映邮件的主要内容，便于用户查找邮件。

- Cc：表示发送一个邮件副本。
- From 和 Date：发信人地址和日期。
- Reply-T：对方回信所用的地址。

要使用电子邮件进行通信，每个用户必须有自己的邮箱。一般大型网站如新浪（www.sina.com.cn）、搜狐（ww.sohu.com）、网易（www.163.com）等都提供免费邮箱。用户要进行注册，注册成功后，就可以登录此邮箱收发电子邮件了。

7.3.3　文件传输服务

文件传输协议（File Transfer Protocol，FTP）用于让用户与文件服务器之间相互传输文件。FTP 服务是建立在此协议上的两台计算机间进行文件传输的过程。FTP 服务由 TCP/IP 协议支持，因而任何两台 Internet 中的计算机，无论地理位置如何，只要都装有 FTP 协议，就能在它们之间进行文件传输。通过该协议，用户可以很方便地连接到远程服务器上，查看和下载服务器上的文件。如果文件服务器授权允许用户可以对服务器文件进行管理，用户可以把本地计算机的文件上传到文件服务器，并对服务器文件进行移动、删除、更名等编辑操作。同时，FTP 提供交互式的访问，允许用户指明文件类型和格式，并具有存取权限，它屏蔽了各计算机系统的细节，因而成为计算机传输数字化业务信息的最快途径。

在登录 FTP 服务器时，需要使用用户账号和口令，在远程主机上获得相应的权限（如列表、读取、写入、修改、删除等）以后，方可进行相应的操作；这对于广大用户来说是非常不方便的，于是就产生了"匿名 FTP 服务器"。匿名 FTP 是这样一种机制，用户可通过它连接到远程主机上，并从其下载文件，而不必成为其注册用户。系统管理员建立了一个特殊的用户 ID，名为 anonymous，Internet 上的任何人在任何地方都可使用该用户 ID。Internet 上有成千上万台匿名 FTP 主机，这些主机上存放着数不清的文件，供用户免费复制。实际上，几乎所有类型的信息，所有类型的计算机程序都可以在 Internet 上找到，这是 Internet 吸引我们的重要原因之一。

浏览器除了提供用户浏览网页的功能，还可以让用户以 Web 方式访问 FTP 站点，如果访问的是匿名 FTP 站点，则浏览器可以自动匿名登录。

当要登录一个 FTP 站点时，用户需要打开浏览器，在地址栏输入 FTP 站点的 URL 或 IP 地址。需要注意的是，因为要浏览的是 FTP 站点，所以 URL 的协议部分应该键入 ftp，例如一个完整的 FTP 站点 URL 如下（以宜宾学院某 FTP 站点为例）：

ftp://10.16.191.200/

使用浏览器访问 FTP 站点并下载文件的操作步骤如下：

（1）打开浏览器，在地址栏中输入要访问的 FTP 站点地址，按 Enter 键。

（2）如果该站点不是匿名站点，则会在登录对话框中提示输入用户名和密码，如图 7-23 所示；如果是匿名站点，浏览器会自动匿名登录。登录成功后的界面如图 7-24 所示。

FTP 站点上的资源以链接的方式呈现，可以单击链接进行浏览。当需要下载某个文件时，可使用前面介绍的方法，在链接上右击，选择"目标另存为"命令，然后就可以下载到本地计算机上了。

图 7-23　登录对话框

图 7-24　使用浏览器访问 FTP 站点

另外，也可以在 Windows 资源管理器中查看 FTP 站点，操作步骤如下：

（1）在"开始"按钮上右击，选择"打开 Windows 资源管理器"命令，或在桌面上找到"计算机"图标并双击打开。

（2）在资源管理器的地址栏中输入 FTP 站点地址，按 Enter 键，如图 7-25 所示。与访问本机的资源管理器一样，可以双击某个文件夹进入浏览。

（3）当有文件或文件夹需要下载时，可以在该文件或文件夹的图标上右击，选择"复制"或"复制到文件夹"命令即可，后面的操作过程就与在计算机上对 Windows 进行文件复制的操作完全一样。

（4）复制完成后，用户到复制到的文件夹中查看，就可以看到文件已经被下载到本地磁盘中了。

图 7-25　用 Windows 资源管理器访问 FTP 站点

用户要连接 FTP 服务器，还可以使用 FTP 的客户端软件。除了 Windows 自带的 FTP 客户程序外，常用的 FTP 客户程序还有 CuteFTP、VSFTP、IISFTP 等。

7.3.4　远程登录服务

Telnet 是一个简单的远程终端协议，是 Internet 上最早使用的功能，它为用户提供双向的、面向字符的普通 8 位数据双向传输。Telnet 服务是指在此协议的支持下，为用户提供了在本地计算机上完成远程主机工作的能力，可在终端使用者的计算机上使用 Telnet 程序，用它连接到服务器。终端使用者可以在 Telnet 程序中输入命令，这些命令会在服务器上运行，就像直接在服务器的控制台上输入一样，可以在本地就能控制服务器。

为了支持这种本地终端和远程应用进程的数据交换，TCP/IP 定义了 Telnet 协议，本地终端和远程应用进程按该协议实现远程登录。Telnet 协议采用客户 / 服务器模式。本地的 Telnet 客户进程和远程的 Telnet 服务器进程之间在 TCP 的 23 号端口等候 Telnet 客户进程的 TCP 连接请求。Telnet 协议的基本目标是在终端进程和面向终端的服务进程之间提供一个通过网络的、标准的接口，使各种不同的终端可以登录到各种不同的主机上，只需在 Telnet 后面注明远程计算机的地址即可。

Windows 10 自带远程桌面非常方便，可以让我们足不出户连接远程桌面，在 Windows 10 系统下使用 Windows+R 组合键打开"运行"对话框，然后输入 mstsc，单击"确定"按钮，如图 7-26 所示。也可在 Windows"开始"菜单单击"Windows 附件"，就可以快速地找到"远程桌面连接"，单击它，弹出"远程桌面连接"窗口，如图 7-27 所示。

在"远程桌面连接"窗口"计算机"文本框中，输入远程计算机 IP 地址，单击"连接"按钮就可以远程连接了，如图 7-28 所示，然后按照提示输入登录对方电脑的用户名和密码即可。

图 7-26 在"运行"对话框中输入命令 mstsc

图 7-27 "远程桌面连接"窗口

图 7-28 输入登录账号对话框

7.3.5 信息搜索

随着因特网的迅速发展，网上的信息以爆炸性的速度不断扩展，这些信息分布在成千上万台服务器中，要快速有效地找到需要的信息，就需要借助于搜索引擎。

1. 搜索引擎的工作原理

搜索引擎（Search Engines）是以 WWW 为平台，以超文本链接技术为基础，对因特网上的信息资源进行搜集、过滤、组织，并提供检索的网络信息在线检索工具。

搜索引擎包括三部分：数据采集机制、数据组织机制和用户检索机制。

（1）数据采集机制是对网络上的各种信息资源进行采集，并将采集到的网站信息和网页信息存储到临时数据库中。

（2）数据组织机制是对临时数据库中的网站信息和网页信息进行标引、排序等，整理后形成各种倒排档，并相应地建立起索引数据库。

（3）用户检索机制提供用户检索界面，受理用户提交的检索请求，并根据检索要求访问相应的索引数据库，然后将符合检索要求的结果按一定的规则排序后返回给用户。

搜索引擎的工作原理如图 7-29 所示。

图 7-29 搜索引擎的工作原理

2. 搜索策略

不同的搜索引擎采用不同的搜索方法，并且往往一种搜索引擎具有多种搜索方法。

（1）分类搜索。分类搜索是按照搜索引擎提供的分类目录逐级单击搜索网站的一种方法，适合搜索某一类信息或已知某类信息所属的类目。用户从分类大纲入手逐层逐级单击类目，在单击最适合搜索命题要求的类目之后，便会显示出这种分类体系所连接的网站，再单击网站便可看到网站所包含的网页信息。

分类搜索检准率高，简易实用。雅虎被认为是分类搜索的鼻祖，搜狐开创了中文分类搜索的先河。

（2）关键词搜索。关键词搜索是引擎搜索中最常用的一种方法，适合明确搜索课题但不知其类属的用户。通过在搜索框内输入关键词，在搜索日期选择框内选择要搜索文档的创建时间，并单击下面的"搜索"按钮，搜索结果会返回与用户搜索命题相关的网页。

关键词搜索方法简便，易于操作，特别是有利于实现搜索的自动化，但返回的无关信息太多，检准率较低。

（3）布尔逻辑搜索。布尔逻辑搜索是用布尔运算符连接搜索词，再由计算机进行逻辑运算，最后搜索出搜索命题相关信息的一种方法。布尔逻辑搜索常用"与""或""非"三种运算。

1）逻辑"与"的运算符用"AND""and""*""&"表示，其含义是只有当相"与"的关键词全部出现时，搜索结果才算符合条件。

2）逻辑"或"的运算符用"OR""+""/"表示，其含义是只要相"或"的关键词中有任何一个出现时，搜索结果都算符合条件。

3）逻辑"非"的运算符用"Not""not""-""！"表示，其含义是搜索结果中不应含有提问关键词，搜索结果才算符合条件。

（4）截词搜索。截词搜索是指在搜索词的合适位置上进行截断，然后再采用截词符号进行搜索的一种方法，主要用于西文搜索中词干相同的词及英、美不同拼法的词的搜索。

截词搜索中用的截词符号有"*""？""$"等。按截断的位置可分为后截、前截、中截三种。其中，前截是将截词符号放在字符串的前面，保持后面一致，如输入 * Computer 可搜索出 microComputer、miniComputer 等；后截是将截词符号放在字符串的后面，保持前面一致，如输入 Computer*，可搜索出 Computerac、Computerise、Computers 等。

截词搜索方法可以扩大搜索范围，方便用户，增强搜索效果，但容易造成误检。由于汉语字间没有办法分隔开来，因此，截词搜索在中文搜索引擎中很少使用。英文雅虎则支持这种搜索方式，而中文雅虎、中文谷歌、百度等都不支持截词搜索。

（5）词组搜索。词组搜索是指将两个以上的单词词组（短语）作为一个独立的运算单元进行匹配，并把搜索结果返回给用户的一种搜索方法。两个以上单词构成的词组也就是短语，因此，词组搜索也叫短语搜索。

词组搜索常用的符号是双引号（""）。词组搜索不但规定了搜索式中各个搜索词及其相互间的逻辑关系，而且还规定了搜索词之间的临近位置关系。选择一个主词再配几个副词有助于缩小搜索范围，再加上双引号能做到精确搜索，从而提高检准率。

（6）限制搜索。限制搜索是指将搜索范围限定在某一字段或某一范围用以缩小命中信息数量的一种搜索方法，如将搜索词的范围限制在文章标题字段之内、限定在某一时间段范围之内等。其他限制还包括主机名限制、超链接限制、网址限制、域名限制、新闻组限制、URL 限制、Email 限制等。上述字段限制功能限定了搜索词在数据库记录中出现的位置，借以控制搜索结果的相关性，达到与搜索命题更贴切的效果。

3. 百度搜索网站

实际上，Internet 上有不少好的搜索引擎，如百度（ww.baidu.com）、谷歌（www.google.com）、搜狐（ww.sohu.com）提供的搜索引擎搜狗（ww.sogou.com）等。这里以百度搜索引擎为例，介绍一些最简单的信息检索方法，以提高信息检索效率。

百度从 2000 年 6 月正式推出中文搜索引擎之后，已成为全球中文信息搜索和传递技术的供应商。百度搜索引擎具有中文分词技术、三环架构采集器、信息内容提取技术、网页快照功能和浏览器 / 服务器架构的特征。中文分词技术是百度搜索引擎的核心技术，其中，智能分词技术和分词算法可智能识别中文人名、地名、概念、专有名词等中文独有的语义特征，使用户的信息搜索更加精确。

（1）百度搜索具体操作步骤。

1）在地址栏中输入 www.baidu.com，打开百度搜索引擎页面，如图 7-30 所示，在文本框中键入关键词，如"计算机基础知识"。百度会根据您输入的内容，在搜索框下方实时展示最符合的提示词。您只需用鼠标单击您想要的提示词，或者用键盘上下键选择您想要的提示词即可。

图 7-30　百度搜索引擎页面

输入拼音或汉字，百度会给出最符合您要求的提示。如，输入"moshou"，搜索框提示中会显示"魔兽世界""魔兽秘籍"等；输入"kaix"，搜索框提示中会显示"开心网""开心农场"等；输入"百度"，搜索框提示中会显示"百度地图""百度空间"等。

2）单击文本框后面的"百度一下"按钮，或按 Enter 键，开始搜索，最后得到搜索结果页面。

（2）百度关键字的使用。

1）学会使用两个关键词搜索。如果一个陌生人突然走近你，向你问道："北京。"你会怎样回答？大多数人会觉得莫名其妙，然后会再问这个人到底想问"北京"哪方面的事情。同样，如果你在搜索引擎中输入一个关键词"北京"，搜索引擎也不知道你要找什么，它也可能返回很多莫名其妙的结果。因此你要养成使用多个关键词搜索的习惯，当然，大多数情况下使用两个关键词搜索已经足够了，关键词与关键词之间以空格隔开。

比如，你想了解北京旅游方面的信息，就输入"北京 旅游"，这样才能获取与北京旅游有关的信息；如果想了解北京居住证方面的信息，可以输入"北京 居住证"搜索；如果要下载名叫"xxxx"的 MP3，就输入"xxxx 下载"来搜索。

2）使用双引号进行精确查找。简单查找往往会反馈回大量不需要的信息，如果查找的是一个词组或多个汉字，最好的办法就是将它们用双引号括起来（即在英文输入状态下的双引号），这样得到的结果最少、最精确。例如在搜索引擎中输入"计算机技术"，就等于告诉搜索引擎只反馈回网页中有"计算机技术"这几个关键字的网址，这会比输入计算机技术得到更少、更好的结果。

7.4　计算机信息安全

在全球信息化的推动下，信息技术和信息产业渗透到各行各业和社会生活当中，正在逐渐改变着人们的生产和生活方式，推动社会的进步。但是，在信息网络的作用不断扩大的同时，信息网络安全形式也变得日益严峻，网络系统一旦遭到破坏，其影响和损失将十分巨大。

7.4.1　信息安全概念及要素

信息安全是指信息网络的硬件、软件及其系统中的数据受到保护，不受偶然的或者恶意的原因而遭到破坏、更改、泄露，系统连续可靠正常地运行，信息服务不中断。

信息安全有两层含义。一是对信息系统本身的安全保护，使它为所有用户提供安全、可靠、高效的服务。二是指对信息系统中信息的安全保护，使它不会因为内部或者外部的原因而遭到泄露、伪造、破坏。

除了针对不同对象的定义，信息安全还根据保护过程的差异分为静态保护和动态保护两种。静态保护是使计算机系统、数据系统等软件，硬件，以及数据不被泄露和破坏。动态保护增加了对整个系统在连续运行过程中的保障。

信息安全本身包括的范围很大，大到国家军事政治等机密安全，小到如防范商业企业机密泄露、防范青少年对不良信息的浏览、个人信息的泄露等。

信息安全要素一般包括信息的保密性、信息的完整性、信息的可用性、信息的可靠性和信息的不可抵赖性。

（1）信息的保密性是指确保信息不暴露给未授权的实体或进程。即信息的内容不会被未授权的第三方所知。这里所指的信息不但包括国家秘密，而且包括各种社会团体、企业组织的工作秘密及商业秘密，个人的秘密和个人私密（如浏览习惯、购物习惯）。防止信息失窃和泄露的保障技术称为保密技术。

（2）信息的完整性是指信息不被偶然或蓄意地删除、修改、伪造、乱序、重放、插入等破坏的特性。只有得到允许的人才能修改实体或进程，并且能够判别出实体或进程是否已被篡改。即信息的内容不能被未授权的第三方修改。信息在存储或传输时不被修改、破坏，不出现信息包的丢失、乱序等。

（3）信息的可用性是指得到授权的实体在需要时可访问资源和服务。可用性是指无论何时，只要用户需要，信息系统必须是可用的，也就是说信息系统不能拒绝服务。网络最基本的功能是向用户提供所需的信息和通信服务，而用户的通信要求是随机的、多方面的（话音、数据、文字和图像等），有时还要求时效性。网络必须随时满足用户通信的要求。攻击者通常采用占用资源的手段阻碍授权者的工作。可以使用访问控制机制阻止非授权用户进入网络，从而保证网络系统的可用性。增强可用性还包括有效地避免因各种灾害（战争、地震等）造成的系统失效。

（4）信息的可靠性是指系统在规定条件下和规定时间内完成规定功能的概率。可靠性是网络安全最基本的要求之一，网络不可靠，事故不断，也就谈不上网络的安全。目前，对于网络可靠性的研究基本上偏重于硬件可靠性方面。研制高可靠性元器件设备，采取合理的冗余备份措施仍是最基本的可靠性对策，然而，有许多故障和事故与软件可靠性、人员可靠性和环境可靠性有关。

（5）信息的不可抵赖性是面向通信双方（人、实体或进程）信息真实同一的安全要求，它包括收、发双方均不可抵赖。一是源发证明，它提供给信息接收者以证据，这将使发送者谎称未发送过这些信息或者否认它的内容的企图不能得逞；二是交付证明，它提供给信息发送者以证明，这将使接收者谎称未接收过这些信息或者否认它的内容的企图不能得逞。

7.4.2　信息安全威胁与防范

1. 信息安全威胁

信息安全所面临的威胁来自很多方面，这些威胁大致可分为以下几个方面：

（1）信息泄露：信息被泄露或透露给某个非授权的实体。

（2）破坏信息的完整性：数据被非授权地进行增删、修改或破坏而受到损失。

（3）非法使用（非授权访问）：对信息或其他资源的合法访问被无条件地阻止。某一资源被某个非授权的人，或以非授权的方式使用。

（4）窃听：用各种可能的合法或非法的手段窃取系统中的信息资源和敏感信息。例如对通信线路中传输的信号搭线监听，或者利用通信设备在工作过程中产生的电磁泄露截取有用信息等。

（5）假冒：通过欺骗通信系统（或用户）达到非法用户冒充成为合法用户，或者特权小的用户冒充成为特权大的用户的目的。黑客大多采用假冒攻击。

（6）陷阱：在某个系统或某个部件中设置的"机关"，使得在特定的数据输入时，允许违反安全策略。

（7）抵赖：这是一种来自用户的攻击，比如：否认自己曾经发布过的某条消息、伪造一份对方来信等。

（8）计算机病毒以及木马：在计算机系统运行过程中能够实现传染和侵害功能的程序。

这些安全威胁可以分为被动攻击和主动攻击。

被动攻击是指在不干扰网络信息系统正常工作的情况下，进行侦收、截获、窃取、破译和业务流量分析及电磁泄露等。被动攻击通常对传输过程进行偷听或监视，其目的是从传输中获得信息，这种攻击非常难以检测到，因为它们不会导致数据有任何改变。

主动攻击是指以各种方式有选择地破坏信息，如修改、删除、伪造、添加、重放、乱序、冒充、制造病毒等。

被动攻击因对传输的信息没做任何修改而难以检测，所以防范这种攻击的重点在于预防而非检测。对于主动攻击，要绝对防止它是十分困难的，需要随时随地对通信设备和通信线路进行物理保护，所以防范这种攻击的主要措施是检测，以及对攻击造成的破坏进行恢复，检测具有某种威慑效应，它对防止攻击能起到一定的作用。

2．信息安全技术

（1）数据加密。数据加密指通过加密算法和加密密钥将明文转变为密文，而解密则是通过解密算法和解密密钥将密文恢复为明文。数据加密目前仍是计算机系统对信息进行保护的一种最可靠的办法。它利用密码技术对信息进行加密，实现信息隐蔽，从而起到保护信息的安全的作用。

（2）数字签名。数字签名（又称公钥数字签名、电子签章）是以电子方式存储签名信息，在数字文档上进行身份验证的技术。它使用了公钥加密领域的技术实现，用于鉴别数字信息。一套数字签名通常定义两种互补的运算，一个用于签名，另一个用于验证。数字签名不是指将你的签名扫描成数字图像，或者用触摸板获取的签名，更不是你的落款。数字签名了的文件的完整性是很容易验证的（不需要骑缝章、骑缝签名），而且数字签名具有不可抵赖性（不需要笔迹专家来验证）。

（3）数字证书。认证就是指用户必须提供他是谁的证明。认证的标准方法就是弄清楚他是谁，他具有什么特征，他知道什么可用于识别他的东西。比如说，系统中存储了他的指纹，他接入网络时，就必须在连接到网络的电子指纹机上提供他的指纹。网络通过用户拥有什么东西来识别的方法，一般是用智能卡或其他特殊形式的标志，这类标志可以从连接到计算机上的读出器读出来。至于说到"他知道什么"，最普通的就是口令。更保密的认证可以是几种方法组合而成。例如用 ATM 卡和 PIN 卡。为了解决安全问题，一些公司和机构正千方百计地解决用户身份认证问题，主要有以下几种认证办法。

1）双重认证。如意大利一家电信公司正采用"双重认证"办法来保证用户的身份证明。也就是说他们不是采用一种方法，而是采用有两种形式的证明方法，这些证明方法包括令牌、智能卡和仿生装置，如视网膜或指纹扫描器。

2）数字证书。这是一种检验用户身份的电子文件，也是企业现在可以使用的一种工具。这种证书可以授权购买，提供更强的访问控制，并具有很高的安全性和可靠性。

3）智能卡。这种解决办法可以持续较长的时间，并且更加灵活，存储信息更多，并具有可供选择的管理方式。

4）安全电子交易（SET）协议。这是迄今为止最为完整最为权威的电子商务安全保障协议。

7.4.3 计算机病毒及其防治

随着计算机应用的快速发展与普及，计算机病毒也悄然出现，并迅速传播开来，从而不断带来一次又一次的灾难。

1. 计算机病毒定义

20 世纪 80 年代初，Fred Cohen 博士研制出了一种在运行过程中可以自我复制的破坏程序，这种程序被命名为计算机病毒（Computer Virus）。那么究竟什么是计算机病毒呢？

1994 年出台的《中华人民共和国计算机信息系统安全保护条例》对计算机病毒的定义是"计算机病毒，是指编制或者在计算机程序中插入的破坏计算机功能或者毁坏数据，影响计算机使用，并能够自我复制的一组计算机指令或者程序代码"。可见，计算机病毒是指一种人为制造的、隐藏在计算机系统数据资源中，能够通过自我复制进行传播的程序。其实质是一种特殊的计算机程序，具有破坏计算机软件功能或者数据的能力。

计算机病毒就像生物病毒一样，有独特的复制能力。计算机病毒可以很快地蔓延，又常常难以根除。它们能把自身附着在各种类型的文件上，当文件被复制或从一个用户传送到另一个用户时，它们就随同文件一起蔓延开来。一些计算机病毒还具有感染程序后，该程序就变成传送病毒的载体的特点。

2. 计算机病毒的特征

随着计算机技术的高速发展，计算机病毒也得到了最广泛的发展，到目前为止，计算机病毒（包括各种木马）已经多达数十万种，加上各种病毒所表现出来的变种数目，病毒的种类将更大。但对于所有的计算机病毒而言，它们都具有如下一些共同的特征：

（1）寄生性。它是指计算机病毒具有的依附于其他程序而寄生的能力。计算机病毒一般不能单独存在，在发作前常寄生于其他程序或文件中，进行自我复制、备份。

（2）传染性。它是指计算机病毒具有很强的自我复制能力，能在计算机运行过程中不断再生、变种并感染其他未染毒的程序。

只要一台计算机染毒，计算机病毒就可通过 U 盘、计算机网络等各种可能的渠道传染到其他计算机，是否具有传染性是判别一个程序是否为计算机病毒的最重要条件。

（3）潜伏性。病毒程序的发作需要一定条件，在这些条件满足之前，病毒可在程序中潜伏、传播。在条件具备时再产生破坏作用或干扰计算机的正常运行。比如在某个特定的日子，如节日或者星期几，像定时炸弹一样按时爆发，让它什么时间发作都是预先设计好的。如 1999 年破坏 BIOS 的 CIH 病毒就在每年的 4 月 26 日爆发。

（4）隐蔽性。计算机病毒是一种可以直接或间接运行的精心炮制的程序，一般的病毒仅在数千字节左右，它经常用附加或插入的方式隐藏在可执行程序或文件中，不易被发现，从而使用户对算机病毒失去应有的警惕。

病毒自身一旦运行，就会自己修改自己的文件名并隐藏在某个用户不常去的系统文件夹中，这样的文件夹通常有上千个系统文档，如果凭手工查找很难找到病毒。而病毒在运行前的伪装技术也不得不值得我们关注，将病毒和一个吸引人的文档捆绑合并成一个文档，那么正常运行吸引人的文档时，病毒也在操作系统中悄悄地运行了。

（5）破坏性。计算机病毒发作时的主要表现为占用系统资源、干扰运行、破坏文件或数据，严重的还能破坏整个计算机系统或损坏部分硬件，甚至还会造成网络瘫痪，后果极其严重且危险。这是计算机病毒的主要特征。

3. 计算机病毒的分类

按照病毒程序的寄生方式和对系统的侵入方式，可将计算机病毒分为下面几类。

（1）系统引导型病毒：该病毒寄生于磁盘上，用来引导系统的引导区（BOOT 区或硬盘主引导区），借助于系统引导过程进入系统。

（2）文件外壳型病毒：该病毒寄生于程序文件的前面或后面，当装入程序文件并执行该程序时，病毒程序进入系统并首先被执行。

（3）混合型病毒：混合型病毒在寄生方式、进入系统方式和传染方式上，兼有系统引导型病毒和文件外壳型病毒两者的特点。

（4）目录型病毒：它通过装入与病毒相关的文件进入系统。它所改变的只是相关文件的目录项，而不改变相关文件。

（5）宏病毒：Windows Word 宏病毒是利用 Word 提供的宏功能，将病毒程序插入到带有宏的 DOC 文件或 DOT 文件中。

（6）网络病毒：网络病毒大多通过电子邮件传播，破坏具有特定扩展名的文件，并使邮件系统变慢，甚至引起网络瘫痪。

4. 计算机病毒的表现形式

由于计算机病毒的数量非常多，而其表现形式也多种多样，下面列举一些常见计算机病毒的表现形式。

计算机病毒虽然很难检测，但是，只要细心留意计算机的运行状况，还是可以发现计算机感染病毒的一些异常情况的。例如：

（1）系统启动明显变慢或系统不能成功启动。

（2）系统的内存空间明显变小。

（3）系统运行时经常出现突然死机或重启现象，系统运行速度明显变慢。

（4）发现可执行文件的大小发生变化。

（5）程序或数据突然丢失，文件名不能辨认。

（6）发现不知来源的隐藏文件。

（7）显示器上经常出现一些莫名其妙的信息或异常现象。

（8）磁盘的卷标被改写，或磁盘被格式化。

（9）用户访问设备（如打印机）运行驱动程序后，出现异常情况，如打印机不能联机或打印符号异常等。

5. 计算机病毒的清除

如果发现计算机有中病毒的迹象，一定要及时进行处理，以免造成损失。清除病毒的方法有两类：一是手工清除，二是借助反病毒软件清除。

对于一般用户，如果知道了病毒的名称，就可以通过网络查找相应的手工清除方法，通常按照说明就可以完成对病毒的彻底清除。如果不清楚具体的病毒名称，应用杀毒软件是简单方便的选择。目前较流行的杀毒软件有瑞星、诺顿、卡巴斯基、金山毒霸及江民杀毒软件等。

6. 计算机病毒的预防

计算机感染病毒后，用反病毒软件检测和消除病毒是被迫的处理措施。已经发现相当多的病毒在感染之后会永久性地破坏被感染程序，如果没有备份将不易恢复。所以，我们要有针对性地防范。所谓防范，是指通过合理、有效的防范体系及时发现计算机病毒的侵入，并能采取有效的手段阻止病毒的破坏和传播，保护系统和数据安全。

计算机病毒主要通过移动存储设备和计算机网络两大途径进行传播，预防计算机病毒的一些简单易行的措施具体归纳如下：

（1）专机专用。

（2）经常对重要文件进行备份。

（3）对系统盘和文件写保护。

（4）分类管理数据。

（5）对于压缩文件，在解压前后都应进行检测。

（6）对来历不明的软件及邮件的附件，应先检查后使用。

（7）定期检查系统。

（8）不使用非原始系统盘引导计算机。

（9）不在系统引导盘上存放有用的程序和数据。

（10）建议把可执行的文件赋予"只读"属性。

（11）严禁在计算机上玩游戏及拷入游戏盘。

（12）定期使用反病毒软件对硬盘进行检查。

（13）安装防病毒卡，以防止病毒的侵害。

7.4.4 大学生与网络安全

1. 大学生上网聊天交友的注意事项

在网络这个虚拟世界里，一个现实的人可以以多种身份出现，也可以以多种不同的面貌出现，善良与丑恶往往结伴而行。由于受到沟通方式的限制，人与人之间缺乏多方面、真切的交流，唯一的交流方式就是电子文字，而这些往往会掩盖了一个人原本应显现出来的素质，为一些居心叵测者提供了可乘之机，因此，大学生在互联网上聊天交友时，必须坚持慎重的原则，不要轻易相信他人。

（1）在聊天室或上网交友时，尽量使用虚拟的 Email 等，尽量避免使用真实的姓名，不轻易告诉对方自己的电话号码、住址等个人真实信息。

（2）许多大学生与网友沟通一段时间后，感情迅速升温，不但交换真实姓名、电话号码，而且还有一种强烈见面的欲望，但注意不要轻易与网友见面。

（3）与网友见面时，要有自己信任的同学或朋友陪伴，尽量不要一个人赴约，约会的地点尽量选择在公共场所、人员较多的地方，尽量选择在白天，不要选择偏僻、隐蔽的场所，否则一旦发生危险会得不到他人的帮助。

（4）在聊天室聊天时，不要轻易点击来历不明的网址链接或来历不明的文件，往往这些链接或文件会携带聊天室炸弹、逻辑炸弹，或带有攻击性质的黑客软件，造成强行关闭聊天室、系统崩溃或被植入木马程序。

（5）警惕网络色情聊天和反动宣传。聊天室里汇聚了各类人群，其中不乏好色之徒，言语间充满挑逗，对大学生极具诱惑，或在聊天室散布色情网站的链接，换取高频点击率，对大学生的身心造成伤害。也有一些组织或个人利用聊天室进行反动宣传、拉拢、腐蚀，这些都应引起大学生的警惕。

2. 大学生在浏览网页时的注意事项

浏览网页是上网时做的最多的一件事，通过对各个网站的浏览，可以掌握大量的信息，丰富自己的知识、经验，但同时也会遇到一些尴尬的情况。

（1）在浏览网页时，尽量选择合法网站。互联网上的各种网站数以亿计，网页的内容五花八门，绝大部分内容是健康的，但许多非法网站为达到其自身的目的，不择手段，利用人们好奇、歪曲的心理，放置一些不健康，甚至反动的内容。合法网站则在内容的安排和设置上大都是健康的、有益的。

（2）不要浏览色情网站。大多数国家都把色情网站列为非法网站，在我国则更是扫黄打非的对象，浏览色情网站，会给自己的身心健康造成伤害，长此以往还会导致走向性犯罪的道路。

（3）浏览 BBS 等虚拟社区时，有些人喜欢在网上发表言论，有的人喜欢发表一些带有攻击性的言论，或者反动、迷信的内容。有的人是好奇，有的人是在网上打抱不平，这些容易造成自己 IP 地址泄露，受到他人的攻击，更主要的是稍不注意会触犯法律。

3. 大学生在进行网络购物时的注意事项

随着信息技术的发展，电子商务进入人们的日常生活之中，人们对网络的依赖性正在逐渐增强，网络购物也成为一种时尚，但也有人在网上购买的是刻录机，邮到的却是乌龙茶。因此在进行网络购物时应注意如下几方面的问题。

（1）选择合法的、信誉度较高的网站交易。网络购物时必须对该网站的信誉度、安全性、付款方式，特别是以信誉卡付费的保密性进行考察，防止个人账号、密码遗失或被盗，造成不必要的损失。

（2）一些虚拟社区如 BBS 里面的销售广告，只能作为一个参考，特别是进行二手货物交易时，更要谨慎，不可贪图小便宜。

（3）避免与未提供足以辨识和确认身份资料（缺少登记名称、负责人名称、地址、电话）的电子商店进行交易，若对该商店感到陌生，可打电话询问当地消费团体电子商店的信誉度等。

（4）若网上商店所提供的商品与市场价相距甚远或明显不合理，要小心求证，切勿贸然购买，谨防上当受骗。

（5）消费者进行网上交易时，应打印出交易内容和确认号码的订单，或将其存入计算机，妥善保存交易记录。

4. 避免遭遇网络陷阱，防止网络欺骗

在网络这个虚拟世界里，一些网站或个人为达到某种目的，往往会不择手段，套取网民的个人资料，甚至是银行账号、密码。

（1）不要轻易相信互联网上中奖之类的信息，某些不法网站或个人利用一些人贪图小便宜的心理，常常向网民公布一些诸如 Email、ICQ、OECQ 号码中奖的消息，然后要求中奖人邮寄汇费、提供信誉卡号或个人资料等，套取个人钱物、资料等。

（2）不要轻易相信互联网上来历不明的测试个人情商、智商、交友之类的软件，这类软件大多要求提供个人真实的资料，往往这就是一个网络陷阱。

（3）不要轻易将自己的手机号码在网上注册，一些网民在注册成功后，不但要缴纳高额的电话费，而且会受到一些来历不明的电话、信息的骚扰。

（4）不要轻易相信网上公布的快速致富的窍门，"天下没有免费的午餐"，一旦相信这些信息，绝大部分都会赔钱，甚至血本无归。

5．提高法律意识，预防网络犯罪

网络为人们带来了巨大的便利，一些不法分子看准了这一点，利用网络频频作案，近些年来，网上犯罪不断增长。一位精通网络的社会学家说："互联网是一个自由且身份隐蔽的地方，网络犯罪的隐秘性非一般犯罪可比，而人类一旦冲破了某种束缚，其行为可能近乎疯狂，潜伏于人心深处的邪恶念头便会无拘无束地发泄。"一些大学生学习了一些计算机知识后，急于寻找显示自己才华的场所，会在互联网上显一显身手，寻找一些网站的安全漏洞进行攻击、肆意浏览网站内部资料、删改网页内容，在有意无意之间触犯了法律，追悔莫及。也有的学生依仗自己技术水平高人一等，利用互联网从事违法活动，最终走上一条不归路。

（1）正确使用互联网技术，不要随意攻击各类网站，一则这样会触犯相关法律，二则可能会引火上身，被他人反跟踪、恶意破坏、报复，得不偿失。

（2）不要存在侥幸心理，自以为技术手段很高明。互联网技术博大精深，没有完全掌握全部技术的人，作为一名大学生更要时刻保持谦虚的态度，不在互联网上炫耀自己或利用互联网实施犯罪活动。

习题 7

一、单选题

1．TCP 协议称为（　　）。

    A．网际协议　　　　　　　　　　　B．传输控制协议

    C．Network 内部协议　　　　　　　D．中转控制协议

2．中国的顶层域命名为（　　）。

    A．ch　　　　　B．cn　　　　　C．chi　　　　　D．china

3．关于发送电子邮件的说法不正确的有（　　）。

    A．可以发送文本文件　　　　　　B．可以发送非文本文件

    C．可以发送所有格式的文件　　　D．只能发送超文本文件

4．在计算机网络中，通常把提供并管理共享资源的计算机称为（　　）。

    A．服务器　　　　　　　　　　　B．工作站

    C．网关　　　　　　　　　　　　D．网桥

5．计算机"局域网"的英文缩写为（　　）。

    A．WAN　　　　　　B．CAM　　　　　　C．LAN　　　　　　D．WWW

6．ISDN 的含义是（　　）。

    A．计算机网　　　　　　　　　　B．广播电视网

    C．综合业务数字网　　　　　　　D．同轴电缆网

7．B 类 IP 地址前 16 位表示网络地址，按十进制来看也就是第一段（　　）。

    A．大于 192，小于 256　　　　　B．大于 127，小于 192

    C．大于 64，小于 127　　　　　　D．大于 0，小于 64

8．在 URL 服务器中，文件传输服务器类型表示为（　　）。

    A．http　　　　　　B．ftp　　　　　　C．telnet　　　　　　D．mailto

9．HTTP 是（　　）。

    A．高级程序设计语言　　　　　　B．域名

    C．超文本传输协议　　　　　　　D．网址

10．启动 Internet Explorer，就自动访问的网址，可以在（　　）中设置。

    A．Internet 选项中"常规"的地址栏　B．Internet 选项中"安全"的地址栏

    C．Internet 选项中"内容"的地址栏　D．Internet 选项中"连接"的地址栏

11．在 Outlook Express 中发送一个图片文件的方式是（　　）。

    A．把图片粘贴在电子邮件内容后　B．把图片粘贴在电子邮件内容前

    C．把图片粘贴在电子邮件内容中　D．把图片作为电子邮件的附件发送

12．以下关于进入 Web 站点的说法正确的有（　　）。

    A．只能输入 IP　　　　　　　　　B．需同时输入 IP 地址和域名

    C．只能输入域名　　　　　　　　D．输入 IP 地址或域名

13．下列（　　）是 E 类 IP 地址。

    A．202.115.148.33　　　　　　　B．126.115.148.33

    C．191.115.148.33　　　　　　　D．240.115.148.33

14．Internet 中 DNS 是指（　　）。

    A．域名服务系统　　　　　　　　B．发信服务系统

    C．收信服务系统　　　　　　　　D．电子邮箱服务系统

15．某用户的 Email 地址是 Lu-sp@online.sh.cn，那么它发送电子邮件的服务器是（　　）。

    A．online.sh.cn　　B．Internet　　　　C．Lu-sp　　　　　D．lwh.com.cn

16．匿名 FTP 服务的含义是（　　）。

    A．在 Internet 上没有地址的 FTP 服务　B．允许没有账号的用户登录到 FTP 服务器

    C．发送一封匿名信　　　　　　　D．可以不受限制地使用 FTP 服务器上的资源

17．下列叙述中，错误的是（　　）。

    A．发送电子邮件时，一次发送操作只能发送给一个接收者

    B．收发电子邮件时，接收方无需了解对方的电子邮件地址就能发回邮件

    C．向对方发送邮件时，并不需要对方一定处于开机状态

    D．使用电子邮件的首要条件是必须有一个电子信箱

18. 关于 TCP/IP 的说法，不正确的是（　　）。

　　A．TCP/IP 协议定义了如何对传输的信息进行分组

　　B．IP 协议是专门负责按地址在计算机之间传递信息

　　C．TCP/IP 协议包括传输控制协议和网际协议

　　D．TCP/IP 协议是一种计算机编程语言

19. 数据传输速率的单位是 Mb/s，指的是（　　）。

　　A．每秒传输多少兆字节　　　　　　　B．每分钟传输多少兆字节

　　C．每秒传输多少兆位　　　　　　　　D．每分钟传输多少兆位

20. 调制解调器（Modem）的作用是（　　）。

　　A．将计算机的数字信号转换成模拟信号

　　B．将模拟信号转换成计算机的数字信号

　　C．将计算机数字信号与模拟信号互相转换

　　D．为了上网与接电话两不误

21. 下列情况中，破坏了数据的保密性的攻击是（　　）。

　　A．假冒他人地址发送数据　　　　　　B．不承认做过信息的递交行为

　　C．数据在传输中途被篡改　　　　　　D．数据在传输中途被窃听

22. 使用大量垃圾信息，占用带宽（拒绝服务）的攻击破坏的是（　　）。

　　A．保密性　　　　B．完整性　　　　C．可用性　　　　D．可靠性

23. 计算机安全不包括（　　）。

　　A．实体安全　　　B．系统安全　　　C．环境安全　　　D．信息安全

24. 计算机病毒是指能够侵入计算机系统并在计算机系统中潜伏、传播、破坏系统正常工作的一种具有繁殖能力的（　　）。

　　A．指令　　　　　B．程序　　　　　C．设备　　　　　D．文件

25. 对计算机病毒，叙述正确的是（　　）。

　　A．不破坏数据，只破坏文件　　　　　B．有些病毒无破坏性

　　C．都破坏 EXE 文件　　　　　　　　D．都具有破坏性

26. 计算机病毒不具备（　　）。

　　A．传染性　　　　B．寄生性　　　　C．免疫性　　　　D．潜伏性

27. 计算机一旦染上病毒，就会（　　）。

　　A．立即破坏计算机系统

　　B．立即设法传播给其他计算机

　　C．等待时机，等激发条件具备时才执行

　　D．只要不读写磁盘就不会发作

28. 下列不是计算机病毒的特征的是（　　）。

　　A．破坏性和潜伏性　　　　　　　　　B．传染性和隐蔽性

　　C．寄生性　　　　　　　　　　　　　D．多样性

29. 计算机病毒的传播途径不可能是（　　）。

　　A．计算机网络　　B．纸质文件　　　C．磁盘　　　　　D．感染病毒的计算机

30. 下面对产生计算机病毒的原因的说法，不正确的是（　　）。

    A．为了表现自己的才能，而编写的恶意程序

    B．有人在编写程序时，由于疏忽而产生了不可预测的后果

    C．为了破坏别人的系统，有意编写的破坏程序

    D．为了惩罚盗版，有意在自己的软件中添加了恶意的破坏程序

31. 计算机病毒是（　　）。

    A．通过计算机键盘传染的程序

    B．计算机对环境的污染

    C．非法占用计算机资源进行自身复制和干扰计算机的正常运行的一种程序

    D．既能够感染计算机也能够感染生物体的病毒

32. 对已感染病毒的磁盘应当采用的处理方法是（　　）。

    A．不能使用只能丢掉　　　　　　　B．用杀毒软件杀毒后继续使用

    C．用酒精消毒后继续使用　　　　　D．直接使用，对系统无任何影响

二、填空题

1. FTP 是 _____，它允许用户将文件从一台计算机传输到另一台计算机。

2. 根据网络覆盖范围的大小，计算机网络可分为 _____、广域网和城域网，Internet 是 _____ 网。

3. IP 地址是 _____ 一组的二进制数字组成。

4. IP 地址每个字节的取值范围是 _____。

5. Web 上每一页都有一个独立的地址，这些地址称为统一资源定位器，即 _____。

6. IP 地址是一串很难记忆的数字，于是人们发明了 _____，给主机赋予一个用字母代表的名字，并进行 IP 地址与名字之间的转换工作。

7. WWW 浏览器使用的应用协议是 _____。

8. 域名地址中若有后缀 .gov，说明该网站是 _____ 创办的。

9. 域名地址中若有后缀 .edu，表明该网站是 _____ 所创办的。

10. HTML 文档又称为文档，它由 _____、图形、_____ 等组成。

11. 域名 indi.shcnc.ac.cn 中表示主机名的是 _____。

12. IP 地址的 C 类地址的第一字节的范围是 _____。

三、思考题

1. 计算机网络的拓扑结构有哪些？分别有何特点？

2. 简述电子邮件的发送、接收过程。

3. TCP/IP 协议模型和 OSI 模型有何异同？

4. Internet 接入方式有哪些？

5. 简述计算机病毒及计算机病毒的特征。

读书笔记